JN064191

揺籃の実験科学

兵藤友博 著

ムイスリ出版

まえがき

― 本書のテーマと構成 ―

　本書の中心となるテーマは、19世紀末から20世紀初めのX線、電子、放射能などの発見、すなわちこれまでの19世紀の物理学・化学が対象としてきた電気的・磁気的、あるいは熱的、化学的なマクロスコピックな物質現象とは階層を異にする、ミクロスコピックな物質界の科学的新発見がどのような研究プロセスを通じて可能となったのかということ、加えてこれらの科学発見を可能にした社会的なダイナミズムを歴史的に考えることにある。

　具体的に取り上げる話題は、イギリスの物理学者ラザフォードの原子（核）の放射性崩壊および原子の有核構造の発見、またアメリカのゼネラル・エレクトリック（GE）研究所の化学者・物理学者ラングミュアの白熱電球およびクーリッジのX線管の技術水準を向上させた研究、加えてアメリカの物理学者コンプトンのX線の粒子性の発見とその実験的研究を基礎づけた産業技術、さらにはアメリカのベル研究所の物理学者デビッソン&ガーマー、ならびにイギリスの G.P.トムソンの電子の波動性の同時発見とその技術的基礎の違いなどを対象としたものである。

　最初に、これらの話題にかかる本書の全体的なテーマ性について示しておきたい。

　本書はその書名に「揺籃」という言葉を冠して、その時代的特質を端的に示した。というのも、熱輻射研究による作用量子の発見・光量子仮説の提起、また放射性崩壊に伴う元素変換の究明と、α線・β線を探り針とした原子・分子レベルの構造解析（例えば、原子核の発見や原子内電子構造の解明）、これに続く電子やX線の粒子性＝波動性の二重性の検証など、さまざまな新発見が展開された時期は、現代実験科学の揺籃の時代にあったといえよう。これらの原子物理学を中心とした科学研究は、やがて物質波の概念をとらえるとともに、ミクロスコピックな原子・分子や光などが関わる物質現象を説明する量子力学の理論を結実させた。

　さて、今日展開されている原子核物理学、素粒子物理学、宇宙線・宇宙物理学などの、物理科学分野の実験科学は極めてその規模・内実において壮大である。例えば、粒子加速器や電波望遠鏡などを用いる実験科学があるが、これらの実験科学は、本書で取り上げられている19世紀末から20世紀初めにかけてのミクロスコピックな物質階層を対象とする実験科学的研究を出発点として発展してきたといってもよい。確かに20世紀初葉の物理学の実験機器は、実験室的なものであったが、とはいえ同時代のさまざまな産業技術に支えられて、やがて実験対象を捕捉するために大型化し、従ってまた自動化し、新たな物質現象をとらえるべく、各種の実験機器を開発し実験科学研究の裾野を拡げてきた。

　本書の意図は、これらの新旧の実験科学の共通性を遡及的に探ろうということにあるのではなく、まさに揺籃期の物理科学に見られる実験科学の歴史、その特質を改めて検証することにある。殊に19世紀末に至る過程において、やがて数々の科学的発見を可能とする研究条件・研究環境が、どのように整備されていったのか。なおいえば、どうして19世紀末に至る、もしくはその後の20世紀

初めの学術制度・科学研究の方法はまだ見ぬ未知の物質界を究めるために、自らをどのように高めていったのか、あるいは直接的には科学実験の技術的基礎を提供する、経済・社会活動の基盤的位置にある産業は、どういった段階に進んできたのか。そしてまたこれらの科学研究を包摂する学術制度はどのように改革され整備されてきたのか、等々、科学の内的部面および外的部面に胎動する要因をとらえてみようとするものである。揺籃は「ゆりかご」のことであるが、現代物理科学の実験科学はどのように生み出され、成長しえていったのか、こうした部面に光をあててみようと考えた次第である。

　しばしば科学者は自己が興味ある事柄に立ち向かい、そこに湧き上がる探究心を原動力に研究対象を調べ、その本質に立ち向かうものだといわれる。その意味で、その認識論的な経緯を明らかにしていく研究プロセスは大変興味をそそる。本書で扱っている話題は上記に示した実験科学領域に属する研究で、科学者たちがどのような経緯で当該研究を課題として取り上げ、そのうえでどのような方法・実験手段（装置・観測）を介在させ、どのように探究し実験によって示された事実を踏まえて本質を分析しえたのか、その道筋を明らかにしたい。

　これらのことは個別の科学者がたどる科学研究プロセスで、そうした科学発見の認識として集約されるプロセスをとらまえることは欠かせない。しかしながら、これらのプロセスをより広い視野からもとらまえることも同様に科学史には欠かせない。

　前述のミクロスコピックな階層の自然界の諸発見は、なぜこの時期であったのか。これらの諸発見は、原子物理学および固体物理学・表面化学などの物性物理学分野の事柄に属するが、どちらにしてもこれらのミクロスコピックな物質階層の現象を示す具体的な物質が、実際に調達しえて、しかも科学実験装置内において未知の当該現象を表出し、これを観測しデータを集約・分析する認識プロセスにおいてとらえて、初めて実現することである。つまり、当該現象を表出する物質を調達しえる、実験室的過程を取りまく社会的過程がなくては不可能なのである。もちろんまた、これらの物質階層の自然現象を捕捉し観測しうる、科学実験装置ならびに観測機器が開発され、それらの実験設備を調達できるような研究条件、産業技術の新たな展開がなくては実現できない。

　そして、これらの科学発見を実現しうる学術・研究制度（高等教育機関、公的研究機関や企業内研究所）が整備され、その中で科学者たちはどのように養成され、自らの研究能力・手法を卓抜なものとして磨きえたのか。彼らが師事し所属した研究環境（研究交流を含む）はどのように形成されたのか。当時の政府（国家）や大学・研究所等の研究機関が採用した、研究の自由を含む学術・研究政策、研究成果の発信、研究交流はどのようなものであったのか。これらのことも注視されよう。なお、研究条件というと、施設設備の物理的な部面や待遇（職位）などの研究条件・研究資金に目がいくが、科学者自身が担う研究設計をはじめとする研究活動や研究成果の発信を含む研究交流において、どれだけ研究の自由が保障されているのか、この点が意外と見落とされがちである。

本書の構成

　第1部は三つの章からなる。第1章では、本書で取り上げる実験的諸発見がなされた20世紀世紀交代期の科学史・技術史の先行研究をレビューする。近代自然諸科学から現代自然諸科学へとどの

ように探究され展開してきたのか。科学は産業活動を基盤としつつも、学術が固有にその制度を構築し、現代的展開を遂げていく、科学の産業依存性、科学と技術の相互作用に見られる時代性、時代区分を明らかにする。また、原子・分子などのミクロスコピックな未知の自然現象はどのようにとらえられるようになったのか、この点についても注視したい。そのうえで、周知のように科学は国際性を基本的に備え、不均等に発展する。すなわち、科学発展の各国間での差異が、科学の基盤的位置にもある産業活動や、科学の発展のありようを条件づける社会的制度、殊に研究活動・研究交流がそれら国々の社会的風土に基礎づけながらも学術研究制度によって規定され、科学が西欧のイギリス・ドイツを超えてアメリカの研究拠点が台頭、パワーシフトして現代的展開を遂げていったその時代的特質などを示す。

　第2章では、歴史上に登場する主だった科学実験を取り上げ、実験手段が生産用具の転用に留まった時代、そして近代以降、科学研究用にデザインされた科学観測・実験装置が製作されるようになり、科学は固有に実験的基礎を確保し、自然の階層の多様性を捕捉しえる実験機器がつくり出され、実験科学がその独自性を高めていった経緯を通史的にとらえる。なおいえば、科学研究は固有にデザインされた科学実験装置（装置系）や観測機器（測定系）、探査・通信手段（探査系・通信系；主として宇宙科学や大陸・海洋・大気を対象とする地球科学に見られる。これらの自然界は移動手段を介することで目的とする自然物・現象を捕捉しえる程度に接近できる。）などをその組織だった実験科学部門に、主として産業技術に基礎づけられ、装備するようになっていった。

　とはいえ、科学機器の目的・機能と産業製品の目的・機能とは異なっている。後者は社会的生活過程の場面での要請に応じたものであるわけであるが、前者は未知の自然現象を捕捉しえるような仕立てになっていなくてはならない[1]。

　第3章では、科学は、果たして19世紀から20世紀にかけて学術研究制度をどのように包摂し、世紀交代期以降、ミクロスコピックな物理学的諸発見を現実のものにしえるようになったのか。すなわち、大学等の学術研究制度がどのように整備されてきたのか、学術制度史を中心に示す。学術研究制度の展開はその時代の政策と不可分な面をもつ。こうした部面は19世紀から20世紀にかけてどう展開したのか。そして20世紀に、その動きは、一方で科学の産業的利用との関わりでの企業内研究所等での科学研究との接点を深めていったが、次第に科学の「国家資源」としての認知を強め、政府は「国家科学」を推進するに至る。そうした事態の進行の中で、学術研究制度は再編され、科学の戦時動員が始まる。こうした科学の軍事利用に科学者はどのように対応したのか、について考える。

　第2部の第4章から第6章では、ラザフォードらの放射性変換説に見られる放射性元素すなわち放射性物質に注目した考察から、α線やβ線などの放射性粒子の物質との相互作用、すなわち阻止能や散乱能に注目した考察へと移行したプロセスを究明する。つまり、阻止や散乱がどのように引き起こされるのかという相互作用のメカニズムを捨象した概念で、ひとまず照射される物質の属性としてとらえた。次いで、これらの放射性粒子を「探り針」とした運動学的変化の考察による原子内部の構造の解明、よく知られているように「中心核」すなわち原子核が存在することを明らかにしていった、研究プロセスについて跡づけた。ただし、これらのアカデミズムの科学実験は未だハ

ンドメイド的な色合いが強かった。

　なおいえば、19世紀の物理諸科学が対象としたものは、熱・光・電気といったマクロ物質レベルでの現象の究明であった。だが、20世紀にかけてのこの時期の対象は、ミクロスコピックな原子レベルでの現象である。具体的には、前記の放射性崩壊を含め、熱輻射や放電現象などの"相対的に新しい運動形態"（第1章1–4節参照）とも特徴づけられる現象である。こうした自然現象を原理的にとらえるには、その実体を精緻にとらえなくてはならない。単に最新の機器（技術）を提供したからとて必ずしも実現しうるものではない。そのためには科学実験・観測において精密測定が欠かせないのだが、そうした新たな物質階層に位置する運動形態（対象）を実験装置ならびに観測機器においてとらえられるように、科学実験装置・機器の設計の際に、意識的に計画的に製作することで精密化を仕込む、そうすることで目的を果たしえたのである。対象となる未知のミクロスコピックな物質そのものをいかに捕捉するかということが以前にも増して問題となり、装置系・測定系の製作とそのコントロールが実験研究の基本的課題として浮上してくる。

　概して、その多くは電気を媒介とした装置系の設定なしに観測しうるものではなく、ミクロスコピックな物質世界を現出させるためにはときに高温、高電圧、高真空、極低温をも駆使した。従ってまた、他でもなく測定系も電気を媒介としたものがいっそう発達した。つまり、これらの実験手段はこの独占資本主義期の時代の産業技術としての電力や鉄鋼、合成化学等の技術を基礎として発達し、実験研究はこのような新しい産業技術に基礎づけられ、新しい段階へと踏み込んでいったのである。

　第2部での叙述の焦点は、19世紀末の熱輻射や放電現象などの"相対的に新しい運動形態"とも特徴づけられる研究を第一段階とすれば、これらの実験的研究で明らかになったミクロスコピックな物質を意識的に「探り針」として用いて原子とそれを構成する粒子の物質的構造を究明していった第二段階といえるものである。原子の内部構造、およびX線や電子のミクロスコピックな物質観を解明した研究展開、その内容の一つは、α線やβ線などのミクロスコピックな放射線を用いての原子レベルでの物質の構造解析であり、もう一つは、X線や電子などの原子・分子の構造解析の「探り針」としたものである。当然のことながら、この究明は、一方で「探り針」として用いられる電子やX線などが物質的にどういう性質を備えているものなのかが明らかにならない限り、実現しえないものであった。

　第3部の第7章から第9章では、GEの企業内研究所に所属し製品化途上段階の白熱電球内部の状態を研究対象としたラングミュア、また企業連携によってあつらえた実験装置を用いたコンプトンのX線の粒子性発見の考察、ならびに同様に冒頭で示したデビッソン&ガーマーとG.P.トムソンの電子の波動性の同時発見の差異を主たる内容としている。

　このプロセスは、ミクロスコピックな物質そのものに見られる波動性（非局所性）と粒子性（局所性）の二重性といわれる、量子論的物質像の究明である[2]。やがて電子やX線の波動性と粒子性の二重性を踏まえ、この量子論的物質観が明らかになっていたのは、このような研究展開によるものだった。なおまた、以下で示すように、理論独自の解析手法とは別に、このような物質界の認識論的性格を実験的研究の内容が基本的に規定づけていたといえる。

　第2部で取り上げたラザフォードらの研究は、主にアカデミズム内の研究室、加えて学術誌を含む研究者間のコミュニケーションにおける科学情報の交換・議論を基礎としたもので、ラザフォードとソディ、ラザフォードとガイガー、ガイガーとマースデン、さらに加えるならばラザフォードの研究に触発されたボーアの原子構造論の研究、これらの協力・共同、連携の取り組みはそのことをよく物語っている。

　ところが、原子物理学関連の研究は、こうした路線を継続しつつも、一方で新たな科学研究の路線を拓いていった。この時期の欧米諸国の科学研究制度の相違、殊に関連産業技術の展開とその工業研究に触発された企業内研究という新たな展開に基礎づけられた学術研究の不均等発展が、その動態を反映して研究の進展にも現れた。この時期の実験科学の研究は主に19世紀末のイギリス、ドイツに始まるが、1910年代頃になるとアメリカが頭角を現し、科学を主導する拠点が新たに構築され、科学の主戦場は拡大し移り変わっていく時代でもあった。

　第3部で取り上げるラングミュアは、企業内研究所GE研究所に所属し、GEの最先端の電気技術や、また産業技術のノウハウを会得していた技能支援者のサポートを受けることができた。これは学術界の学術研究を産業技術がサポートし、またその専門化された技術人材の知見・職能が効果的なものであったことを示している。

　なお、このような電気系の技術は電力技術のみならず電子技術など、新たな製品開発に取り組んでいる時期と重なっていたことも大きな要因として上げられる。具体的に言えば、電球、X線管、電子管である。これらの産業製品は、それらの電球内部、X線管内部、電子管内部に未知の自然現象を潜ませ、実験科学の対象を提供していた。新たな産業技術の展開は同時に表面化学（固体表面やそこに吸着した化学物質を研究する科学）領域の研究やミクロスコピックな物質線の本性を究明する研究にオーバーラップしていたのである。このような移行はどのような動因をもって展開していったのかについても考察する。

　先のイギリスのラザフォードらの研究は、いわゆるアカデミア的研究環境にあったこと、また実験装備はハンドメイド的な様相を強く残したものだった。これに対してアメリカのラングミュアやコンプトンらの研究は、アカデミズム的色合いをもつものの、彼らは企業内研究所に所属するポジションないしはそれらとの企業連携を行うことで、イギリスとは対照的に、実験装備の確保をはじめとして研究条件・研究交流の面で異なる要素を取り込んだ。この研究活動の基盤の差異は、電子回折の同時発見として知られるイギリスのG.P.トムソンとアメリカのデビッソン&ガーマーの実験的基礎にも差異を見いだすことができる。研究条件・研究環境の違いが科学研究にどのような影響をもたらすのかについて示す。

　本書で取り上げた話題は、基礎科学に類する、別の表現でいえば純粋科学の領域に属するものである。だからといって、基礎科学の存在は超然と独立しているわけではなく、それら科学が成り立つにはそれらがよって立つ社会基盤なしにはありえず、その意味で社会の中に組み込まれている。従ってまた、これら科学を担う者たちは所属する組織の意向・あり方、さらには企業や政府の意向（経営方針、政策等）と無縁とはいかない。

　ここに今日の科学と社会の容易ならざる問題がある。というのも、2015年にはじまった防衛装備

庁の安全保障技術研究推進制度は、大学や研究所等の基礎科学の領域に属する研究をも、デュアルユース（両用技術）として位置づけて兵器を含む軍備開発に取り込もうとしている。政府が科学の軍事技術開発を組織し、総力戦を展開したのは第一次世界大戦を契機としている。本書はこの点について全面的に議論するものではないが、本書の欠かせない論点の一つとして位置づけている。科学者コミュニティは、21 世紀の今日とは異なり、揺籃の時代にあって、どのように対応したのかについてその局面を本書で示したい。

　2022 年 7 月

著 者

目　次

第1部　序

第2部　実験科学の時代の到来
― 原子構造の探究と放射線を探り針とする実験

第4部　結

第10章　揺籃の実験科学から見えてくること ・・・・・・・・・・・・・・・・・・・・・・・・・・・　162

第1部　序

第 1 章　揺籃の実験科学の時代性を考える

　本書の主たるテーマ「揺籃の実験科学」の時代性を具体的に叙述（後述の第 2 部、第 3 部）する前に、19 世紀末から 20 世紀初期までにかかる科学史的著作に示される見解について、本書のテーマ性との関わりで示しておきたい。本書の基本的なテーマ性については「まえがき」で示したが、端的に言えば、科学と技術の相互交渉あるいは科学の発展を基礎づける実験的研究の現代的特徴、これを象徴的には「揺籃」ということで表現しているが、これをどのように特徴づけるのかということにある。

1 － 1　現代的な意味での科学と産業の相互依存性について

　このテーマ性に関する興味ある指摘をしている先行研究としては、古典的ともいえる J.D. バナール[*1)] の著作『科学と産業』[1)] がある。バナールは同書において 19 世紀を対象として考察を加え、諸科学間での継承と技術への波及効果とともに、逆に諸技術の科学への波及効果がどうであったのか、また科学発展をめぐってそれを取り巻く産業、政府、制度、思想などとの関わりがどうであったのか、あるいは科学は国境を越えてどのように展開したのか、これらの事柄について総合的に考察を加えている。

　こうしたバナールの記述の中で殊に興味深いことは、科学と産業との相互依存性は 19 世紀において依然として希薄であったとしている点である[2)]。そのうえで、バナールはこの両者の依存性を決定的に強めたのは、世紀末の電気工業や化学工業の登場ならびに X 線や電子、放射能の科学的発見が契機である、と述べている。これらを総括的に表現している文脈としては、19 世紀は“科学にとっては主として転換期に相当していた”とし、“その百年間に科学は、巨匠の手になる社会の典雅な装飾品の地位から、毎日の商品生産やサービス業務における本質的な要素に変貌しなければならなかった”[3)] と述べる。これは印象的記述ではあるものの、科学の歴史的変貌の特質をとらえている。つまり、科学は、知的産物としての「学芸」から量産される商品、サービスの開発に欠かせないものとなったと特徴づけたのである。

　バナールは著作『歴史における科学』の「現代における科学」の項で、“科学がはじめてその本領

[*1)] ケンブリッジ大学出身、分子生物学における結晶構造解析の研究でも知られるが、科学史・科学社会学関連の著書で広く知られている。

を示したのは、この 20 世紀になってからだった‥‥20 世紀には第二の科学革命が行われたといっても不当ではあるまい”（‥‥の省略は筆者による）と述べている[4]。

　ここには“第二の科学革命”との刺激的な表現がある。このようなバナールの記述の根底には、資本主義がその内部矛盾から新しい社会制度を生起させる時代になっているのだとの認識がある。そしてまた、政治的・社会的統治システムの変動の到来を見通して、科学と技術の相互交渉の枠組みも変動期を迎えたのだとしたのである。すなわち当該時代にはそのような歴史的特質が横たわっているのだとの問題意識を基礎に、この時代の科学研究の展開の特徴を考察し[5]、利潤を独占的に追求する企業体は科学者・技術者を雇い、新製品・製造技術の研究と開発のための研究機関を設けるに至ったのだと見て、このような科学と技術の相互交渉の枠組みの展開に科学研究の 20 世紀初期の歴史的変動（動因）を見いだしたのである。

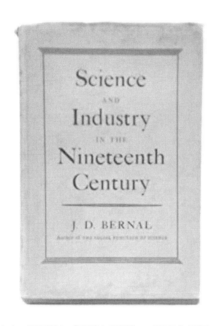

図 1-1　邦訳書名『科学と産業』の 1953 年刊行の原著

　本書において、科学と技術との相互作用、すなわち、こうした時代におけるその特質を具体的に科学と技術の個別的事例の内容に立ち入って分析し、その相互作用とはどのようなものであったかを明らかにしようと考えている。理論科学・実験科学、基礎・応用研究と製品開発研究、実験手段とその産業技術的基礎、学術研究機関と産業技術研究機関、科学技術政策、等々の連なりの中で、科学研究は個別にどのような条件下で展開していったのか、その道筋を明らかにしていきたい。

1－2　科学の現代的展開をどう見るか　—時代区分をめぐって

物理学の革命　バナールは、前掲書『歴史における科学』のなかで、“物理学の革命”は、“第一の

段階”（1895 年から 1914 年）の“おもに古い 19 世紀科学の技術的手段と知的手段を使って、新しい世界が探検され、新しい観念が創造された”“現代物理学の英雄時代”にはじまり、“第二の段階”（1919 年から 1939 年）の“産業の技術と組織がはじめて大規模に物理科学のなかに入り込”み、次第に指導的科学者が“産業界や政府の研究機構との間に、親密な結びつきがつくられていった”時代へと転じ、その後、政府との結びつきを強めた“第三の段階”となり、科学の進歩は産業と軍備と直接に結びつき、科学は政治的中立性という仮面をはがされたとしている [6]。

　時代区分というものは、 19 世紀末から 20 世紀の初期にかけての物理学実験の発展についていえば、上記に見られるように、「19 世紀」的だとか、あるいは「産業界や政府」との「結びつき」が「親密」になったと特徴づければ、事足りるものではない。つまりそれ自体の内実、すなわち科学が明らかにした認識内容との関連で評価しないでは十分な科学史的評価とはいえない。上記のバナールの評価は、どちらかといえば科学の社会史的枠組みから見たもので、科学総体としての歴史的展開を一般科学史としてとらえ、その延長線上に物理科学という個別分野を対象とした時代区分を構想している。いうならば、その時代区分の基準は、物理科学分野の認識の発展段階というよりは、「物理学革命」を実現した知的・技術的手段の登場、科学の産業との結びつきや政府との結びつきの強さの程度にその基準を見いだしている。

　なお、バナールは、“第二の段階”以前にも、1884 年設置されたライデン大学低温実験室と冷凍工業とのつながり、1911 年創設されたカイザー・ヴィルヘルム協会研究所（現マックス・プランク研究所）と、ドイツ重工業との結びつきや 1900 年創設されたラングミュアを擁したゼネラル・エレクトリック研究所（General Electric Research Laboratory）などの、科学と産業との結びつきの事例を見いだすことができるものの、これらの研究組織の産業的結びつきは例外的事例としていることを付記しておく。

　この例外的事例はさておくとして、このような時代区分の適合性について、本論文の枠組みに関わる部面について評するならば、“第一の段階”と“第二の段階”、続く“第三の段階”とで、基準が異なっており、この点について整理しておく必要がある。前述のこのような特徴づけだけでは、“第一の段階”ではまったく産業や政府との結びつきがなかったかのように見えてしまう。しかし、必ずしもそうとはいえない。ここでの適正な理解の仕方は、実験観測手段をどの程度形態において産業は提供したのか、例えば、産業はまだ手段の部材を提供する程度のものだったのか、個々の実験観測手段の要素は提供されていたが、それではまだ実験観測手段の体系としては成立していなかったのか、あるいはまた、測定機器を提供していたのか、装置機器を提供するに至っていたのか、さらにはまた設計から含めて特別に特殊実験に提供し得たのか、これらの状況を見すえて評価しなくては何ともいえない。例えば、科学機器製造業者にしても、民生用の精密機器を提供するメーカーでもあり、この部面での科学と産業との結びつきは単純な話ではない。科学機器製造業の多くは定型的な機器を提供するとしても、それを超えてどの程度個別の科学観測実験の固有の目的に即した形で応えることができる産業として成立していたのか、この点を検分する必要がある [7]。そこにこそ、科学と産業との結びつきの具体的動態を示すものが見いだされるからである。

　という事態を考慮するならば、科学観測実験手段がどうできあがるのかということと、科学の産

業 (あるいはまた政府) との結びつきの問題は、一つの事柄の二つの部面として見ることができる。つまり、科学観測実験手段の成立は、基本的には社会とは無縁どころか、程度の差こそあれ産業や政府との結びつきのなかで実現されるものであるからである。バナールの時代区分の基準は、そういう矛盾の問題として理解し、"第一の段階"も"第二の段階"も"第三の段階"も、それぞれ科学観測実験手段はどのように製作され、また新たな手段がつくられるのか、そしてこの手段の製作・成立に産業 (また政府) はどのように関わり合い、その関わり合いはどのように変化していったのか、という二つの部面ごとにその特徴づけをすればよい問題である。この点について、本章の主に 1-3 節でその部面について具体的に示したい。

　ところで、日本の科学史家・天野清[*2] は、本書で取り上げる原子物理学研究の話題ではないが、熱輻射論・量子論の誕生期を取り上げ、科学と産業との関連について注目される歴史評価を示しており、ここで触れておきたい。

図 1-2　1948 年刊行の天野清『科学史論』

(「熱輻射論と量子論の起源」所収)

　天野は、熱輻射論・量子論の誕生は 19 世紀末発達したドイツ工業技術に基礎づけられて初めて現実的なものとなったと述べている[8]、この指摘に目をとめる必要があろう。ただし、天野は、このような観点を押し出しつつも、その具体的関連性については照明・冶金技術の指摘に留まったと述べる[9]。確かに熱輻射論において作用量子発見の前提となる温度計測、光度標準についていえば、照明技術や冶金技術がこれらとおおいに関わっていたという、天野の指摘はもっともである。しかし、この指摘は、熱輻射研究の 19 世紀的段階を特徴づけたにせよ、これを抜け出た研究の新しい段

[*2] 東京帝国大学出身の物理学者・科学史家、1935 年商工省中央度量衡検定所で、光高温計の研究に携わったと伝えられている。1944 年東京工業大学助教授となるが、翌年空襲で死去した。

階の技術的基礎を特徴づけるものではなかった。すなわち、ドイツの物理学者プランクを作用量子発見へと導いたのは、より一様な輻射を提供した、新しい熱輻射源として電気炉が採用されたことにある。だが、その事実についていえば、天野も触れてはいるが、熱輻射論・量子論の誕生は電力技術に基礎づけられたものとの評価には至っていない [10]。

　また、天野は「量子論誕生の技術史的背景」[11] で "熱輻射研究は一面において第一の学問的研究と連なるとともに、他方技術的な要求と技術的な前提によって実現されたものであり、それは 19世紀末のドイツ工業の強固な地盤に生い立って居り、広く経済、政治の面と連なるのである" と述べて、熱輻射研究の理論科学としての学問的研究とのつながり、その実験手段の技術的基礎ないしは技術から科学に提起される課題を含めてとらえることの重要性を指摘している。要するに熱輻射研究を理論科学の発展のなかでとらえるとともに技術とのつながりで見なくてはならないと述べているのである。とはいうものの、目下話題としている実験的側面に関していえば、どのように実験研究が理論研究から規定され、またその実験手段そのものがどのような独自の技術性を形成して成立したかについていえば、上述で指摘したように不十分さをまぬがれない。

　ここで、本書が対象とする科学史的課題に関わって時代区分の年代について、ここに示しておこう。「まえがき」で、19 世紀末の熱輻射や放電現象などの "相対的に新しい運動形態" とも特徴づけられる研究を第一段階とすれば、これらの実験的研究で明らかになったミクロスコピックな物質を意識的に「探り針」として用いて原子とそれを構成する粒子の物質的構造を明らかにしていった研究を第二段階ということができる。この時代区分の特徴はバナールの区分とは異なり、原子物理学の探究の科学的認識の理論レベル・実践レベル（後述 1-4 節参照）の発展段階の深まりを課題意識として特徴づけたものであるが、この第二段階の時期をさらに区分するならば、1913 年前後あたりを期して、前期と後期とに区分できる。というのも、本書第 3 部で示すように、産業内の企業内研究所に科学的専門性を身につけた者が科学研究者として所属し、科学実験手段の機器はこの産業内の企業研究所を媒介にして製作・提供される時代へと移り変わっていったと見られるからである。

1－3　科学研究基盤の不均等発展に伴う科学の国際的なパワーシフト

　素粒子論で知られる坂田昌一[*3] らは、原子物理学のヨーロッパからアメリカへの流れについて、欧米各国の原子核物理学の発展を比較検討し、"この時期を境として各国の国際的地位に著しい変化がおこる"、あるいは "最初イギリスで発展した原子核の実験的研究も漸次その中心をアメリカへ移す" と記した [12]。

　もちろん坂田の記述にはこれ以上の具体的な、それも実験装置を中心にすえた論証は見られないけれども、このように科学と技術の先端的地域（国家）は 19 世紀末から 20 世紀前半期にかけて国際的にシフトしたことに間違いない。基本的に科学と技術は自然に根ざしていることから国境を越

[*3] 湯川秀樹、朝永振一郎と共に日本の素粒子物理学をリードした物理学者、名古屋大学物理学教室の「物理学教室憲章」の制定（1946 年）に尽力、自由と民主主義を基本とする教育・研究制度に努めた。著書の中にはバナール『科学の社会的機能』（共訳：創元社、1951 年）がある。

えて普遍的に成立するものではあるが、その主戦場が国境を越えて移行するということは特殊固有の歴史的・社会的条件があってのことで、その意味でここに注視すべき科学史・技術史上の重要な意味をもつ変動がある。一般的には科学・技術の発展は基本的に不均等に発展し、世紀が進むにつれ科学の国際的な交流はより一層進むのではあるが、なぜアメリカへの移行であったのかということに、20 世紀的な意味での科学・技術発達の歴史的特質がある。

　ところで、先のバナールの時代区分、すなわち指導的科学者による私的科学から産業界が主導した科学、ないしは政府の科学に示されるように、本格的に科学研究が国家施策のもとに進められるのは、戦争を科学と技術の需要先とした第一次世界大戦期を契機とし、さらに本格的になるのは1930 年代以降である。しかしながら、民生用に限っていえば事態は異なっていた。というのも、開発されていた製品技術（たとえば、第 3 部で取り上げる白熱電球、X 線管）、ならびに使用されていた製造技術の質は科学研究による新たな開発を必要とし、企業内研究所で両者の相互交渉は展開されたのである。

　さて、このような科学の国際的なシフトは、先に指摘したように科学と技術の不均等発展にあるのだが、この問題は、それぞれの地域の大学等の研究機関や企業、政府における、科学と技術の有用性に対する価値認識の差異と関わっており、バナールは「科学の企業化」なる特徴づけをして、次のような大まかなスケッチをしている。

　科学に基礎づけられていた化学工業や電気工業等の産業は量産化技術を手にしたが、科学に投資することで科学の確かな手助けを確保し、自己の拡大再生産を行おうとした。確かにイギリスの大学における科学は一面では一定程度の水準を築いた。その意味で高等教育研究制度としては成功したともいえよう。しかしながら、意外と大学における研究は基本的にそれぞれの独立性が比較的強い群雄割拠した分散的な状態にあり、必ずしも研究に専念できない変則性からまぬがれ得なかった。またイギリスにおいては、アメリカの企業内研究所に比して、企業内研究所の研究は脆弱であった。また、イギリスの「政府科学」の代表格である「国立物理学試験所」（NPL：The National Physical Laboratory）はリスクを超えて新たな発展の可能性のある工業物理の研究を進めることはなかったといわれている。これに対して、アメリカの企業内研究所は自己のうちに純粋な基礎科学をも取り込んだことで、また潤沢な資金のおかげで、科学と技術の相互交渉が進んだ。真空技術の進歩を刺激したのは最初、電球工業であったが、やがて電子管製造がおおいにこれを刺激したが、これを進めたのはアメリカであった[13]。

　本書は、まさに科学が「一般的生産力」として位置づけられていく（これに対して工場の中の機械設備は「直接的生産力」と特徴づけられるが）、こうした時代性を明らかにすることにも力点を置いている。つまり、アカデミアの科学研究とは領域の異なる、科学が産業の交渉する場面も本書は対象としている。その点で注目すべき著作は、企業競争力の要因としての研究開発の部面から考察した、R.ブーデリ『世界最強企業の研究戦略』[14] や R.S.ローゼンブルーム ＆ W.J.スペンサー『中央研究所時代の終焉』[15] の著作である。これらの著作の問題意識は、企業が戦略上どのように研究開発を位置づけ、どのような性格をもつ研究開発組織を設置していったのかに着目して分析をしたものであるが、20 世紀後半のみならずその初期についても考察を加えてもいる。

　これらの二書における研究の主要な関心事は研究開発組織の成立と発展にあり、その考察は興味深い。どちらの著作にも共通する問題意識は、研究開発の展開・組織の仕方について20世紀初めから1930年代、第二次大戦期、第二次大戦後から1960年代、そして1970年代以降、さらに1980年代以降等に区分し、研究開発に対する認識が過大な依存傾向へと展開し、基礎と開発が分離し、非実践的なものに形を変えていった。しかしながら、1970年代から1980年代にこうした問題が察知されるに及んで、中央研究所の粛正いわば「消滅」か「再生」かと評される事態を引き起こしていったことを記している。

　アメリカでは20世紀初期以来"科学研究指向"の強い企業内研究所が組織された。だが、それは次第に"基礎科学と資金十分な科学者は劇的な新技術を生み出す"[16]との神話的伝統をつくり、第二次大戦期をステップとして拡大し冷戦期を迎えた1960年代まで支配したという。つまり軍事を介して過剰な研究開発投資が行われるに及んだけれども、現実の経済や社会とは隔たり、研究・開発・製造の分散的傾向を生み出した。また経済の競争激化、技術の加速度的変化に駆り立てられ、ついに象徴的には「中央研究所の終焉」とも評される事態に至る。そして、これまでの研究組織・手法の根本的な改革を行わざるを得ない局面に至ったという。これらの研究組織・手法、なおいえば研究開発のマネージメントの事柄が上記二書の中心的話題である。

　これら二書の共通点は、中央研究所スタイルの研究開発への過信的ともいえる依存傾向という枠組みが形成されるようになったのには、どちらもその初期において GE 社の研究所の存在が大きかったと評している。

　確かにこのような枠組みから見れば、"科学研究指向"の強い企業内研究所にも功罪があるのかもしれない。しかしながら、それは歴史を通貫的に、遡及的に見て評価したものである。確かにこのように20世紀前半とその後半とを連携させて見るのもありえよう。だが、20世紀前半の当時の時代的状況、あるいはまた時代が要請する課題を相対的に独立させてみて、評価すべきことも欠かせないのではないかと考える。その点からすれば、研究所のマネージメントは20世紀後半の状況として分散的であったと指摘されているが、20世紀前半期もそのように評価づけしてよいのだろうか。第3部で見るように、そこでは基礎的な科学研究や技術開発、また工場が要求する課題との関係で切り結んでいたといってよい。

　要するに、これら二書の記述には評価すべき点もあるが、これら二書が話題とした前述のようなマネージメントそのものの事柄というよりは、研究と開発の具体的実態からすれば、それぞれの時代において科学と産業が置かれた状況は異なっているわけで、そうした状況を踏まえてどのような技術と科学がどのような形で育まれていったのかという点から考察することも欠かせないといえよう。この点については第3部において示す。

1－4　科学的認識の発展を基本にすえて科学発展の歴史的道筋を考える

　本書は、バナールに見られるような、資本主義の変動を基軸とした科学の政策・制度・組織などの社会的部面にその現代性を見ようとした視点と重ねて、加えてどのような新しい科学的認識が得

られていったのかということを、科学発展の基本的道筋としてとらえ、その発展の歴史的要因を分析しようと考えている。本書の記載に即していえば、理論（知識）レベルとしては原子の内部構造や電子、放射能などの実体をどのようにして具体的な認識内容として把握できたのか、また、実践（実験・観測）レベルとしては、新しい認識の発見に結びつくような特異な状態を実験装置のなかに、すなわち、どのような技術的手段・手法を用いて未知の物質現象を自然界から切り取って出現させることに成功し得たのか、ということに注目する。つまり、科学的認識の理論的レベルと実践的レベルのこの二つの部面において、どのように認識の対象となる新しい自然をとらえようとしていたのか、またこの二つの部面がどのように関連していたのか、といったことを基軸としつつ、前述の社会的部面などの外的要因も含めて、科学発展の現代性を考察する。

　E.セグレ[*4)] の『X 線からクォークまで』[17)] は、自身が記しているように、自身の個人的な体験から科学的発見がどのような道筋をとって達成されたのか、またそれらの科学的発見に関わった科学者の人柄などについて叙述したもので、この著作自体は現代物理学史を意図したものではないと述べている。とはいえ、そこには次のような趣旨の興味ある記述がある。

　19 世紀末に物理学は"決定的な方向転換"を成した。その際の四つの偉大な発見、すなわち 1895-97 年にわたる X 線、電子、ゼーマン効果、放射能の発見を可能にしたのは、後の加速器のエネルギー出力や低温設備の冷却能力からするとその大きさは 100 万分の 1 に過ぎないものであった。いうならば、技術的手段からすれば、取るに足りないようなものであった。真空ポンプにしても旧式のものであったし、電源は 2V 程度、それもその維持管理が面倒なブンゼン電池（1841 年、ドイツの科学者 R.ブンゼンによって発明された充電機能のない一次電池）が使われていた。このような実験装備でも電子やX 線の発見を可能にしえる、特異な状態に実験装置（放電管）の環境を技術的に設定することが達成され、"原子の世界を微視的に考えるきっかけ"となる時代へと踏み込んでいくことができたのだと記している[18)]。

　このことは、科学的実践レベルからいえば、気体放電や熱輻射などの"相対的に新しい運動形態"を実験装置内に出現しうるように科学実験が設定され、遂行されれば、その後の研究装置からすれば旧くとも可能であるということを物語っている。なお、相対的に新しいということは、19 世紀までに明らかになった熱・光・電気などの運動形態とは異なった、マクロスコピックな運動形態ではあるものの、ミクロスコピックな運動形態への発見へと結びつくという意味である。この"相対的に新しい運動形態"という表現を提示した宮下晋吉は、"手段（高真空）と目的（物質の運動形態・構造形態の追求）とははっきりと区別しなければならない"との視点、つまり新しい運動形態の認識として獲得するには、どのような実験手段を媒介させて働きかけていったのかという、認識の発展史としての実験科学史の方法論的視点を示し、電子の発見の実験史をとらえた[19)]。つまり、この点は、宮下の論考では明示的でないが、実験手段としての装置系を適切に設定し、ミクロスコピックな自然をとらえるマクロスコピックな"相対的に新しい運動形態"をそこに実現することで、初めて新しいミクロスコピックな物理学的認識がとらえられるという、世紀転換期の物理学の展開を叙

[*4)] 反陽子の発見で 1959 年ノーベル賞受賞、イタリア出身の物理学者。渡米してカリフォルニア大学放射線研究所（後のローレンス・リバモア研究所）で研究、同大学やコロンビア大学等で教鞭をとった。

述しうる歴史認識（科学史）の方法が見いだされる。

1－5　理論認識の根幹としての観測・実験とその技術的基礎、産業との連関

　科学的認識の発展を基軸に歴史をとらえるためには、まずは観測・実験を理論認識の根幹として位置づけてとらえることが欠かせない。とはいえ、これまで指摘してきたように、それに加えて、これらの科学の理論認識と観測・実験、実験技術の基礎としての生産技術、社会的制度などとの関連をどのように位置づけるのかということも欠かせない。

　科学と技術との関連は、産業革命期以降の歴史展開をふり返ってみればわかるように、機械化は綿紡織機械から蒸気機関へと展開したが、蒸気機関の開発・製造は温度や圧力、体積の計測をうながし、これが熱力学の誕生の基礎となり、また電信技術の発達は電気や磁気の計測技術が進歩し、こうした展開が土壌となって電磁気学の成立へと向かった。さらにまた窯業（ガラス）技術の発展に支えられて望遠鏡が一新し、回折格子とあいまって、光学・天文学が新しい段階へと進む。このように産業革命以降の技術発展は科学との相互作用が基礎となっている。

　しかしながら、こうした科学と技術との連関を問題にしたとしても、ただ実験研究の技術的基礎を対象とするだけでは、外面的な評価に留まらざるを得ない。科学が独自にどのようにその固有の歴史的課題と取り組み、解決していったのか。なおいえば科学研究独自の目的意識的な理論的認識の根幹となる科学的実践、すなわち新しい物質現象を捕捉しえる実験的部面が、どれだけ意識的に観測・実験の装置が設計され、製作されるようになったのかを問う必要がある。

　こうした視点と異なって制度史ないしは社会史を見直す立場から、たとえば、熱輻射研究の足場となったドイツの帝国物理工学研究所（PTR : Physikalish-Technische Reichsanstalt）とその業績を問うて、その歴史的新しさを分析するということも重要である。前述で紹介した宮下晋吉は PTR の高温測定の研究に焦点をあて、工業計測、その科学（ここでは熱輻射研究）とのつながりを問題とし、科学実験成立に際しての工学的基礎・生産技術との関連を明らかにしている[20]。しかしながら、その力点は自然現象の探究にあたって工業計測技術が大きなインパクトとなっていたというところに留まっている。

　近年の宮下の『模倣から「科学大国」へ──19 世紀ドイツにおける科学と技術の社会史』も、おおすじ上記の研究の延長線上にある。これは 19 世紀ドイツの「科学大国」への路程を分析したものであるが、この書は近代化に遅れていたドイツがいかに「科学大国」へと行き着いたのかを基本的課題とするものである。宮下はそうした視点から、ドイツにおける科学発展の道筋を示そうとしている。だが、そこでの分析対象は計測学や科学器具学などの工学、すなわち実用科学（応用化学）を主とするもので、やがて 19 世紀後半から 20 世紀初期にかけて際立った成果を生み出したドイツの物理学、物理化学などの理学、すなわち純粋科学（基礎科学）の台頭が分析対象とはなっていない[21]。科学と技術（産業）の連関の「19 世紀的」もしくは「20 世紀的」な意味での歴史的特質を明らかにするとしても、また制度史、社会史部面を取り上げるとしても、科学の成立を課題とするならば、この時代の科学の基本的分野をすえて分析しないことには基本的な問題を逸するであろう。

　以下においては、これらの外延的な部面との関連を考慮しつつも、理論的認識の手法と実験的手法を視野に入れて、前項での視点を引き合いにしていえば、科学的認識の理論的レベルと実践的レベルとが交錯する部面を基軸にすえて、その歴史的考察を行うことを基本とする。

1－6　現代物理学を事例とした科学史著作について

　さて、本書のテーマ性との関連で、科学者による実験と実験室での知識生産を社会的・文化的な構成において解釈する、科学社会学分野の著作がある。これらについてコメントしておきたい。
　これらの研究は、これまでの科学史研究が科学の成果としての理論を軸に論ずることに傾斜していたことに対して、科学者の実際の研究活動を基盤としてその展開をとらえようとするものである。
　その第一は、例えばブルーノ・ラトゥールの著作『科学論の実在』で、科学者は自然自体に向かい合っているというよりは、文献収集やその理解、論文執筆であって実験室においても観測記録やその数値処理などに対処することが主要なことで、科学者の行為を中心にすえてとらえようとする。つまり科学者は、そうした活動に取り組むことでどれだけ自分の研究テーマを「事実らしさ」をもって表明しうるかということに努めているのだとして、このような「事実の社会的構成」にこそ科学者の行為の本質があるのだという [22]。
　また、K.クノール・セティナは、研究活動の社会的条件（広く社会的ネットワークも含む）や実験的技法などを首尾よく選択し整えていく蓄積過程を見返し、得られた選択結果から改めて再構成することで科学の規準や方法を作り直していく営みに科学の本質を見いだそうとしている [23]。
　これら二つの著作の科学のとらえ方は多少異なるが、どちらも科学者の日常的な研究活動を対象とし、科学というものは実験室内外の諸要素の影響下にある人工的に構成された空間において、自然的世界に介入することでとらえられたものであるとする。すなわち、これらの著作は科学者の「活動」のなかに科学展開の本質を追跡しようとする、いわゆる社会的構成主義の立場に立つものである。なおいえば、科学的発見によって「成功」に導かれるとはいっても、客観的な自然の法則性は社会的選択によって的確にとらえられているというものである。
　これらの社会的構成主義の相対主義的な見方とは異なる著作もある。その代表的なものがP.ガリソン『*image & logic*』である。ガリソンは、科学的実践を理論と実験、装置の三つの構成部分でとらえて、高エネルギー物理学を事例に科学発展のダイナミズムを分析する。すなわち固有の特性をもった装置を類別して、霧箱に象徴される粒子の軌跡を目に見える形で捕捉するイメージ派と、ガイガーカウンターに象徴される粒子の数を計測するロジック派、その両者がやがてトレーディングゾーンにおいて融合することで新しい科学が展開するのだとして、高エネルギー物理学の歴史を叙述する [24]。
　このガリソンの見方は本書に直接的に関わる点をもち、その点についてコメントしておこう。問題は上述の科学的実践というカテゴリーの範疇をどう整理するのかということにある。ガリソンが二つの学派に類別した装置は観測用の検出装置であって、高エネルギー粒子を創成する装置やその他の装置は入っていない。確かにその実験研究の流れを類別することができようが、果たしてそれ

だけで事足りるものなのだろうか。本書で後に示すように、ガイガーカウンターにしても、確かにその機能は「計数」にあるが、放射線をとらえる研究のなかでは単に α 粒子の数を計測しただけではない。実は特異な α 粒子の「軌跡」をも気がつかせ、α 粒子の反跳実験へと転回させ、これをカウンターで検出することで、原子核の存在へと導いた。という事情を考慮すると、単純にイメージ派とかロジック派というように類別するのが必ずしも適切とはいえない。観測装置が秘めている機能をあらかじめ限定して類型化するのは、科学実験・観測が潜在的に備えている可能性（機能）を捨象して理解するものである。

　なお、量子論の概念・理論形式などの全般的な理論的部面に光を当てて、その成立・発展過程について歴史的にまとめた M.ヤンマー[25]、J.ミーラ & H.レヒェンベルク[26]のものもある。

　これらの著作は有意味なものであるが、本書が構想する 20 世紀における一般科学技術史的研究としては十分なものとはいえない。というのも前者は個別的な研究分野の学説史的な研究分析に留まり、後者については量子論分野について広く叙述し、また、その個別分野の通史的な分析を行っている。

　本書で話題として取り上げることは、科学史的事例としては 20 世紀の第一四半世紀の原子物理学分野に、また技術史的事例としては主として電気技術分野にかかることであるが、そこでの科学研究の進展とそれと切り結んだ技術の開発研究、ならびにそれら両者の相互交渉の展開を分析し、その「20 世紀的展開」の特質とはどのようなものなのかをとらえることにある。ここに 20 世紀的展開と記したが、また後述には「20 世紀的科学・技術」との表現を記しているが、こうした表現、すなわち、「20 世紀的」という形容表現はその内実をどこまで示しているか、歴史分析的に見て適正であるのか、そのことも本書においては考慮しなければならない課題である。

　また、L.M.ブラウン、A.パイス、B.ピパード編集の『20 世紀の物理学』の第一巻には、ピパードによる"第一章　1900 年当時の物理学"や、パイスによる"第二章　原子と原子核の導入"の章において、総体的な展開が記されている。けれども、それは歴史的要因を考察するというよりは、節目となる科学的発見のトピック的な事実関係の記述が主となっている[27]。

　この時期の物理学的話題を取り上げたものにヘリガ・カーオ『20 世紀物理学史』[28]がある。これは、原子物理学や原子核物理学、宇宙論や相対論など、20 世紀の物理学を広範囲に整理しているが、全体としては科学の社会史的な内容が際立っている。著者は「はしがき」の終盤で興味ある記載をしている。

　　"基本的には、1990 年代に受け入れられている科学の方法は、1890 年代に受け入れられていた方法と同じである。真に劇的な変化を 20 世紀の後ろの 75 年において探そうと思うならば、方法や概念的な構造、物理学の認識論的な内容ではなく、むしろ世界の基本的な構造、すなわち物理学の実在論に目を向けるべきである。あるいは、社会的、経済的、政治的次元に目を向けるべきである。マンパワー、組織、資金、装置、政治的（そして軍事的）価値の観点から見ると、物理学は 1945 年以降の時期にいちじるしい変化を経験した。社会政治的な変化によって、1960 年の物理学は、1 世紀前とは大いに異なる科学になった。"

　これは「ビッグ・サイエンス」化による科学の社会的組織化、社会的動態の転回である。この転回は国、地域によって必ずしも同時期とはいえないが、科学者数や関連学術誌刊行の状況、刊行論文数、論文の被引用件数、予算的措置などの量的な「いちじるしい変化」に見られる。ヘリガ・カーオは「軍事化と巨大潮流」と題した第 20 章で、科学の軍事的な部面での有用性を契機としている。

　筆者は 1-3 節で、科学のパワーシフトが起きたこと、そして第 3 章で指摘するが、政府（国家）は第一次世界大戦期を機に科学を資源として位置づける政策がとられたことを示した。なお、企業内研究所における工業研究としての科学の位置づけは 19 世紀から始まるが、こうした科学を取り巻く状況は「揺籃の実験科学」の出立の前後から変貌を始めていたのだった。

　これはアメリカが 1930 年代に経済不況に陥り、ヨーロッパの戦争に対して「民主主義の兵器廠」と称して、アメリカ自体は直接的に戦争に関与していないが、平時でありながら軍備拡張に乗り出した。そして、大学や研究所に潤沢な研究開発費を助成し、企業は国防工場公社の支援を受けて軍需工場を建設した。このようにして軍産複合体がつくられた。だが、この体制は第二次世界大戦が終了しても元には戻らず、科学の軍事化が常態化した。アメリカの学術研究体制の政府資金の出処は国防総省が過半を占めるに至った。

　ヘリガ・カーオは P.フォアマンの見解を受けて、「戦争によって生じた分水嶺は、科学への資金提供の規模と構造の変化、とりわけ連邦政府からの資金のめざましい増加に、たいへん大きく依存していた」と述べている。これに対する科学者の異議申し立てを含む、意を紹介している。この基底には、世界大戦という大情況、これに対応した明確な政府の意思があった。このアメリカの動きは一国とはいえその絶対量は比類のないもので、グローバルに影響をもたらすものだといってもよい。経済的・政治的・軍事的緊張が緩和する方向に向かわない限り、同盟国をも巻き込むものでもある。科学の発展は跛行し健全性を失いかけない。

　これは、社会における科学のあり方にかかる問題であるが、科学者コミュニティを含む、私たち人類社会がどう解決していくのか問われている事柄である。

第2章　実験科学史から科学史へ

　現代の科学実験は、精密化、自動化を進める一方、巨大化、国際化の傾向を強め、大規模で複雑なものとなっている。本章の目的は、古代から現代に至る科学実験の歴史を分析し、自然法則をとらえる認識の理論的部面の根幹となる実践的部面としての、実験科学の歴史的ダイナミズムをとらえることにある。

　本章は特に科学の発展の動因としての実験研究の部面を対象としているが、本書が取り上げている話題は通史的に見て、どういう位置にあるのか、また本書で取り扱う時期の実験科学の手段の構成はどのような到達段階にあるのか、この章ではその実験科学の歴史的形成の全体像を包括的に明らかにし、第2部、第3部の具体的な叙述に入る前に、あらかじめ示すことにある。

2−1　実験科学史の方法をめぐって

　実験は、人間的経験の本質、すなわち能動性（目的意識性）をもつ感性的直観としての経験に始まり、次いで得られた経験を一定の条件（形式）にあてはめて認識する観察、さらに標準に照らして整理・記載する観測（測定）という、経験−観察−観測の延長線上に位置する[1]。つまり、認識にはその足場となる人間的経験の深化を示す諸相がある。

　ところで、これは認識論上の発展段階をとらえただけではなく、認識の歴史的起源・発展の諸相をとらえたものでもある。これを科学史に引きつけて考えてみれば、自然科学的認識の歴史的発展（深化・拡大）は、単に科学理論そのものからだけでなく、観測・実験手段、方法の進捗状況を分析することによっても知りえることを示している。なぜならば、新発見に至るかどうかは結局、対象をとらえる的確な実験手段・方法を開発し、これを用いて目的とする自然を改変し観測できるかに尽きてもいるからである。

　近代以降の自然認識の発展を概括すれば、力学的運動形態に始まり、産業革命期の熱、電気・磁気、化学などの運動形態の把握を経て、現代のさらに多様な自然の諸階層の運動形態の認識に向かっているが、新知見の獲得により既存の理論に新しい質を付け加えていくこれらの認識の発展に対して科学実験・観測は大きな役割を果たしている。すなわち、科学実験・観測の進捗状況から科学的認識の豊かな源泉、その足場の成り立ち、科学発展の歴史的要因を明らかにすることができる。

　一般に科学実験は、適当な実験手段を自然との間に介在させ、自然を人為的に改変させ、人間の

五官の感覚能力を超えた自然についての情報を得るものとされ、観察に比して能動的であるといわれる。理論予測に基づく実験（観測）は、極めて能動的な性格、その計画性、組織性、系統性を顕著に表す。また、これとは性格を異にする、多分に偶然的な受動的性格の強い観察にしても、厳密な理論予測はないとしても、未知の自然を捕捉するには既存の知見からの外挿を不可欠としている。そして、ときにこれら観察による偶然的発見は、優れた技術、新しい原理で作動する実験（観測）手段の使用、あるいは新しい課題の解決を図る研究・開発の執拗な追究が、関与もしくは契機となっていることがある[2]。従ってまた、このような発見に至る過程の違いから理論科学との関連や実験手段の技術性、生産技術とのつながりなど、科学実験を取り巻く歴史的諸関係を示すことができる。

　それだけではない。19 世紀末のミクロスコピックな自然の諸発見は、原子こそ究極粒子だと考えていた科学者たちの自然観を揺るがし、物質は消滅したなどとの客観的自然の物質性を否定する哲学的見地 (科学思想) に立つ者さえ現れた。その代表格はオーストリアの物理学者 E.マッハである。これに対して、物理学者 L.ボルツマンは原子論を支持した。とはいえ、20 世紀初頭にかけての物理学的諸発見は原子（分子）の実在性を確証するとともに、原子以下の世界の描像を明らかにして、新しい内容と形式をもつ自然観を築いた。つまり、実験的新発見がただ新理論（学説）の基礎となっただけではなく、新しい科学思想の土壌となった。さらには計り知れない原子核エネルギーを予見させた人工放射能の発見が示すように、実験的新知見が技術的実現の可能性の科学的根拠を与えた。要するに、科学実験による新知見は単に科学発見の手立てとなっているだけでなく、思想や技術開発（工学）などの部面においてもこれまでとは異なったステージを開いているといえよう。

　さて、これまでの科学実験の歴史を語る装置史は、実験・観測手段の原理、その開発経過、精度向上あるいは定量化、精密化の進捗状況などに焦点を当てて叙述されてきた。しかしながら、そのためか、実験手段の構想の契機・設計、その技術的基礎、時代的特質を十分にとらえてはおらず、意識的な形で実験手段がどのようにして未知の自然をとらえてきたかという歴史を描くには至っていない。例えば、精密化がどの程度進んだかということで、その「ものさし」の発展を描こうということであるが、歴史像としては直線的で平板なものとなっている。個別的な新発見を描く事例史にしても、それを発展させて、通史ないしは一般科学史の枠組みにおいてとらえているものは少ない。

　本章では、冒頭で触れたように、未知の自然がどのような実験手段によってとらえられたのかを通史的に、すなわち対象と手段・方法の対応関係の近代から現代への歴史的な位相を描くことである。科学史叙述の方法論的視点として指摘されているのは、生産技術や社会制度、社会的意識諸形態とのつながり、理論の相対的自立性という側面（科学の理論的部面は事実的部面を担う科学実験や、科学研究を取り巻く制度・政策・産業などと関連しつつも、相対的に自立しているということ）、および客観的自然への諸運動形態を通しての認識の深まりの過程を叙述すること（例えば、マクロスコピックな物質階層には、熱、電気、磁気、化学反応など、さまざまな運動形態が存在し、またより高次の諸運動形態も存在している。従って、ある階層の物質が示す現象をとらえるには、これらの諸運動形態の相互関連を相対的に見極め、より本質的な認識へと深化させること）であるとい

われる [3]。本書の関心は、理論と実験の二つの部門、自然科学諸分野の独自の展開と交互作用によって客観的自然の諸運動形態についての認識が獲得される過程を分析し、実験科学史の側から科学史叙述の方法論的視点に幾ばくかでも寄与できればと考える。すなわち、"理論の相対的自立性""諸運動形態を通しての認識の深化"という科学発達の内的メカニズム・歴史的社会的要因を、以下の方法論的視点と関連させて、実験・観察の局面から示すことにある。

① **科学実験の理論科学の側からの規定性** ── 新たな対象の発見はこの時代の交易・生産活動の発展に規定されつつも、直接的には技術の改良がよび起こす技術学的課題、および狭い意味での自然科学の理論的研究から提起される課題の実験・観察による意識的な究明過程を契機としている。こうした研究の課題の設定と実験・観察の構想との関連をきりむすぶ局面に注視しなければならないであろう。

② **実験・観測手段そのものの技術性** ── 科学実験・観察は予測に基づいて構想されもするが、対象をある状態に設定し制御し、的確に対象のある部面をとらえようとする。従って、実験手段を構成する装置系・測定系・制御系および探査系（運搬手段・解剖手段・掘削手段）・通信系の構成、その作動原理・操作知識・技能・方法、さらには得られた情報の整理・解析の方法によっても規定されている。

③ **科学実験成立に際しての工学ならびに生産技術との関連** ── 科学実験は生産活動から相対的に自立してはいるものの、工学的・物質的条件、すなわち制御・検出・測定・探査・通信の手段の設計・製作・組立・調整を行う工学、またこれを実際に可能とする生産技術・工作技術・材料技術などの到達段階、および観察・実験試料の調達段階にも制約される。

④ **科学実験の被社会的制約** ── 科学実験・観測は、基本的には"自然と直接取引して"おり、社会的制約から自律的ではあるが、科学観測・探査は交通関係によって制約され、また研究組織・予算および科学技術政策などの面からも規定される。

2−2 実験科学史の通史的諸断面

　ここでは実験科学史の手始めとして、科学実験手段がいかに自然を捕捉、制御、測定してきたかの発展段階すなわち時代区分を行い、自然認識を深化・拡大させてきたかを示そう。なお、ここで採用した時代区分は、前近代 → 近代 → 産業革命期 → 独占資本主義期 → 現代である。こうした時代区分の仕方は本書だけが採用しているものではないが、これは世界史の古代 → 中世 → ルネッサンス → 近代 → 現代、あるいは奴隷制 → 封建制 → 資本主義体制 → 社会主義体制や、経済史で使われるマニュファクチュア期 → 産業資本主義（産業革命）期 → 独占資本主義期などの時代区分の折衷である。その意味では時代を便宜的にとらえているとの批判を受けよう。もちろん、そうした時代区分の仕方に甘んじてはいけない。科学発展の内容に即し、その時代の特質を語らねばならない。しかしながら、科学の発展が基本的には、広く世界の発展や経済の発展に方向づけられていることを考慮するならば、あながち便宜的とはいえない。

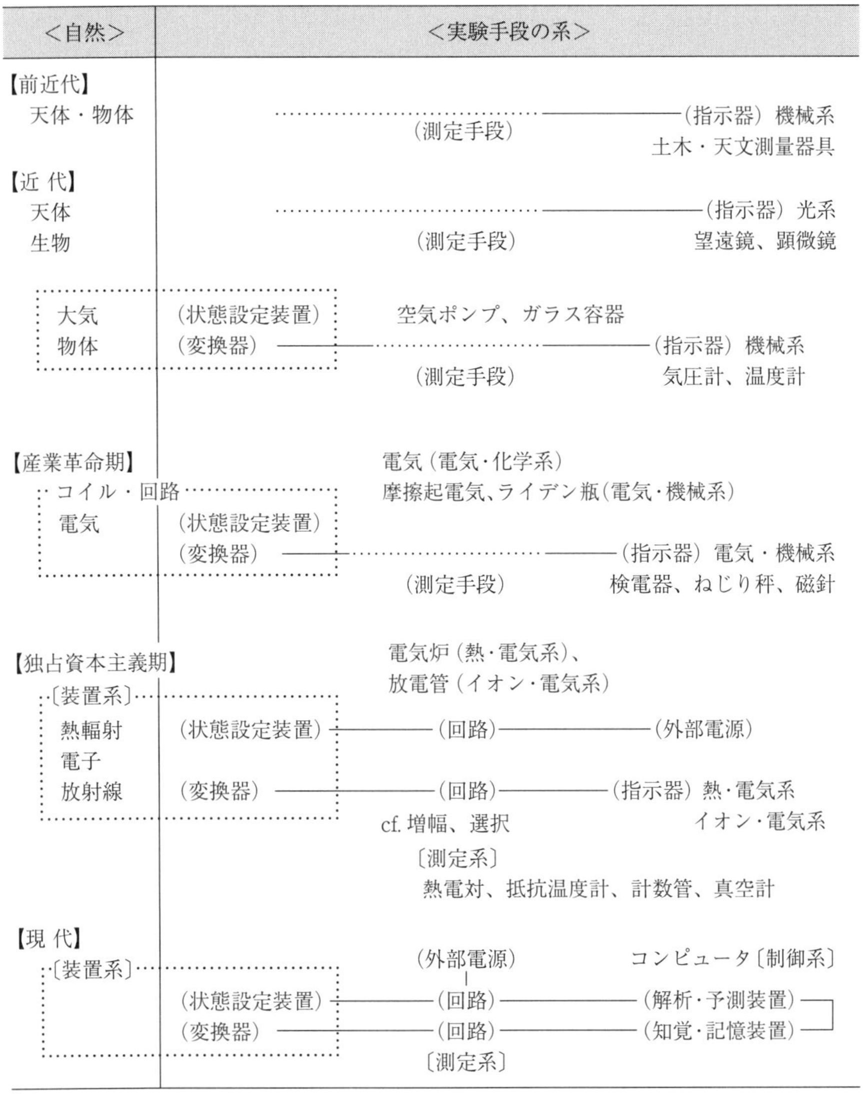

＜自然＞	＜実験手段の系＞		
【前近代】 天体・物体	……………（測定手段）……………──		（指示器）機械系 土木・天文測量器具
【近代】 天体 生物	……………（測定手段）……………──		（指示器）光系 望遠鏡、顕微鏡
大気 物体	（状態設定装置） （変換器）──	空気ポンプ、ガラス容器 ──（指示器）機械系 （測定手段）　気圧計、温度計	
【産業革命期】 コイル・回路…… 電気	（状態設定装置） （変換器）──	電気（電気・化学系） 摩擦起電気、ライデン瓶（電気・機械系） ──（指示器）電気・機械系 （測定手段）　検電器、ねじり秤、磁針	
【独占資本主義期】 〔装置系〕…… 熱輻射 電子 放射線	（状態設定装置）──（回路）── （変換器）──（回路）──	電気炉（熱・電気系）、 放電管（イオン・電気系） ──（外部電源） （指示器）熱・電気系 cf. 増幅、選択　　　　イオン・電気系 〔測定系〕 熱電対、抵抗温度計、計数管、真空計	
【現代】 〔装置系〕……	（外部電源） ｜ （状態設定装置）──（回路）── （変換器）──（回路）── 〔測定系〕	コンピュータ〔制御系〕 （解析・予測装置） （知覚・記憶装置）	

上期は、各時代の特徴的なものを取り上げたに過ぎないことを断っておく。

図 2-1　科学実験手段の発展段階

１）前近代 ── 労働手段の転用による観察・観測

　J.D. バナールや S. リリーの記述にヒントを得て、科学史研究者の山崎正勝は"科学的労働論"の立場から歴史的産物としての科学と技術の関係を考察し、"科学の物質的生産からの分化・自立"の発展段階を区分した[4]。そのなかで、実験機器の発展段階を、近代の"科学機器の出現と実験的方法の確立"と産業革命期の"能動的実験装置の出現と運動形態の意識的発見"とした。その前段階については明瞭には規定されていないが、山崎の言葉を借りれば、さしずめ"物質的生産の労働手段を認識のための手段への転用"により、自然に関する知識を得ていた段階とも特徴づけることが

できよう。もちろん「転用」ということだから、それは散在的・一時的・部分的使用ではあるが、それら手段は確かに科学的知識の獲得を目的として使われる状態を指しており、物質的生産を目的とした計測・評価のために使用される状態とは異なる。それゆえ、未だ科学は認識のための手段・方法を独自には装備できず、事態の推移によっては、これが主たる原因ではないにせよ、衰退の憂き目にあいかねない段階にあった。

　科学的知識が経験的知識として物質的労働に"編みこまれて"いた段階から、それらの理論化が行われ、自然科学の思想的前提が形成され、科学研究が行われる段階へと移行していくには、専門的に精神的労働をする人びとの介在がなくてはならなかった。だが、科学的認識を確かなものとするためには、それは当初は労働用具の「転用」ではあったけれども、こうした手段による科学的計測・評価が不可欠であった。古代ギリシアのエムペドクレスが空気の物体性を明らかにするために水時計クレプシドラを用いたのをはじめ、アルキメデスがニセ冠を見抜くためにテコを使い、ストラトンが非連続的空虚の実在性を調べるために金属製の球形容器を用いることなどがこれに当たる。

　水時計クレプシドラは、底に孔が空いていて、水中に浸してクレプシドラの下部の容器に水を満たし、水が流出するまでの、もしくは空の椀状のクレプシドラを水に浮かべて水が容器内に流入し椀が沈むまでの時間を計る。英語ではclepsydra と表記するが、ギリシャ語の kleps(盗むの意 kleptein)＋hydra （水の意をもつ hydōr）が語源である。古代中国では、いくつかの箱状の漏壺を階段状に並べて管でつなぎ、一番上の漏壺に水を満たし順に流下し、漏壺の水の深さで時を知る、水時計「漏刻」が使われた。

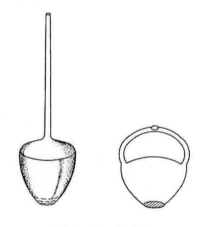

図 2-2　クレプシドラ

　使用された器具は各種の航海用天測器械・土木建築用測定器械（照準器、測角器、日時計、羅針盤等）、金細工師の天秤などである。これらは、主として空間・物体の物量、時間、重量など、すなわち力学的量の測定を機械的メカニズムによって観測・測定された幾何学的・力学的な量を表示する機械系であった。

　今日も使われている秤量単位グレイン（0.0648 g に相当する）は、古代エジプトにおいて金や貴重な薬の量を測るために麦の粒をもとにつくられたもので、農業における物質的生産に起源をもつものであった。奴隷制を発展させた古代ローマは侵略と属国支配のために軍用道路を地中海世界に縦横に張り巡らしたが、マイルはローマ人のパッスス（復歩）の 1,000 倍に由来する、人間の身体の器官を基準にしているという[5]。これらは近代になって測定単位の基準を地球の子午線の弧長にとった、科学に基礎づけられたメートル法の制定の事情とは異なる。

図 2-3　古代エジプトの神話での魂の正義を天秤で計っている絵図

「落ちつかない」惑星の動きが地上に生きる人びとの運命を定めると考えられていた。例えば、木星が裁判を象徴する天秤座に移り、乙女座：スピカ（麦の穂のみのり）にやってくるまでのことが裁かれるといった話があるが、主神オシリスは元来穀物神ともいわれる。

２）近代（16 世紀末～18 世紀前半）

科学観測器械の製作と未知の自然の捕捉　　望遠鏡や顕微鏡の光系（光学観測器械）は、人間の視力の限界を超えて未知の自然界をとらえた。ガリレオ・ガリレイの天体観測（1610 年）、M.マルピーギ（1661 年）や R.フック（1665年）らによる微生物・動植物をつくる生物体の組織の解剖学的・生理学的観察、等々、科学観測器械は人間の五官ではとらえ難い自然の特異性をつかまえた。

　屈折式望遠鏡は職人の発案に光学的改良を加え、反射式望遠鏡は科学観測用のより高性能の屈折式望遠鏡の必要性に促されて（プリズムによる光分散の実験的研究から屈折式望遠鏡では色収差のつきまとうことがわかり）発明された。こうした事情の違いはあるにせよ、これら望遠鏡は、設計・工作の面からすれば、一面で「散在する機械」、機械学を基礎とした近代の生産技術の特質を反映した、機械系の観測器械といえよう。なお、この時期の光学器械が天体、動・植物の外面的ないしは幾何学的な特質の捕捉に限られたのは、この時代の生産技術の発展水準に制約されたといってもよい。より進んだ認識についていえば、光系が化学元素分析と結びつく段階（19 世紀）、さらには電磁波をとらえる段階（20 世紀）を待たねばならない。

数学的な理論解析と連動した実験室的実験の成立　　ガリレオは斜面降下ならびに放物体の運動法則の数学的解析を企て、物理量を検討し、定量的測定実験を行った。しばしば指摘されるように、複雑な放物運動を単純化するのに機械学的な分析手法を採用し、水平運動と自由落下運動とに分解し、機械の一つの要素、斜面を用いて[6]、動きの速い物体の落下運動を衝撃音と水時計でとらえられる程度に変える実験装置（機械系）を考案した。

　ドレイクによれば、弦楽器リュートの奏者であったガリレオは、斜面を転がる金属球の位置を調べるのに、それが斜面に結びつけられたガットフレットにぶつかるときに発生する音を聴きわけ、

これを拍子で数え、この時間間隔を水時計で測ったという。今日のストロボ写真撮影などのような光学的・電気的な手段がなくとも、対象は重力空間の位置運動なのだから、装置手段により的確に状態を設定してやれば、対象の本質を見失うことはなくとらえられる。また、ガリレオの遺したノートの記載からの読み解き（図2-4参照）もある。金属球を斜面にそって降下させて水平方向へと飛ばし、自由な放物運動による落下地点までの距離を測る。これをいくつか斜面降下の起点（高さ）を変えて測定を繰り返してそのうえで理論値と比較分析したという。

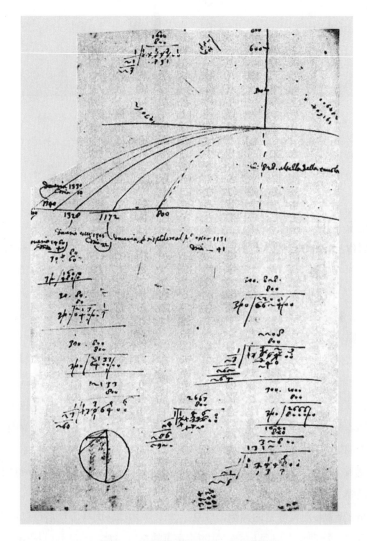

図2-4　1590年頃のガリレオの手稿

f. 116v.　水平方向の速度の保存と、運動に対する二つの独立の傾向の合成 ―水平に投げ出された物体が放物線軌道をとること― について、実験によって確認した。

　ガリレオの力学研究は、もともと砲術・土木・建築などに対する技術学的関心や、加えて父親が取り扱っていた弦楽器リュートの音響学的考察を重ねたものだといわれるが[7]、このように実験的

手法にもそうした技術への優れた理解の跡が見いだされる。ちなみに彼はヴェネチアの造船所の顧問を務めてもいた。こうして理論的予測に基づき、対象の状態を設定、検証する、いわゆる実験室的実験が登場した。

連続体の力学的特性や大気の物理的特性などの物理学的把握　17 世紀は単に重力の影響下の力学的運動が追求されたのではない。ガリレオは前記の放物体の運動に限らず、広範な力学的問題を考察した。その一つに材料の引っ張り・切断の強度を調べ、中空の円柱の強さなどを調べた実験的研究がある。また R.フックは動力によらずともどんな姿勢でも振動する、バネの弾性力を生かした天体観測用の振子時計の改良を思い立ち、バネの弾性実験を行った [8]。ガリレオと同様に技術的関心に導かれて材料の力学的研究に入った。

　ところで水銀気圧計（機械系）は、鉱山の揚水ポンプなどを背景とした科学的課題「真空問題」の追究において水銀柱と大気の重さが釣り合うことが判明し、その定量的把握を行うために製作されたものである。希薄でつかみ難かった大気に重さがあることがわかったのである。この真空問題を契機とした空気の物理的特性の探究は、マクデブルク（ドイツ中北部）の半球（1654 年、図 2-5）で、当時市長であったオットー・フォン・ゲーリケによりもう一歩進められた（図 2-6）。

図 2-5　マクデブルクの半球実験

マクデブルクの半球実験：上部に半球の仕組みが示され、左右に分かれて
馬で牽引する模様が描かれている。

　彼の実験は巧妙といえるものではなかったが、労働用具の揚水ポンプを改良した真空ポンプ（機械系）を製作し、測定手段とは別に、ビール樽内の水や二つの銅製の半球を接合した球内の空気を排気しようと企てた。つまりこれらの容器は、その内部にある空気（対象）に働きかけて容器内の状態を人為的（能動的）に改変させる装置手段といえるのだが、ビール樽の水は抜くことはできた

が、空気がスキマから入りこんだ。銅製の球内の排気を何度も試しているうちに、ポンプの管の中に張れあがった分だけ排気できることに気がつき、大気の膨脹性という物理的特性、圧力という物理量があることを明らかにした。さらにR.ボイルは、ガラス容器（機械系）に空気を閉じ込め、これを自在に圧縮・膨脹させて空気の弾性を定量的に把握した（1662年；図2-7）。閉じた容器（装置要素）を用いた手法は、位置や速度などの物体の力学的運動を超えて新しい物理学的な運動形態をとらえる可能性を示した。

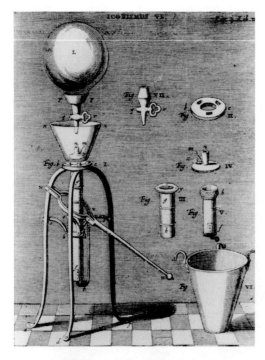

図 2-6　ゲーリケの真空ポンプ

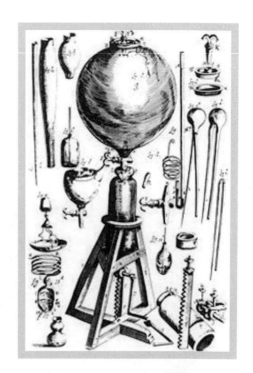

図 2-7　ボイルの実験器械

　また、G.D.ファーレンハイトは気圧計の水銀が寒暖に伴いわずかながら変動する、すなわち大気の重さを指示する水銀柱が温度をも指示するのに気がついて、水銀温度計を製作した[9]。ここには、指示液体の複数の異なる物理的効果を明瞭に出現させるほどに、製作精度が高められていたことが示される。つまり、加熱・冷却の技術は早くから人間の手にはなっていたが、これを測定する原理、すなわち加熱・冷却により物体が膨脹・伸縮しているということが科学的に見いだされ、これをとらえる新しいタイプの手段、温度計（熱-機械系）が生みだされた。こうして大気の気象学的現象だけでなく広く物質の温度、相変化をとらえる可能性を開いた。測定器は必ずしも特定の機能に定型されたものではなく、さまざまな物質特性を感知しうるものだったのである。

　近代は、力学にその主たる成果を見いだすものの、このように材料や大気の物理的特性を調べる研究を契機に「物質の科学」の一分野、物理学形成の導火線となる研究を展開した。なお、精密な機械的測定機構、ポンプ・気密容器、光学器械の製作には、設計・工作・組立の機械的技術だけで

なく、これら器械の物質的基礎となる材料技術の進歩も欠かせない。14 世紀に出現した高炉製鉄技術は 16 世紀にはヨーロッパ各国に伝えられ、またヴェネチアを中心に発達したガラス製造技術（『ガラス技術』1612 年）も広まった。またボイルはブリキ屋に頼んで長い管を作らせたというが（『空気の弾力と重さに関する新実験の継続』）、ブリキ製造は 16 世紀のボヘミアに発し、17 世紀に産業化した。

3）産業革命期（18 世紀半ば〜19 世紀半ば）

　交易・産業活動の多様なかつ飛躍的進展は、非力学的な多様な運動形態（弾性・熱・光・電気・磁気等）発見の物質的基礎を整えた。科学研究はこうした交易・産業活動に伴う生産活動の発展に規定されつつ、種々の運動形態の相互転化を検出・測定の原理を仕込んだ新たな装置・測定手段を編みだし、また原材料から取りだされたそれぞれの純物質・合成物質の本質的理解を進めた。こうして実験科学という独自の領域が拓かれていった。

光学観測機器の一新と天体認識の新段階　　近代に始まる光学器械の製作は 18 世紀後半から 19 世紀前半にかけて節目を迎えた。解像度の高い反射式望遠鏡や色消しレンズを用いた精緻な屈折式望遠鏡が出現し、天体の個別的観測を超えて、一定の範囲の天空を一様に観測する掃天観測から、年周視差が発見され、さらには太陽系を包摂する銀河宇宙の姿が考えられるようになった。

　また、近代の天体の位置や運動などを扱う位置天文学・天体力学を超えた、天体や宇宙の構造、進化を物理学的に研究する天体物理学の新分野が拓かれた。J. フラウンホーファーはレンズ設計から太陽の暗線を（1815 年）、W. ハーシェルは反射望遠鏡の鏡が熱で歪むことから赤外線を発見した（1800 年、図 2-8）。観測器械の精度の向上をめざす技術の革新が新発見を生みだし、世紀後半の元素の分光分析を契機に、これを「探り針」とする天体の物理的・化学的把握を可能とした。なお、回折格子（機械-光系）の装置要素や写真乾板（化学-光系）などの新しい検出手段が開発されたことも見逃せない。

自然の諸運動形態の相互作用を原理とする測定・装置手段の登場　　電気の研究にはそれを発生、確保し、測定する新しい実験手段がなくてはできない。18 世紀の静電気の研究は、電源に摩擦起電機械（1709 年）やライデン瓶（1745 年）の装置手段（機械-電気系）と、感度のよい検電器のような測定手段（電気-機械系）とが用いられた[10]。なお、ここで自然の諸運動形態と表記しているのは、電気的、磁気的、熱的、化学的、力学的などの諸運動形態のことである。

図 2-8　滑車で動くハーシェルの 40 フィートの反射望遠鏡

　その点で注目に値するものの一つがC.A.クーロンのねじり秤である（図2-9）。これは土木・建築の生産活動と関連した材料の物理的特性を探る研究（フランスの土木工学校の設立は1747年）のうえに開発されたものである。クーロンは、アカデミーが船舶用羅針盤の技術的研究に賞金をかけたのに刺激され、材料の力学的研究から電気の研究に転じ、これを発明した。つまり、クーロンはねじり秤の発明の一年前に金属線のねじりの力学的研究を行っていたが、電気力の変化を物理的性質の一つである、ねじりの弾性力に転化させて、電気の特異性（クーロンの法則）をとらえた。すなわち、電気的運動形態を、機械的機構を用いて視覚で確認できる力学的運動形態へ転化させて、電気の測定を実現した。

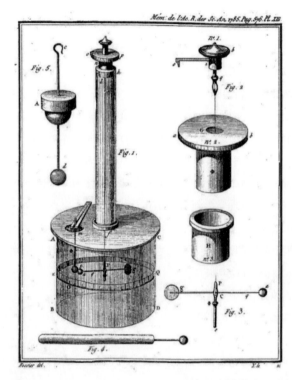

図2-9　クーロンのねじれ秤

　ところで、よく知られているように、装置手段の限界から静電気という枠組みにとどまっていた電気の研究を一変させたのは、A.ボルタの電池（化学−電気系）である（1800年、図2-10）。ボルタの電池は、正極：銅板と負極：亜鉛板、電解液：希硫酸を積み重ねたものであるが、変化のある電磁的対象を持続的に確保する発生手段で、単に電流の特性だけでなく、電気と磁気との相互作用、電気の化学的作用、電気と熱との相互作用を明らかにする手立てとなった。

　こうして電気的・磁気的対象を確保する電池と、これに連動して電気的・磁気的運動形態を出現させるコイル・回路・磁石などの装置的要素と、これらに現れる効果を測る検電器・ねじり秤・検流計・磁針など、測定の指示的要素とが組み合わさって、実験・観測手段の体系が明確な姿を取って現れた。この手段体系の出現は、電気的・磁気的・力学的・熱的ないろいろな運動形態を相互に

転化することをそれ自体の実験・観測手段の原理とするもので、これらのさまざまな運動形態として立ち現れる非力学的対象をとらえることを可能にするものだった。

　こうした実験・観測手段を用いた象徴的成果の一つは、熱電気現象の発見である（1822 年）。これは、これまでのような温度計のような機械的機構としての温度計による計測ではなく、熱を電気に転化して計るもので、測定手段そのものの原理的革新を実現したものであった。物理的効果は変換器（抵抗温度計、熱電対）により電気信号に変えられ電気計で読み取られ、電気計は指示器のみの役割を担うことになった。こうして電気計測の変換器と指示器とは機能的に分化し、やがて測定系へと発展した（後述を参照されたい）。

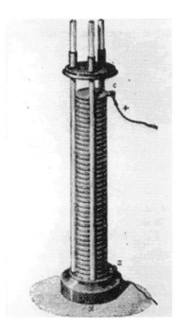

図 2-10　ボルタの電池

熱の本性の探究における技術学的認識と自然科学的認識

蒸気機関の開発は、熱の本性の研究を促した。熱運動説は大砲の中ぐり盤による作業に関連しているが、気体の熱力学は蒸気機関の技術学的分析に基礎づけられている。原始時代に人類は摩擦による火起こしの技術を手にした。火起こしの原理は機械的運動の熱運動への転化に違いないが、そのままではその原理の自然科学的把握にはつながらない。これに対してインジケーター（指圧計）を備えた蒸気機関はその過程を客観化し、人間の感覚ではとらえ難い物理的特性の定量的把握を可能にした。ここには、火起こしの道具的段階における技術的実践に媒介された認識と蒸気機関の機械的段階における科学的実践を媒介にした認識との相違が見て取れる。

　もう一点、指摘しておくべきことは次のようなことである。確かに前記のように機械的段階において自然科学的認識が行われたのではあるが、その機械的段階そのものの技術学的認識は技術の原理を明らかにしても、自然法則の厳密な把握には至らない。ここに純粋に自然認識の把捉を目的とする自然科学的研究が必要となる。つまり、インジケーターは圧力を示したにせよ、ただちに熱力学的な意味での自然科学的認識を得させたのではなく、それには S.カルノーによる熱力学研究がなくてはならない。

　こうしたことは潜熱の発見についてもいえる。氷の融解熱を調べていた J.ブラックは、蒸留酒業者の依頼を受けてその技術的経験を基礎にしつつ、潜熱の一つである気化熱の存在に気がついて、これを仮説に気化熱の科学的な測定実験を行った（1762 年）。生産における技術的経験は自然科学的研究の契機になるものの、自然科学の枠組みでの一貫した研究があって初めて、その経験の自然科学的意味合いでの法則的認識に至るのである。なお、氷熱量計（装置手段）は閉じた系である。

実験法則の定式化と実験試料（対象）　

物理的・化学的性質の法則性を一般化するためには、多彩な物質を試料にして調べる必要があった。T.ゼーベック（1822 年）や J.C.A.ペルティエ（1834 年）ら

が電気の研究で用いた金属試料は多数の非鉄金属や各種の合金に及んでいる [11]。これらの中には白金、コバルト（1735 年）、ニッケル（1751 年）、テルル（1782 年）、セレン（1817 年）のような、その後の独占資本主義期の精錬技術に比すれば、技術的には未成熟なものではあったが、産業革命期の精錬技術によって新たに単離されたものである。実験試料（対象）の取得可能性は生産活動の進捗状況に規定されている。

　こうした面は熱の本性の研究にも見られる。G.アモントンの空気温度計は J.L.ゲイ=ルサックの法則を先取りした測定器械であったが、それでもって気体一般の膨脹則がとらえられたのではない。確かに J.A.C.シャルルは"同じ割合で膨脹する"と整理しているものの、科学的実験データを報告し得なかったという。結局、科学的なデータを報告したのはゲイ=ルサックで（1802 年）、気体の熱膨脹の特性を一般化するために、さまざまな各種の気体、窒素、酸素、水素、硝石空気、アンモニア、塩化水素、二酸化硫黄、二酸化炭素などを試料に供し、しかも温度を測定するうえで障害となる水蒸気を除くために、試料を塩化カルシウムで乾燥させた [12]。この経緯に見られるように、実験法則の確立には、各種の化学物質、金属など、純粋な試料を検証できるかにかかっている。なお、ゲイ=ルサックはシャルルに敬意を表して、この気体の熱膨張則に彼の名を冠したという。

4）独占資本主義期（19 世紀末〜20 世紀前半）

　19 世紀後半までには、おおすじ科学は理論科学面では物理諸科学の全般をほぼ解明し、実験科学面では自然界のマクロスコピックなさまざまな運動形態を、産業革命期以降多方面に展開した生産技術に支えられ、種々の実験手段の系を一応十全に装備するに至った。

　その特徴は、電気を媒介とした装置・測定手段の体系化によって、観測対象の状態を制御する新段階を築いたところにある。放電管（イオン・電子-電気系）、電気炉（熱-電気系）のような装置系、および計数管（イオン-電気系）、熱電対（熱-電気系）のような変換器と電位計（電気-機械系）のような指示器とを電気回路で結合した測定系とを併せもつ、科学実験が組織された。

ミクロな自然を検出する装置系の登場　19 世紀後半に入ると、力学、電気、磁気、光、熱および、化学的運動形態に対し、それらとは関連するが、"相対的に新しい運動形態"が、生産技術・実験技術上の技術革新によって登場する [13]。これは第 1 章でも触れたところであるが、この指摘は、ミクロスコピックな自然の階層領域に属する構造と運動の特異性が、階層間をつないで相互に連関・制約する、ある種のマクロ的運動形態を通して現れることを示している。「気体放電」はマクロスコピック的とはいえ、自然の階層と階層とをつなぐ結節点に位置するが、実は歴史的過程としてもミクロスコピックな自然の階層に属する電子はこうした"相対的に新しい運動形態"を通じて発見された。とするならば、光量子（光を「光子」とする粒子説）の発見と関連する熱輻射現象もこの意味での"相対的に新しい運動形態"にあたろう。

　前項で述べたように、産業革命期に各種の物理的特性を検出する装置の要素が部分的に登場した。これに対して、独占期に出現した"相対的に新しい運動形態"を確保する検出手段は実験装置要素を結合した体系だった装置系で、物理的特性の検出というよりは、これら物性を自在にコントロールして、マクロスコピックな物質の階層を超えて素粒子から銀河に至る各階層の構造と運動をとら

えるものだった。実験装置内の状態を設定する技術は独占資本主義期に、目的とする対象の特異性
を捕捉するに至った。その意味で装置系は対象把握の能動性を備えた系であるといえよう。

　J.J.トムソンの電子の発見では、陰極線源に真空管（放電管）、電池・誘導コイル・発電機の装置
系が、また M.プランクによる作用量子発見（光などの熱放射線のエネルギーは $h\gamma$ の整数倍のとび
とびの作用量をとる；h は定数、γ は振動数）の契機となる赤外線領域の輻射測定では、輻射源に
従来のシャモット炉（磁器製）に比して温度の安定性を数倍に増した電気炉・電源の装置系が採
用された（1898 年）[14]。電気を媒介とする一群の実験装置系によって、光量子、電子、放射線など
のミクロスコピックな自然の特異性がとらえられた。

　なお、続く 20 世紀の前半は、発見されたミクロスコピックな粒子を今度はミクロスコピックな対
象把握の能動的な「探り針」とする時代であった。X 線・陽極線・放射線（放射性物質）・電子線・
その他各種の粒子ビームを、高電圧、強磁場、高真空・高圧、超高温・極低温の技術を駆使して装
置内の状態を設定して科学実験の装置系をコントロールし、目的とするミクロスコピックな対象と
の相互作用を装置に取りだした。またアンテナや光電管などのエレクトロニクスによる変換器（光-
電気系）を登場させ、可視光を超えて電磁波一般、放射線一般の傍受・分光を実現し、対象領域を
拡大・深化させた。

電気を媒介にした測定系の登場　これらの気体放電や熱輻射の探究には、熱、電気、磁気、光などの
一連の運動形態の精密測定が不可欠である。これを実現したものが電気を媒介として動作する新タ
イプの測定手段である。世紀半ばのエネルギー保存則の発見は、その測定の理論的妥当性を与えた
が、ここに具体的な形をとって現れたのだった。

　J.ティンダルは 1860 年代に早くも、熱輻射源に電熱白金線、温度計測に熱電堆を用いた（「白熱
について」[15]）。この実験結果はのちに、J.ステファンによる輻射の四乗則導出の基礎となった。白
熱電灯が照明に、熱電対が工業計測に実用化されるのは 1880 年代である。その測定はまだまだ完全
とは言い難いが、測定手段に見られる電気を媒介とする傾向は確かなものであった。1880 年にはホ
イートストン・ブリッジを原理とした感度の良いボロメーター（白金片に電磁放射が当たると温度
上昇が引き起こされ、これを電気抵抗の変化を利用して測定する一種の抵抗温度計）という、熱輻
射測定の指示器とは別に変換器（センサー）が登場した。

　望遠鏡や温度計、検電器などは、実験・観測対象とする実体そのものの形態や特性を、それ単独
でそのまま視覚でとらえるものであるが、熱電対そのものは指示器ではなく、変換器として役割を
もつ。この場合は対象の熱的変動を電気に変換し、電気的運動形態に変換されたものを回路を通じ
て指示器に伝え、指示器はこれを機械的運動形態に変換して視覚的にとらえさせる。この一連の測
定系ともいうべき、変換器-回路-指示器は、観測系統として一体となってその目的を実現するため
に動作するものである。

　例えば、プランクの作用量子発見の契機となった実験では、赤外線領域における蛍石による残留
線の方法（光系）だけでなく、変換器の白金-白金ロジウム 10％の熱電対（熱-電気系）と指示器の
電位計（電気-機械系）とを回路で結合した測定系、熱放射を測るボロメーターと呼ばれる抵抗温度
計が使われた[16]。電子発見に結びつく J.J.トムソンの気体放電の測定手段も同様である。

　こうして各種の変換器が開発されたが、一方の指示器の精度、動作も一新された。W.トムソン（後のケルビン卿）のサイフォンレコーダー（電流の変動を記録する電信に用いられた機器；1867年）は測定器ではないが、電気計測器械の新段階を開くものであった。これは印字部分の機械系を可動コイルによって電気的に自在に作動させて表示するものであった。可動磁界の変化を表示する最初の検流計はすでに1820年に製作されているが、このケルビンの機器の長所は外部の影響をあまり受けないだけでなく、復元力が強く、振動周期が短いことであった。その後、輻射スペクトルの測定研究が高まる1890年代には、抵抗温度計・熱電対などの変換器の開発に並行して、電流を精確に表示する可動コイルを用いた検流計が相次いで製作された。微小な電気の変化（0.0001V）を翼形極に連動した鏡の振れで指示する象限電位計（ドレツァレク型）も一新された。

　電気的計測は真空ゲージにも現れた。マクラウド・ゲージ（1872年）のように水銀柱で指示する機械的なものもあったが、H.ガイスラーの放電管によるものや、フィラメントを用いたピラニ・ゲージ（1906年）、三極真空管を用いた超高真空用の電離真空計（低圧の気体を電子衝撃を与え電離させるとプラスイオンが生成するが、その量（電流）は圧力に比例することを利用する）などが、照明・通信の技術を基礎に製作された[17]。

実験手段の技術的基礎と科学実験の相対的自立性　実験装置内の状態を設定する技術の一つに、装置内を希薄化することによってミクロスコピックな自然をとらえる高真空ポンプがある。17世紀にドイツのO.ゲーリケの実現した真空は1mmHg程度、これに対して19世紀のH.ガイスラー（1857年）やA.J.テプラー（1862年）、H.J.P.Sスプレンゲルらの水銀ポンプのそれは0.01mmHgであった。白熱電球の製造に伴い真空技術は改良を重ねていた。E.ラザフォードらがα線の計数実験に用いたピストンポンプとゲッターは、こうした真空技術の発展の産物の一つであった。液体空気（1895年）とデュワー瓶（容器の二重壁の内側を真空にした断熱容器；1906年）とが開発され、ガス吸着は冷却によりその効能を高め、確かなものとした。

　材料技術では、19世紀後半に製鉄製鋼・電力・化学工業の発達に伴い、非鉄金属、希少金属の高温冶金（アルミニウムの燃焼熱を利用して還元するテルミット法など）・化学冶金・電気冶金（電気炉・電解槽）が実現されたことが注目される。例えば、E.ウエストンの抵抗器（1889年）のマンガニン合金材料のマンガン、ニッケル、銅、あるいは標準電池（1884年）の電極材料のカドミウム、ル・シャトリエの白金-白金ロジウム熱電対の材料のロジウムなどがあげられる。

　つまり実験技術材料は金属精錬の生産技術を基礎としていた。非鉄金属の冶金は電気炉を、また照明電力技術・無線通信は電球・真空管を、さらには地球的規模での食料輸送と金属加工（酸素溶接）技術とは液化冷却技術を発展させた。こうして科学実験における対象の状態を条件設定する技術手段は、多方面にわたる独占期の産業活動に支えられていた。

　ラザフォードのα線の屈曲実験ではエジソン・ダイナモの磁極端が利用された（図2-11）。X線の粒子性を明らかにしたコンプトン効果の発見はクーリッジX線管の技術に基礎づけられたもので、A.H.コンプトンが用いたX線管はGE社に特別にあつらえて作られたものだった（「散乱X線のスペクトル」[18]）。実験手段の製作には産業技術が大きな役割を果たしている。

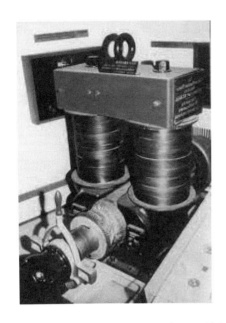 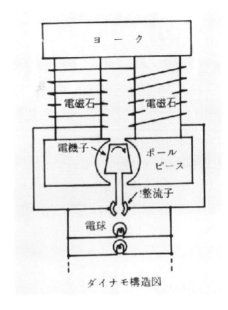

図 2-11　エジソン・ダイナモ　（出典：国立科学博物館 HP）

　　下部の方にコイルを仕込んだ電機子とそれを取り囲むポールピース（磁極片）がある。そ
して、これにつながった二つ電磁石コイルがあり、その上部に透磁率の高い鉄などの材料で
構成されたヨークによって磁力線を閉じ込め、原動機（水車や蒸気タービン）に連動した電
機子が回転し磁力線を切ることで電気を生み出す。なお電磁石は電機子が生み出した電流の
一部を使う。

　しかしながら、この生産技術と実験技術との関係は直接的なものではなく、実験手
段には実験手段の系の独自の目的・原理があり、生産技術に対して相対的に自立していることに留意する必要が
あろう。産業が提供する機器をただ調達し実験装置に結合すれば目論見通り作動する実験手段がで
きあがるのではなく、実験手段は基本的に実験科学者の意図する実験設計、また産業から提供され
る装置要素にしても、実験目的に適合するように製作されたものである。

　ラザフォードらのα粒子の計数機器（計測系）は、線源からの粒子の数と運動方向を調整する発
射管と真空ポンプ・冷却ゲッター、およびタウンゼントの電離倍増効果を原理とする計数管と象限
検流計などの系である（1908 年）。計数管は、その容積・形・封入ガス圧・負荷電圧などを微妙に
調整して初めてうまく作動しうるものであった [19]。このように計数機器は、α 粒子を個別に計数す
るという研究目的の実現のために、緊密に組み合わされている、実験手段の系の独自性が見て取れる。

　実験研究室（研究所）が設置され、実験科学の体系化が進み、実験的研究の組織性・計画性が顕
著となり、実験科学部門の自立化が始まる。それは、19 世紀以降のさまざまな自然諸科学分野の形
成に伴って体系と方法とを整備し、理論と実験の部門を分化させ、自立してきた一面を示している。
ある自然科学の一分野の理論と方法とがほかの分野においても有効性をもってくるのである。

　この点で、現代化学の機器分析がいろいろな場面で汎用性をもって利用されるには、もちろんお
びただしいほどの数の化学物質の登場によるところがあるのではあるが、さまざまな研究課題に多
様に応えるまでに発展したことを示している。一方ではまた、このような化学変化の分析とは異な

って、物理的手法を用いて必要な情報を精密に、迅速に、自動的に得ようとする、新たな実験・観測手段が開発されようとしている。いうならば、その起源は、電気化学分析、分光分析に発し、装置-測定系の原理がサブアトミックレベルに展開される物理計測で、これを電気的に作動する点から見るならば、19世紀末から20世紀初頭のX線、電子、放射能などの諸発見の時代を画期として登場してきた、その延長線上に位置づく、粒子加速器や質量分析機、電子顕微鏡、等々がある。

5）現代における科学実験の眺望

制御機器、探査機器との連動　今日目覚ましい活躍を行う惑星間ロケット・人工衛星ならびに飛行機・気球、さらには深海艇のような運搬手段だけでなく、ボーリングなどの掘削手段、および電波・通信ケーブルによる通信手段は、装置手段（手）と測定手段（感覚器官）と結びつき、自然の階層を自在に探る科学実験の新しい可能性を開いている。探査手段（足）と通信手段（神経系統の一種）は人間の肉体的限界を超えて、きわめて過酷な状態、すなわち無重力下の大気圏外・惑星間宇宙、地殻内や深海底などの観測を実現した。またコンピューターは膨大なデータを瞬時に処理し、精確な予測と制御を実現し、実験手段の系の自動制御を実現するとともに、人間の感覚器官の延長としての観測手段の能力をさらに発揮させる制御手段（人工頭脳）を加え、より多彩な自然を豊かにとらえようとしている。

　また原子時計による精密な時間測定、電波やレーザー光等を使っての精確な距離測定も欠かせない。つまり、振子やメートル原器を基準とするのではなく、1960年に原子のスペクトルの固有振動（クリプトン86が真空中で放つスペクトル）を基準とすることになったが、1983年にはレーザー技術を基礎にした真空中の光の速さを基準とする測定に転換した。なお、電波天文学や地球物理学などにおける時間・距離の測定には、人工衛星・地上通信基地（通信系）も一役買っている。

実験手段の設計・組立・調整・運転と工学　実験手段の汎用性が顕著に表れるのは、1930年代の粒子加速器である。X線管、放電管、電気炉なども汎用性をもつともいえるが、多様な粒子ビームを自在にコントロールする加速器は、自然探索に対するその能動性を顕著なものとした点で類がない。

　粒子加速器の汎用性、能動性はどのようにしてつくられるのか。例えば、より高エネルギーの粒子を得るのに、これまでは一般にただ新技術に依存したり、装置自体の大型化をはかるものが多かったのに対して、コライダーと呼ばれる衝突型加速器は粒子同士を衝突させるという全く新しい原理によるものである。この方式では、粒子密度が小さいと衝突しない。そこで高密度の反粒子ビームを貯蔵するための電気工学・技術（確率冷却法）が不可欠となり開発された。実に素粒子物理学がクォークの世界の解明へと転じ得たのには、これによるところが大きい。

　科学実験は既存の整備された手法・技術を受け継ぎ、改良を加えるだけでなく、未知の課題を究明する新しい技術原理、工学設計を取り込んで、研究課題に応えられるようになったのである。

　ここにあげたのは一例に過ぎないが、マクロスコピックな物質を対象とする実験手段と違って、このような直接的に働きかけることのできない自然を対象とする実験手段の場合には、一般に多彩な制御・装置・測定の要素を結合した複雑な実験手段・設備となることが多い。

　こうして発電施設やコンクリート・パネル、その他補助施設の設計・建設を含め、科学実験の構

想・設計は創造的であるばかりか、多彩な技術を動員し、統合化する技術開発的側面をもち、技術者をも動員した実験手段の工学的設計を必要とするのである[20]。

　どちらにしても現代の科学実験においては、試行錯誤的な面もあるものの、いかに的を射た実験課題の設定、実験設計を行い、自然認識の新段階を切り拓くかということが大切になってきている。すなわちどのような実験を構想し、技術的基礎を見極め、どのような原理、材料を採用して装置を設計するのか、また首尾よく作動させるためのハード、ソフトの実験技術の実践的知見・手腕により調整し、運転しえるかということである。科学実験観測は、科学と技術の相互交渉、科学者と技術者との交流、さらには科学研究機関と生産工場との関係性を強めている。

　科学実験は 1930 年代に大規模な構成・組織となり、トムソンやラザフォードの「絹糸と封蝋」[*1] の時代から、その眺望を転じ、今日、前述のような傾向をますます強めている。

「巨大な科学実験工場」をめぐる問題　前記の事態の進行に、大枠としての科学実験の目的・原理はあるにしても、技術者を含む研究者は個別に各担当領域に属するだけでなく、以前とは比較にならないほど計画的、組織的に立ち向かわざるを得ない。ただ単に装置が大型化したのではなく、研究組織、研究資金も大規模なものとなり、多くの場合に実験施設は共同利用、ときに国際的な連携によって初めて現実のものとなっている。現代の科学実験は莫大な資本を投下する、長期かつ大型プロジェクトとして進められることが多い。

　冒頭で触れたように、「巨大化」「自動化」などの傾向を強める今日の科学実験をとらえて、もはや人間の入る余地は無くなり、科学は実証性すらも失い始めたのだというような誤った見解が表明される。確かに、大型粒子加速器において生成される膨大な数の高エネルギー粒子の解析・制御には、コンピューターによる「自動化」が欠かせない。とはいえ、これは科学実験の一面に過ぎず、その課題も個々さまざまで、前項で述べたように、基本的に既存の手法・技術に甘んじていては実現できず、「手作り」の側面をもつ。「巨大化」「自動化」あるいは「国際化」が進行しようが、科学実験は研究目的・課題に見合った実験手法・設計が不可欠で、人間の主体的な認識活動の一環に変わりはないのである。その点では、科学実験は生産活動のような画一的な量産化にはなじまない。

　なお、こうした傾向を強める今日の科学実験はさまざまな問題を生みだしてもいる。莫大な経費の調達は政治的・経済的変動の影響（国家や資本による研究統制）を受けやすく、実験目的の変更を要請され、ときに軍事目的のプロジェクトになる場合すらある。その典型例は第二次世界大戦期のマンハッタン原爆製造計画、1980 年代に構想されたスター・ウォーズ計画とも称される戦略防衛構想（SDI；Strategic Defense Initiative）研究などである。核実験は確かに科学実験の側面もあるが、政治的軍事的な世界戦略の枠組みにのったものといわざるを得ない。また近年の人工衛星を利用した観測のなかには、地球資源探査や軍事偵察などのような部面との関わりももつものもある。ここに科学研究の自主性・民主性・公開性が問題となる。さらには生産や軍事と深い関わりをもつ工学実験の現状、あるいはまた、研究費不足・人員不足などの研究機関を取り巻く研究条件の問題など、現代実験科学の課題は大きい[21]。

[*1] 絹糸で観察対象をつるしてその動きを観測したり、封蝋でシーリングしたり、あるいは猫の皮で封蝋の棒をこすり、絹でガラス棒をこすって、摩擦電気を試す。

第3章 学術研究制度と科学者、国家科学の時代の到来

　本書では揺籃の実験科学とこれを担った科学者たちのことを話題としている。第2部、第3部の章節ではその具体的な展開を取り上げるが、それらの章、節の前に19世紀から20世紀にかけての物理科学を中心とした学術研究制度がどのように形成され、世紀交代期以降の物理学的諸発見とどのような位置関係にあるのか、英・米・独を中心に大学等の学術研究制度は整備されてきたのか、見てみよう。

　周知のように、大学は中世都市に誕生し、教授団はギルド的性格をもっていた。とはいえ、その存在は安穏なものではなく、草創期から王権や教会権力、そしてなお学生団との関係で一通りでない事態を経てきていると、大学史は伝えている。大学は政治的・宗教的権力等とは無縁とはいかず、当時の大学は多分にスコラ学的な面が強く、大学の存在性は一概に学術（研究）の真理性によってのみ成り立っているとはいえない。13世紀にスコラ学を大成したといわれる、ドミニコ会修道士トーマス・アクィナスは、パリ大学神学部教授に就き、そして『神学大全』等を著した。とはいえ11世紀末から12世紀初めにかけてのボロニア大学のイルネリウスとその弟子は、新知識を求める学徒を集めてヨーロッパに広く名を轟かした法学者であったという。その存在性は、学術が先鋭化すれば、教授が槍玉に挙げられ、大学はその社会的存在性をあやうくし盛衰せざるを得ないことを示している。

　こうした大学の存在性が安定するには、その教育・研究拠点を自前で整備し、学生の教育のみならず研究者養成を展開するとともに、一方で研究者としての顔を持つ教授は学術研究とその成果を相互に交流・普及するための学会組織を編成し、そして専門学術誌を刊行する。こうして自律性を備えた学術の社会的基盤を形成することで、学術研究の真理性が検証され、そしてその社会的認知のシステムができあがる。これにはもちろん学問の自由と学術制度の独立性が不可欠であることは言を待たないが、広く社会に透明性を持って公平に開かれていることも欠かせない。

　この章の前半では、そうした大学制度ならびに学術研究制度の経緯を取り上げる。そこから見て取れることは、教育・研究活動の密度が多彩に展開してくるのは18世紀末あたりから19世紀後半、そして20世紀初期にかけて定常化してきていることである。

　そして、章の後半では、折からの第一次世界大戦、第二次世界大戦における軍事的研究開発を目途とした学術体制の再編のなかで、本書が主題とする揺籃期の実験科学を担った科学者たちが、戦争動員にどう向きあったのかを示す。

　その局面は端的に次のようなことといえる。この時代は、世界史的には勢力均衡論というバランス型の秩序モデルが説かれた時代との指摘がある。とはいえ、その実態は帝国主義的な対抗関係と隣国への侵略、植民地の奪い合いであったといえよう。世界の列強は外に向かって自国の世界市場における支配領域の拡大、すなわち隣国の従属化や、植民地の獲得・収奪などの領土的・資源的野心をもって戦争に訴え、おびただしい人命殺戮、都市ならびに自然環境の破壊を行った。第一次世界大戦後には不戦条約が俎上に上り、これを締約した国もあるが、「自衛自存」を掲げて当時の国際連盟を脱退し、戦争を仕掛けた国もある。戦前の日本はその最たる例であった。

　こうした戦争に科学者たちが駆り出され、自らの専門的能力・知性を提供して協力した。なぜこうした事態が生み出されたのか。20 世紀は、科学が 19 世紀までとは異なった新たな領域を生み出した時代、とはいえ、このような世界戦争が展開される時代となり、科学と科学者は軍事動員され、科学は戦争とクロスした。すなわち、量子論、原子物理学、核物理学、核化学、高分子化学、等々の 20 世紀の学問分野をはじめとして、19 世紀までの諸自然科学・技術の成果も含め利用された。陸軍や海軍に研究所が設置されただけでなく、既存の大学等においても軍事研究プロジェクトが立ち上げられ動員されたのだった。

　この章は、戦争と科学というテーマをメインとするものではない。紙幅は限られているけれども、20 世紀の世紀交代期以降、新たに生まれた自然科学領域の揺籃期の実験科学を担った科学者たちはこうした事態にどう対応したのか。そして、こうした世界史的状況の進展の中で、誤解を恐れずにいえば、科学者たちは戦時動員において戦争にどう関与し、協力したのか、ないしは協力せざるを得なかったのか、その部面も示して考えたい。

3 − 1　19 世紀までの主な欧米諸国での大学の展開

　潮木守一『アメリカの大学』[1]によれば、1820 年から 1920 年までの 1 世紀の間において、ドイツに渡ったアメリカの若者たちは約 9,000 人にのぼり、なかでもベルリン大学に入学した者がその半数を占めているとしている。この数たるや 19 世紀の第一四半世紀の 1800 年から 1825 年までの間は 55 人であったのに対し、1880 年代の 10 年間は 1,345 人、1896-97 年の冬学期だけでも 180 人に及んだという。

　アメリカでは、17 世紀にハーバード大学（1636 年）、ウイリアム・アンド・メアリー大学（1693 年）などが設立され、18 世紀に 20 校ほど、19 世紀前半に 17 校ほど、19 世紀後半には 80 校ほどの大学が設立されている。19 世紀までにアメリカ国内で設立された大学は数についていえば遜色ないが、端的にいえば、学術面での歴史は浅く、学術研究で後れをとり、確かに学位を取得しうる道もあるにはあったが、ほとんど閉ざされて満足に学べる大学は少なかったと指摘されている。こうした事情が前記のような海外留学の道を拓いた。20 世紀、科学におけるアメリカの地位が高まるが、それにはこのようなドイツを筆頭とする留学が布石となっていたことは疑いを得ない。

　イギリスの大学の設立はどうだったのか。周知のように、オックスフォード大学（1096 年）やケンブリッジ大学（1209 年）に見られるように、イタリアにおける大学設立に続いて、その歴史は早

い。しかしながら、18 世紀までに設立されたイギリスの大学は 10 校にも満たず、これを補ったのは 19 世紀で、50 校ほど設立された。イギリスの大学は 19 世紀にキャッチアップした。

　これに対してドイツにおける大学の設立はどうだったのかというと、設立はイギリスのように早くはなかったが、14-15 世紀になって当時の神聖ローマ帝国ドイツ語圏にプラハ大学（1348 年）、ウィーン大学（1365 年）、ハイデルベルク大学（1386 年）、エアフルト大学（1379 年）、ケルン大学（1388 年）、ライプツィヒ大学（1409 年）、ミュンヘン大学（1472 年）などをはじめとして、18 世紀までにゆうに 30 校を超える大学が設立された。だが、18 世紀末から 19 世紀初めにかけてナポレオンの支配を受けてただならぬ事態に置かれ、37 大学のうち 13 大学が廃止の憂き目にあったという[2]。ではあるが、19 世紀にゆうに 40 校を超える大学が設立された。

　潮木は、19 世紀のドイツの大学を評して、大学の中心的役割は研究にあるとするフンボルト理念に対して、教育社会学者ベン・ダビッドの見解：大学間競争モデルを紹介している。とはいえ、競争を生み出す余地はなく、これに対して、ドイツの科学を伸長させたのは、前近代的な「秩禄（貴族や士族と同様に大学教授に与えられた俸禄に支えられた）大学」「親族大学」といった既得権益を温存させる、教会組織を含むローカル性をもつ政治的統治機構主導の人事選考に対抗した、プロイセン内務省の文教局長・官僚であったフンボルトによる「国営大学」であると指摘する。すなわち政府官僚主導型の研究業績を評価する人事選考、そしてまた、科学研究にいそしむ科学者の情念によるとの見地を示している[3]。

　潮木が指摘する「学生を研究させながら教育をする」方式、研究と教育を連携させて、真理を究めながら学んでいくことを基本とする大学のあり方がドイツで創られ定着していった。それには演習室や実験室、図書館などの整備を基礎にしたカリキュラムが不可欠となる。次項で紹介するリービッヒのギーセンの実験化学教室制度はその先駆的事例である。おそらく「大学間競争」ということもあったのかもしれないが、こういった方式が定着するのには、後述する大学教授や研究を志す学生が他大学に互いにシフトする大学間の相互作用が功を奏したともいえる。

3－2　欧米主要国の大学等の事情

1）ドイツの大学制度の寛容さ

　それにしても、なぜこのように 19 世紀アメリカの若者はイギリスではなくドイツに留学したのか。もちろんマンチェスター大学やロンドン大学のような例外もあるが[4]、イングランドでは程度の差はあれ英国国教会（1534 年設立）の教徒でない者は入学、学士修得ができない制約があった。学生たちに対応するために非国教会系の学院が設立されることもあった。これに対してドイツは、留学のハードルは低く、カレッジを卒業していればよく、生活費も安かったという。そして、ドイツには前述のような宗教上の制約はなかった[5]。

　E.アシュビー『科学革命と大学』[6]は、「19 世紀の中頃になるまで、科学革命はイングランドの古い大学を、実際上、手つかずのままに置き去りにした。スコットランドの大学は直ちに新哲学を吸収し、それを忠実に伝えたが、それが科学思想の創造的中心となることはなかった」と述べて、両

地域の学術の土壌の違いを区別している。なお、スコットランドの大学はオランダの諸大学と交流
をしていた。これに対して、オックスフォードやケンブリッジなどのイングランドの大学は「英国
教会のクローズド・ショップ」の枠組みにあって、「中世的原型により忠実」であったとしている。

　イギリスの宗教上の制約が緩和されるのは、19 世紀半ば以降で、20 世紀に入るとこの制約が「疑
問視」されるようになり、第一次世界大戦後に「消滅」したとのことである[7]。こうして門戸が開か
れていった。その象徴的事例としてあげられるのがケンブリッジのキャベンディッシュ研究所で、
数少なくない海外の研究者が訪れた。本書で取り上げるコンプトンがフェローシップを得てケンブ
リッジ大学に留学したのは 1919 年のことである。

2 ）イギリスの学術体制の事情　― 王立研究所の設立とイギリスの科学者たち

　周知のように、18 世紀後半から 19 世紀の第一四半世紀にかけて、J.ブラックや H.キャベンディ
ッシュ[8]、B.トンプソン（ランフォード伯）、J.プリーストリー、H.デービー、M.ファラデー、T.ヤ
ング、 D.ブリュースター、J.ドルトン、W.ハーシェル[9] 等の名が浮かぶように、この時期、イギリ
ス科学界は少なくない成果を上げた。

　上記の科学者のうちスコットランドの科学者の研究拠点は大学であった。スコットランドはイン
グランドとは一線を画し国教会の縛りはなかった。潜熱や二酸化炭素の発見で知られるブラックは
グラスゴー大学やエディンバラ大学で学んだ。B.ブリュースターもエディンバラ大学出身で、イギ
リス科学振興協会の設立(1731 年)に努力し、セントアンドルーズ大学のカレッジの学長 (1738 年)、
エディンバラ大学の学長 (1759 年)を務めるなど、活躍した。

　一方のイングランドの場合、大学を研究拠点とする者もいたが、科学者として確かな存在感をあ
らわにしえる、科学研究の拠点：民間のアカデミーがあった。トンプソンはアメリカのハーバード
大学出身であるがイギリスに渡り、ランフォード伯を名乗って王立研究所の設立・運営に尽くすな
ど活躍した。そして、塩素の発見や鉱山で使用される安全灯「デービー灯」に名を冠したデービー
は、ブリストルの気体研究所・化学監督官やロンドンの王立研究所教授として活躍した。また、光
の干渉・波動説で知られるヤングは、1792 年にロンドンで医学の勉強をし、1794 年にエディンバラ
大学で学んだが、ドイツのゲッティンゲン大学に移って医学の学位を得た後、ロンドンで医師とし
て開業、王立協会フェローに選出されるなど、1801 年に王立研究所の教授となった。電磁誘導の法
則で知られるファラデーも王立研究所教授を務めている。原子論で著名なドルトンは自然哲学者 J.
ゴフ（Gough）に学び、マンチェスターの非国教会系高等教育機関の教師職や王立研究所の講師も
務めた。これらの科学者は大学外の王立研究所などに職を得ている。なお付け加えるならば、気体
化学を研究し酸素の発見などを行ったプリーストリーは非国教徒系のアカデミーに所属することで
学びを得た。

3 ）ドイツの大学における学術研究制度とその組織化

　さて、イギリスとは異なって、ドイツの大学の学術研究制度は 19 世紀になると、殊に後半に高ま
りを示した。その象徴的事例として、ギーセン大学の J.リービッヒの実験化学教室制度としての研
究所があげられる。

リービッヒと化学・薬学研究所　リービッヒはフランス・パリに留学し[*1)]、ソルボンヌ大学でエコール・ポリテクニーク出身の J.ゲイ=リュサックの教えを受け（1822-23 年）、帰国後 1824 年、前述の化学・薬学研究所を設けて、留学生を含む多くの学生を指導した [10)]。リービッヒは同僚二人と連名で、「薬学・技術研究所」の設立請願書を提出した。審査の結果、政府は設立を請願者に任せ、結局「化学・薬学研究所」を創設することになったという。その構想は「化学的技術には理論的な化学の知識が前提とならなければならない。そして基礎化学の学習は実験によってはじめて正しく達成される」とされ、化学実験室の設設の実現が目標とされた[*2)]。1833 年までにはこの実験化学教室制度は大学の公的施設として認められたと指摘されている。こうして学生の教育が実践的なシステムとして組織化された。

図 3-1　ギーセン大学のメインビル

　確かにイギリスの王立研究所は著名であるが、技術的な民間企業などからの研究委託・分析依頼に伴う寄付によって賄われ、科学者・技術者の組織的養成は行われず、先述のデービーもファラデーも当初は助手（家僕的と評する向きもある）に過ぎなかった。ファラデーは決して余裕のある状態ではなく、より給与のよい、できれば科学の方面の職を求めていた。そこで王立学会会長ならびにデービーに手紙を書いて、助手の職を得た。仕事の内容はデービーの研究支援、ないしは器械の出し入れ、ゲスト講師の手伝いなどであったという [11)]。

[*1)] 19 世紀の第一四半世紀のフランスの科学者たちは多彩な顔触れであった。アンペールの法則で知られる A.M.アンペール、ビオ=サバールの法則の J.B.ビオと F.サバール、光学や電磁気学の F. J.アラゴ、気体に関するゲイ=リュサックの法則の J.ゲイ=リュサック、光の回折現象の A. J.フレネル、偏光の発見者 E.L.マリュス、固体の比熱に関するデュロン・プティの法則の P.L.デュロ＆A.T.プティ、熱力学の S.カルノー、流体力学のナビエ=ストークスの方程式の H.ナビエ、フーリエ変換の J.フーリエ、確率論のポアソン分布の S.D.ポアソンらの科学者の活躍による。その象徴的存在はエコール・ポリテクニークである。
[*2)] アニリンの合成などで知られる有機化学者 A.W.ホフマンは、リービッヒの下で学び、ロイヤル・カレッジ・オブ・ケミストリー、ボン大学、ベルリン大学で教鞭をとった。芳香族化合物などの有機化学者 F.A.ケクレも、ギーセン大学リービッヒの下で学び、パリ大学留学、イギリス・ロンドンにも訪れた、ハイデルベルク大学のブンゼンの下で講師を務めたという。

図 3-2　ギーセン大学のリービッヒ化学研究所の様子

　フランスにも国立研究所があるが、当時の科学者の多くは研究装備の不完全な私設実験室で研究に取り組んでいたという [12]。リービッヒの研究所の設立は、こうした事態を打破し、研究者養成を制度的に整備するものだった。

　リービッヒは 1852 年にミュンヘン大学に移籍するが、成定薫・安原義仁「英国における科学の制度化」[13] によれば、開設後のギーセン大学の薬学・化学専攻の学生は着実に増加し、ピーク時には約 70 名に達し、留学生も増えて延べ在籍者総数は 169 名を数え、ピーク時は在籍者の 3 分の 1 に達したとのことである。留学生は主に欧米諸国からであるが、イギリスからの留学生は 66 名を数えたという。

多数の留学生を迎えたドイツの大学とは　本書で取り上げるアメリカのラングミュアも 1903 年コロンビア大学（鉱山学部冶金工学学科）卒業後、ドイツのゲッティンゲン大学に留学し、博士号を取得している。GE 研の名だたる者はこの時期ドイツに留学している（後述：第 7 章を参照されたい）。

　なお、光速度の測定で知られる A.マイケルソンも 1870 年代ドイツのベルリン大学、ハイデルベルク大学、またフランスのエコール・ポリテクニークを訪れたという。マイケルソンはベルリンではドイツの物理学界を代表する H.L.F.ヘルムホルツの指導を得た [14]。

　実に、この頃ヘルムホルツ [15] の下には、後に偉業をなす若き研究者、すなわち W.ヴィーン（黒体輻射則の発見）、H.ヘルツ（電磁波の存在を示す）、M.プランク（作用量子の発見）らが訪ねている。1877-78 年の冬プランクはベルリンを訪れ、ヘルムホルツや電気回路や熱放射の法則で知られる G.R.キルヒホッフの講義を受けた。ヘルツはヘルムホルツの指導を得て、1880 年ベルリン大学で学位を取得し、ポストドクターとして残ったという。ヴィーンがベルリンでヘルムホルツの教えを受けたのは 1883-84 年冬、その後 1886 年学位を取得している。やがて家業であった農業をやめて、ベルリンの国立物理工学研究所の所長ヘルムホルツの助手、その後講師として働くようになった。ヘルムホルツの後任の所長は実験物理学で知られる F.コールラウシュであった。

　上述の師にあたる研究者と若き研究者との世代間のつながりは、やがて比類のない研究成果をあげた者たちだけを取り上げたに過ぎず、ヘルムホルツやキルヒホッフ、ガスバーナーに名を冠した

R.W.ブンゼンの下には多くの若き研究者たちが訪れていた[16]。こうした研究者間のつながりが比較的容易にできるのは、研究の自由を保障しうる高等教育制度がドイツではつくられていたからにほかならない。つまり、学術研究制度の発達とともに研究活動・成果の厚みも同時に生み出されるという、両面が相乗的に形成されたところに、ドイツの学術の妙味があった。

5年間ごとの19世紀から20世紀初めにかけての各国ごとの研究成果数を調べたところ[17]、各国には浮き沈みが見られるが、相対的に多く占めていたのはドイツの科学界で、そのうねりの高まりは顕著なものであった。

19世紀の第一四半世紀では、フランスとイギリスが20%台から40%台を占めて並び、ついでドイツが20%台から30%台であった。ちなみにアメリカは数%程度であった。第二四半世紀に入ると、ドイツが30%台後半を占め、イギリスは20%台、フランスは10%台へ低減する。アメリカは数%台、せいぜい10%台である。19世紀後半期は、ドイツが30%台前半から後半を占めるのに対して、イギリスが10%台から20%台、フランスはおおすじ10%台前半、アメリカが10%台から20%台へと伸長する。19世紀後半において、独英は物理分野でほぼ互角であるが、化学分野ではイギリスはドイツに及ばない。

このようなドイツの学術の興隆は、先に19世紀におけるドイツの大学設立数が顕著であったことを指摘したが、それだけでなく19世紀後半になって、新たな大学政策がとられ、学生の入学者数は1871年から1890年までに2倍化し、講座やゼミナールの増設、研究所など拡充されたことに見られるように、学術研究制度が整備されてきたことが要因となっている。前述のヴィーンがベルリン大学を訪れた頃、ヘルムホルツによって物理学研究所がベルリン大学に創設され、さらに1883年には第二化学研究所が設置され、そして1905年これらは物理化学研究所として統合された。

ヘルムホルツは1887年ベルリン大学総長就任講演で、《ドイツの大学は唯物論的形而上学でも進化論的思弁でも宗教上の神格論でも自由に講義できる学問的自由を保有している》と述べたという。ドイツは重化学工業化を指向し、学問に対して新たな要請もしたが、寛容でもあった。

こうした傾向はライプツィヒ大学やミュンヘン大学において共通していた。「ベルリン大学を『世界の大学』に発展させた第一の功労者」は、文部省の大学問題担当官を務めたF.アルトホッフであったといわれる。「彼の大学への対応の基本は、ドイツの伝統である『文化国家』の現実的展開の可能性を探ること、そのための、大学側の自主性を尊重した外的条件の整備、設定にこそ、大学に対する文部官僚の役割が存在する」と指摘されている[18]。

なおまた、ドイツでは19世紀になると、応用科学領域の専門技術者を養成する高等教育機関（Hochschule）の設立が相対的に多いことも特筆できる。これは、フリデリシアナ・ポリテクニック（1825年設立）を起源とするカールスルーエ工科大学（1865年）をはじめ、ドレスデン工科大学（1828年）、ディーゼルエンジンを開発したR.ディーゼルを輩出したミュンヘン工科大学（1868年）、ベルリン工科大学（1879年）など、1910年までに各地に11校の工科大学[*3]が設立された[19]。

---

*3) ほかに、ケムニッツ工科大学（1836年）、アーヘン工科大学（1870年）、ダルムシュタット工科大学（1877年）、イルメナウ工科大学（1894年）。

4）学術研究交流のチャンネル　— 学協会の成立と学術雑誌の発刊

　学会と称するもので 17 世紀に設立されたものに、イギリスの王立学会（Royal Society；1660 年）やフランスの王立科学アカデミー（1666 年）がある。個別分野の学会では、イギリスの王立天文学会（1820 年）があるが、物理学系の学会では、ドイツのドイツ物理学会（Deutsche Physikalische Gesellschaft）が早く、19 世紀半ば 1845 年、H. G.マグヌスらによるベルリン物理学会を起源としている。これに遅れること約 30 年、1873 年イギリスの物理学会（The Institute of Physics）が創立され、フランスの物理学会（SFP；Société Françaisede Physique）も同年に設立されている。なお、アメリカ物理学会（APS；American Physical Society）は 19 世紀末の 1899 年の設立である。

　欧米においては 19 世紀半ば以降、少なくとも物理系の研究者の研究交流が展開されるようになった。これはその分野の学術的成果が成し遂げられ、その国・地域の研究者間で個別学問分野の認知が進んできたことを示している。

　ちなみに日本の物理学会の設立の経緯をたどると、まずは和算・洋算などの研究者で構成された 1877 年設立の東京数学会社、これが 1884 年東京数学物理学会に改組拡充され、さらに 1918 年日本数学物理学会と改称した。物理学分野が独立するのは第二次大戦後の 1946 年で、今日の日本物理学会はここに由来する。

　次に、学術研究交流の媒体、すなわち学術雑誌について、物理学関係のもので本書の第 2 部、第 3 部に関わるものを中心に、表 3-1 に示す。

　まず比較的早期のものとしては、イギリス王立学会の 1665 年創刊① と同学会の 1800 年創刊③の二誌があげられる。19 世紀には、ケンブリッジ哲学協会の 1843 年創刊④とエディンバラ王立学会の 1844 年創刊⑤の学術学会誌がある。こうした学会誌とは別に科学雑誌がある。これはスコットランドのジャーナリストの A.ティロックによる 1798 年創刊の *Phyl.Mag.*②がある。

　物理学の専門科学雑誌の創刊ではドイツが早い。18 世紀末の 1799 年創刊の *Annalen der Physik*⑨ がそれである。これは、1790 年から 1794 年まで発行の⑦と、1795 年から 1797 年まで発行された⑧の後継誌である。ドイツ物理学会は 1899 年に⑮を創刊、また 1920 年に⑲を発刊している。

　学術学会誌は 19 世紀頃にはピアレビューを行い、論文の学術的質を行うようになった。学術研究の真理性を担保し、その権威を確かなものにした。

　興味ある学術誌として、ドイツでは科学者が編集に積極的に関与した専門分野の科学雑誌がある。W.オストワルドと J.ファントホッフによる物理化学・化学量論関連分野の 1887 年創刊の専門科学雑誌⑪がある。他にも J.シュタルクらによる編集の放射能・電気学分野の科学雑誌⑰が 20 世紀の初め 1904 年に創刊されている。この他にもドイツでは、スプリンガー出版（1842 年設立）が発行している 1894 年創刊の物理工学関連の科学雑誌⑬、また S.ヒルツェル出版による物理学分野の 1899 年創刊の専門誌⑭がある。加えて A.ベルリーナー(1862-1942)編集による 1913 年創刊の科学雑誌 *Die Naturwissenschaften*⑱やライプチィヒ:アカデミック出版による 1928 年発刊の科学雑誌⑳もある。

　ドイツの物理学関連の雑誌の刊行状況を見ると、もちろん学会誌が基軸を担うのだろうが、これとは別に前記のように科学者が編集に関与したものなど、数少なくない学術専門誌が創刊され、ドイツ物理学の先駆け的位置が垣間見える。これらはドイツの科学の発展を象徴するものといえよう。

表 3-1 学術雑誌創刊年

[イギリス学術雑誌]

	創刊年	雑誌名	発行者/編集者
①	1665 年	*Philosophical Transactions*	王立学会
②	1798 年	*Phylosophical Magazine*	A.ティロック
③	1800 年	*Proceedings of The Royal Society*	王立学会
④	1843 年	*Proceedings–Cambridge Philosophical Society*	ケンブリッジ哲学協会
⑤	1844 年	*Proceedings of the Royal Society of Edinburgh*	エディンバラ王立学会
⑥	1869 年	*Nature*	スプリンガー・ネーチャー社

[ドイツ学術雑誌]

	創刊年	雑誌名	発行者/編集者
⑦	1790 年	*Journal der Physik*	（1790 年〜1794 年）
⑧	1795 年	*Neues Journal der Physik*（上誌⑦の後継誌）	（1795 年〜1797 年）
⑨	1799 年	*Annalen der Physik*（上誌⑧の後継誌）	
⑩	1881 年	*Zeitschrift für Instrumentenkunde*	
⑪	1887 年	*Zeitschrift für physikalische Chemie, Stochiometrie und Verwandtschaftslehre*	Leipzig・Wilhelm Engelmann オストワルド、ファントホッフ
⑫	1894 年	*Zeitschrift für Elektrochemie*	
⑬	1894 年	*Wissenschaftliche Abhandlungen der Physikalisch–Technischen Kreditanstalt. Berlin*	スプリンガー出版
⑭	1899 年	*Physikalische Zeitschrift*	S. ヒルツェル出版
⑮	1899 年	*Verhandlungen der Deutschen Physikalischen Gesellschaft*	ドイツ物理学会
⑯	1904 年	*Zeitschrift für Elektrochemie und angewandte physikalische Chemie*	
⑰	1904 年	*Jahrbuch der Radioaktivität und Elektronik*	J.シュタルクら編
⑱	1913 年	*Die Naturwissenschaften*	A.ベルリーナー/スプリンガー出版
⑲	1920 年	*Zeitschrift für Physik*	ドイツ物理学会
⑳	1928 年	*Zeitschrift für physikalische Chemie. Abteilung B, Chemie der Elementarprozesse aufbau der Materie*	Leipzig:アカデミック出版

[アメリカ学術雑誌]

	創刊年	雑誌名	発行者
㉑	1879 年	*Journal of the American Chemical Society*	アメリカ化学会
㉒	1880 年	*Science*	アメリカ科学振興協会 AAAS
㉓	1884 年	*Transactions of the American Institute of Electrical Engineers*	アメリカ電気学会
㉔	1893 年	*Physical Review*	アメリカ物理学会
㉕	1902 年	*Transactions of the American Electrochemical Society*	アメリカ電気化学会
㉖	1948 年	*Physics Today*	アメリカ物理学協会

[フランス学術雑誌]

	創刊年	雑誌名	発行者
㉗	1835 年	*Comptes rendus*	フランス科学アカデミー

　アメリカで学術学会誌が発行されるのは 19 世紀後半、アメリカ化学会（1876 年設立）の 1879 年創刊の専門誌㉑がある。物理系ではアメリカ電気学会（1884 年設立）の 1884 年創刊の専門誌㉓、また、アメリカ物理学会の 1893 年発刊の専門誌 *Physical　Review*㉔、それに続くのはアメリカ電気化学会の 1902 年創刊の専門誌㉕である。ちなみに *Physics Today*㉖は 1948 年発刊のアメリカ物理学協会（American Institute of Physics；1931 年設立）の学術誌である。

　なお、今日しばしば話題をさらう科学雑誌 *Nature*⑥は 1869 年創刊のスプリンガー・ネーチャー社によるもので、*Science*㉒は 1880 年創刊のアメリカ科学振興協会 AAAS の学術誌である。

3 － 3　20 世紀における学術研究の展開
1）20 世紀前半期の学術研究制度と研究成果のうねり

　先に示した 19 世紀に引き継いで、20 世紀研究成果のうねりはどう展開したのか。世界の研究成果数のシェアを、仏・英・米、他に類別して、第二次世界大戦終了までの時期を 5 年度ごとに集計してその割合を比較した [20]。その概況は次のような数字となっている。ドイツの割合は 1930 年までは 30％半ばから、その後いくぶん減るが 30％程度である。イギリスは 17％程度から 12％で推移している。フランスは 12％程度から 3％程度まで漸減している。これに対して、アメリカは 20 世紀当初 6％程度に過ぎなかったが 26％程度へと増やしている。

　1930 年代から第二次世界大戦終了の 1945 年までは、ドイツは 18％程度から 15％程度に漸減し、フランスは 3％程度から 5％程度の間で推移し、イギリスは 16％程度から 9％程度に減っている。これに対してアメリカは 30％半ばから 50％半ばへとさらにシェアを拡大している。

　ドイツが 1930 年代以降割合を減らしたのは、ナチス・ヒットラー政権時代のファシズムが科学に大きな弊害となっていたことを示している。ナチズムの全体主義は科学的合理主義を抑圧する。ヒトラーは、《ドイツが必要とするものは、自然科学において推進される唯物的エゴイズムではなく、個々人の共同体に捧げる犠牲の上に成り立つ教養》であればよいと語り、科学とそれに基づく教養に価値を見いだそうとしなかった。なかには J.シュタルクや P.レーナルトらのように、反ユダヤ主義的の立場から量子力学・相対論などを「非アーリア的物理学」と称して排除し、「ドイツ物理学」を打ち立てようとする極端な主張をもつ科学者が出現した [21]。

　シュタルクは、国立物理工学研究所の所長や学術助成会会長の地位に就き、学術界を掌握しようとした。だが、科学者たちとは乖離し受け入れられなかった。当時の教育科学省は 1936 年、「ドイツにおける理論物理学の現状に関する建白書」を発している。ドイツの物理学は危機の時期にあるとし、「アーリア的物理学」は理論物理学を志望する学生を恐れさせているばかりか、ドイツの学術の名声を傷つけているとし、この建白書にドイツの代表的な物理学者が支持し、数少なくない 75 名の科学者が署名したという [22]。

　当時のドイツ国内の事情はこのように単純ではないが、加えてユダヤ系科学者たちのナチス・ドイツを忌避して海外へと亡命したことも、ドイツの学術の水準を低める傾向を助長したことは想像に難くない。

　フランスの大学等のガバナンスについては、次のような指摘がある。フランスでは高等教育制度

の遅れがたびたび指摘され、改革を講じたが功を奏さなかった。1880 年代になって取り組みが行われ、1896 年ようやく高等教育構成法が成立し、学部の集合体にユニベェルシテの名称を与え、大学が復活した。とはいえアカデミー区（大学区）と称する行政区に分割され、区内にあるすべての教育機関（初等・中等・高等などを含む）のいっさいの事柄を文部大臣に代わって権限を行使するものだった。要するに、大学区の総長は大学評議会議長を兼ねるというもので、総長は所管大学区の行政官の権限をもつと同時に、大学の代表し、伝統的な国家統制から抜け出しきれず、ドイツのようにはいかなかったと指摘される [23]。

2）大戦期における科学者の戦時動員

　前節の 5 年度ごとの研究成果の集計から指摘できることは、第一次世界大戦期の独・仏・英・米の各国間の量的割合は、あまり変動は見られない。だが、第二次世界大戦期にかけての量的不均等は戦間期の 1930 年代から早くも現れ、アメリカにおける科学の台頭である。この量的変動は、社会的変動を背景としつつ、明らかに科学研究の拠点のパワーシフトが起きていることを示している。

　留意すべきは、携わった研究テーマから見て、次第に軍事シフトし、軍事研究開発色の強い研究業績が際立ってきていた。その一端を示せば、無線通信の改良と各種の電子管の開発であったり、航空機の翼の揚力・抗力、航空機材の各種試験機、ジュラルミン構造、ターボエンジン過給機に関する開発、また潜水艦探知のための水晶圧電気を用いた超音波による水深計測、自動航空写真機であったり、さらには毒ガス（イペリット、ルイサイト）の発明、はてはプロパガンダ的政策としての科学戦万能論などである。これらは第一次大戦期の軍事研究開発によるものだが、枚挙にいとまがなく明らかに戦時色を強めている。表 3-2 に、本書で扱われている科学者で判明している者について、戦時の科学の軍事動員を代表的な研究業績とあわせて示す。

イギリスにおける戦時動員と発明研究委員会　イギリスの科学者であげたのはキャベンディッシュ研究所関係の者たちである。第一次大戦期、E.ラザフォードや W.H.ブラッグは、単にその専門的能力を活かした個別的な軍事研究に参加しただけでなく、前者は英国海軍本部発明研究委員会の委員、英仏合同委員会の英国代表、後者は海軍本部発明研究委員会の科学ディレクターを務めて [24]、軍事動員の企画、組織動員に関与していることである。

　これは戦間期から第二次大戦期のことであるが、G.P.トムソンは原爆開発のためのイギリスのMAUD 委員会議長を務めた。そして、J.コッククロフトは旧・軍需省のアシスタント・ディレクター、ティザード・ミッション（科学技術情報使節団）を率いた。このティザード・ミッションというのは、レーダー開発などを推進した航空研究委員会（のちに防空科学調査委員会、航空戦科学調査委員会等に再編）委員長を務めていた科学者 H.ティザードの名を冠したもので、イギリスが第二次大戦初めまでに成し遂げていた研究開発を携えて、アメリカ側と科学情報を交換・共有し、協議することを目的とした 1940 年 8 月に派遣されたミッションである[*4)]。フリッシュ＝パイエルス・メ

[*4)]「レーダー、ジェット・エンジン、化学兵器、艦船防護装置、対潜水艦装置に関する極秘情報がアメリカ側に引き渡された。さらに物理学者のコッククロフト教授は、この時点ではイギリスの方がアメリカよりもはるかに進んでいたウラニウムの研究に関して、アメリカ側と意見交換を行った。」；島村直幸「英米の『特別な関係』の形成 ー1939-1945年（上）」、『杏林社会科学研究』、第 33 巻 1 号、2017 年、pp.37-60.

モ由来のウラン爆弾の情報は明らかにイギリス側が進展しており、科学情報の軍事的可能性は戦争の帰趨に影響をあたえるものだった。

表 3-2　科学者の研究業績と戦時動員

[イギリス]

研究者	主な研究業績	戦時動員キャリア
E.ラザフォード	1902 年放射性元素変換説、1911 年原子核発見	第一次大戦期、海軍本部発明研究委員会の委員、機雷や潜水艦、探照灯に関する部門で潜水艦探知のソナー開発。英仏合同委員会の英国代表
W.H.ブラッグ	1912-14 年 X 線結晶解析研究	1916 年 7 月海軍本部発明研究委員会の科学ディレクター、方向水中聴音器の開発
F.アストン	1919 年質量分析器発明	第一次大戦期に王立航空施設の航空コーティング関係の技術的なアシスタント
O.W.リチャードソン	1901 年熱電子効果の発見	第一次大戦期に無線通信関係で研究
J.タンゼント	電離気体の研究	第一次大戦期に英国海軍航空隊のための無線方法の研究
H.モーズリー	1913 年元素の特性 X 線の研究	第一次大戦期、通信技術を担当してトルコ・ガリポリに派遣中に戦死
E.マースデン	原子核発見の契機となる α 粒子散乱実験	第一次大戦期に音響測定関係に所属、第二次大戦期におけるレーダー開発に参加
G.P.トムソン	電子の波動性の実験的検証	第二次大戦期に原爆開発のための MAUD 委員会議長
J.チャドウィック	1932 年中性子発見	第二次大戦期にイギリス側の原爆研究 British Mission に参加、マンハッタン計画のアメリカ・ロスアラモス研究所の原爆製造に関わる
J.コッククロフト	1932 年陽子衝突による核変換	第二次大戦期に旧・軍需省のアシスタント・ディレクター、レーダー研究、ティザード・ミッションやカナダで核プログラムに参加
J.D.バナール	分子生物学ならびに科学史家	第二次大戦期に作戦研究に携わる

[ドイツ]

研究者	主な研究業績	戦時動員キャリア
H.ガイガー	原子核発見の契機となる α 粒子散乱実験、ガイガー・ミュラー計数管発明	第一次大戦期、砲兵隊の幹部。第二次大戦期に核開発のドイツのウラン・クラブのメンバーとして参加
W.ネルンスト	酸化還元反応や熱理学第三法則の研究	第一次大戦期に軍の科学的なアドバイザーとして爆薬研究。迫撃砲の開発
W.オストワルド	触媒作用・化学平衡・反応速度の研究	第一次大戦期、肥料の大規模生産と爆薬用の硝酸製造
M.プランク	1900 年熱放射法則：作用量子の発見	第一次世界大戦期、《ドイツの戦争犯罪を否認し、ドイツ軍国主義なしにはドイツ文明はない》の好戦的趣旨を掲げた「文明世界への宣言」（1914 年 10 月 4 日）に署名

[アメリカ]

研究者	主な研究業績	戦時動員キャリア
A.H.コンプトン	1923 年 X 線の粒子性の検証	第一次大戦期に通信隊ための航空機用計器の開発。第二次大戦期、マンハッタン計画下のシカゴ大学「冶金研究所」所長
C.デビッソン	1927 年電子の波動性の検証	第一次大戦期にウェスタン・エレクトリック社の技術部（後のベル研究所）で戦時研究
I.ラングミュア	表面化学の研究	第一次大戦期に海軍のソナー改良、航空機翼の氷の除去方法の開発
W.R.ホイットニー	GE 研究所所長	海軍諮問委員会（委員長：エジソン）に参加、化学と物理学部門の長、GE とデュポンで潜水艦探知の研究
R.ミリカン	1909 年油滴法による電子電荷の測定	第一次大戦期に国家研究評議会 NRC の副議長、対潜水艦用の気象装置の開発

[フランス]

研究者	主な研究業績	戦時動員キャリア
P.ランジュバン	確率微分方程式（ブラウン運動のような粒子のランダムな変動を確率過程として扱う微分方程式）の数学理論や常磁性・反磁性（磁石の磁場方向に対して逆方向の磁化を反磁性、磁場方向に平行な磁化を常磁性）の研究	第一次大戦期に潜水艦探知ソナーの研究
マリー・キュリー	放射性元素ポロニウム、ラジウムの発見	野戦病院用の携帯 X 線撮影装置の開発
J.ペラン	分子の実在性の検証	第一次大戦期エンジニアリング部隊参加
L.ド・ブロイ	1924 年物質波概念の提唱	第一次大戦期に電波技術者として従軍

[ロシア]

研究者	主な研究業績
P.カピッツァ	第二次世界大戦期、酸素産業部門を率いる、そこで産業用の低圧の大型技術を開発、強力なマイクロ波発生器（1950-1955）を発明、100 万度 K 以上の温度で持続性高圧プラズマの発生を確認

こうして科学者は戦争の遂行に科学の側から関与するに至った。

　ところで、若き研究者の中には戦時に際して過酷な運命をたどることになった者もいる。ラザフォード門下の J.チャドウィックは、大戦勃発前の 1913 年、修士号とともにフェローシップを得て、ドイツの国立物理工学研究所に留学した。そこには、かつてラザフォード率いるマンチェスター大学で共同研究をしていた、計数管で知られる H.ガイガーが、放射線研究の責任者となっていた。チャドウィックはガイガーの助手の若きドイツ人研究者 W.ボーテ（1954 年ノーベル賞受賞）とベータ線の研究に取り組んだという。ところが、折からの戦争でベルリンの民間人収容所に抑留された。

　将来を嘱望されていたラザフォード門下の H.モーズリーに至っては、第一次大戦期、王立工兵隊に志願し、やがて通信技術担当士官として前線に出向き、トルコ・ガリポリにて 27 歳で戦死した。

　さて、前記で触れたイギリスの発明研究委員会に関連して、著者 H.G.ウエルズが 1914 年刊行の

『解放された世界』[25]に記している、科学者と科学の軍事的利用の可能性に関する記載を紹介する[*5]。

「一流の頭脳をもとめて、新兵器による近代的条件下での戦争の問題を専門的に研究解決するということは、これまで行われてこなかったが、・・・英国軍の徹底的再建をくり返すとともに、国民徴兵制度を採用して、ついに 1900 年には、・・・まことに強大な軍隊ができあがっていた。」（邦訳 62 頁）

「科学のもつ可能性という話題に飛びこんでいった。これまで、非生産的な陸海軍の軍備に使われていた膨大な出費を、いまや科学研究に使って、研究を新しい基礎の上に打ち立てなければならない」（邦訳 161-162 頁）

上記に示した記載の趣旨は、いかに科学研究を戦争に軍備に対応しえるようにその基礎を打ち立て使えるようにする必要があるということである。発明研究委員会はこうした好戦的な意思が同国において確かな政策的見地としてあったことを、同書は示している。

イギリスの代表的作家 53 人が「イギリスの戦争の擁護」（1914 年 9 月 17 日）と題する宣言を発表したが、ウエルズも同じく著名な作家 A.コナン・ドイル[26]らとともに賛同している。

ナショナリズムなのか、よきヨーロッパ人たるのか　ドイツの戦時科学動員について、同様に本書の記載にかかるドイツの科学者の戦時動員について示した（表 3-2 参照）。ドイツのベテランの科学者たちも、W.ネルンストが示すように、第一次大戦期に軍の科学的なアドバイザーを関与し、イギリスとその点では同様である。

さて、M.プランクはまぎれもなく指導的位置にあったドイツの代表的科学者である。彼は、第一次世界大戦を契機として引き起こされた市民の興奮を支持した。そして《ドイツの戦争犯罪を否認し、ドイツ軍国主義なしにはドイツ文明はない》との好戦的な趣旨を掲げた「文明世界への宣言」（1914 年 10 月 4 日）に、ネルンストやオストワルド、W.レントゲン、W.ヴィーン、P.レーナルト、F.ハーバーらを含む 93 人の知識人とともに署名したことである。ただし、プランクはのちに署名したことの過ちを認めたという。1930 年代から第二次大戦期のヒトラー政権に対してのプランクの態度は、「アーリア的物理学」の興隆を説く J.シュタルクや P.レーナルトらとは一線を画した。

なお、この「文明世界への宣言」が発せられた後、平和的な趣旨を表明した「ヨーロッパ人への宣言」がドイツの生理学者 G.F.ニコライによって起草された。これに A.アインシュタインのほか 2 名が賛同した。その一部を紹介しておく。

「国家主義的情熱も、世界がこれまで文明と呼んできたものには値しない、この態度に口実を与えることはできない。この精神が知識人の間で一般的な潮流となったとすれば、それは重大な不幸といえよう。・・・その保護のためにこの野蛮な戦争が行われることになった、当の諸国民の存在そのものさえ、危険にさらすことになるにちがいない。」[27]

ここには国家主義を根底にした帝国主義戦争の危険性が指摘されている。とはいえ、ニコライの

[*5] 同書には、原子爆弾の登場を予想し、「勝敗の鍵をにぎるという最終爆弾、すなわち軍事科学最高の勝利とは、こういうものであった」（104 頁）とある。「訳者あとがき」に、この書は科学が発達した世界の「20 世紀的問題の鋭さと深さ」（295 頁）を物語っていると評されている。

宣言は結局、発表は断念せざるをえなかった。彼は自著『戦争の生物学』に掲載することにした。とはいうものの、その刊行はドイツとはいかず、1916 年スイスで出版された。ニコライは後に当時を振り返って、「その時代には、最良のドイツ人さえも、よきヨーロッパ人たろうとはしなかった。あるいは真情を吐露することをはばかった」と省みた。また、賛同した科学者のひとりは「われわれはドイツの教授陣の勇気と誠実さを、過大評価していたのだ」と語ったという[*6]。

これに続いて「ドイツ文化の防衛戦争」であるとする「ドイツ帝国大学声明」(1914 年 10 月 16 日) が約 3,000 筆の署名を添えて発表された。そしてイギリスの大学人は、イギリスの戦争は自由と平和のための防衛戦争であるとし、ドイツ学界がヨーロッパと法治主義の共通の敵となったと嘆く「ドイツ大学人への返答」(1914 年 10 月 21 日) を発表した。この「返答」に、物理学者ではレーリー卿や J.J. トムソン (電子の発見)、W.H. ブラッグ、A. シュスター (ラザフォードのマンチェスター大学前任者)、O. ロッジ (電磁波検波器のコヒーラの発明)、W. クルックス (真空度の高い放電管の発明) らが賛同している。

ニコライの見解とは異なって、国家間の軍事的対抗の緊張関係のなかで、科学者の態度はナショナリズムから自国を合理化する見地が大勢を占めていた。

フランスの科学者と反ファシズム知識人監視委員会　フランスにおける、同じく本書の記載にかかる科学者動員を示す (図表参照)。

注目される動きは、1922 年のイタリア・ファシスト党の政権掌握、」1931 年の日本軍による満州侵略や 1933 年ナチス・ドイツによる政権掌握など、国内外のファシズム勢力の動きに対して、国際反戦大会が 1932 年オランダ・アムステルダム、1934 年フランス・パリのプレイエルで開かれた。やがてフランスやスペインなどで人民戦線が結成されることになるが、こうしたなかで、1934 年にフランスで反ファシズム知識人監視委員会が結成された。

会長に民族学者のポール・リヴェ、副会長に哲学者・作家のアランと物理学者 P. ランジュバンが就いた。これにはマリー・キュリーの娘と娘婿の原子物理学者ジョリオ=キュリー夫妻 (イレーヌとフレデリック、ノーベル賞受賞) も会員となった。科学者や哲学者、歴史学者、社会学者、言語学者、作家・評論家、画家、ジャーナリスト、弁護士、医師、教員など、多くの知識人が参加した。

アメリカにおける戦時動員と組織的関与　次いで、同じく本書の記載にかかるアメリカの関係の科学者にかかる事例を示す (表 3-2 参照)。GE 研究所所長の W.R. ホイットニーは、海軍長官 J・ダニエルズが組織した海軍諮問委員会 (委員長：エジソン) に参加し、化学と物理学部門の長を務めた。なお、これより前に副社長 E. ライスは大統領に GE の研究機関として政府に全面的に協力すると申

[*6] ニコライの平和主義の基本的視座は『戦争の生物学』の最終章に書き込まれている「一有機体としての全人類」である。湯川秀樹や朝永振一郎がこの点に注目していることを、物理学者の田中正は紹介している。戦争によって対立と分断どころか殺戮と破壊を繰り返すのではなく、そこに人類社会が進むべきあり方を、ニコライは見いだしていた。
　なお興味あるべき事柄は、ニコライが植民地観を述べた「植民」と題する一節の次のフレーズ、すなわち「おのおのの民族は、自己を拡大するために良心をもって植民を試みることができる」として、ヨーロッパ人の植民を正当化していることに関して、朝永が批判していることを、田中正は紹介している (『湯川秀樹とアインシュタイン　戦争と科学の世紀を生きた科学者の平和思想』岩波書店、2008 年、pp.79-94)。これは先のニコライの「ヨーロッパ人への宣言」に書き込まれた「よきヨーロッパ人」に共通するものである。ちなみに、これは今日の EU (欧州連合) につながる汎ヨーロッパ主義的なものともいえる。

し出たという。こうした動きは科学者個人の戦争関与ではなく研究所の組織的関与が展開されたことにある。

　R.ミリカンは、第一次大戦期に国家研究評議会 NRC の副議長を務めた。こうした事例はほかにもあるが、政府の要となる科学行政官としてその専門性と組織性を発揮した。本書で取り上げる科学者 A.H.コンプトンは、第二次大戦期、マンハッタン計画下のシカゴ大学「冶金研究所」所長として科学者を束ねる役割を担った。

　最後に、キャベンディッシュ研究所に滞在したことのある、旧ソビエトの研究者 P.カピッツァについて紹介しておこう。第二次世界大戦期、酸素産業部門を率い、産業用の低圧の大型技術を開発した。これは戦後の出来事であるが、1945 年 11 月、ラヴレンチー・ベリヤ（Lavrentiy Beria）が責任者を務める内務人民委員部（NKVD）下の原子爆弾プロジェクトへの参加を拒んだと伝えられている。

　以上、概括すれば、ニコライやアインシュタイン、ランジュバン、カピッツァなどの科学者もいたが、多くの科学者が均しく戦時動員に駆り出されたばかりか、指導的役輪を発揮して活躍した科学者もいた。こうした現実をどう受けとめたらよいのか。20 世紀のこの時代、植民地獲得の列強諸国による帝国主義戦争が展開された。科学者たちの政治的・社会的意識はどう形成されていたのか、こうした時代、科学者が軍事研究に参加することは普通のことだったということなのか。

　とはいえ、上記の戦時動員の様子を見てわかることは、指導的な科学者：ラザフォード、ブラッグ、ホイットニー、ミリカン、プランク、第二次大戦期のコンプトンらが、おそらく平時における政府との関係上、前述したように、科学者が戦時において担う重要な軍務に就いていることである。こうした状況からすると、若い科学者は戦時動員に応えなければならないとの心理状況に追い込まれ、軍事動員を忌避する方途はなく出向くほかはなかったのか。第二次大戦期のアメリカのマンハッタン計画においても、前線の戦場では凄惨な殺戮が繰り返されているにも関わらず、ロスアラモスの砂漠地帯に設けられた機密統制下のロスアラモス研究所で、若い科学者たちはノーベル賞受賞に輝いた高名な科学者とともにプロジェクトに参加していた関係もあり、それは原爆製造計画ではあったのだが、適切な判断を奪われていたというべきか。そうした「空気感」から意欲的に研究に取り組んだとも伝えられている[28]。科学者の政治的・社会的判断、倫理観、科学者のコミュニティの形成には課題があった[29]。

3－4　「国家の資源」としての科学の認知と軍事的研究開発

　先に指摘したように、科学研究は、18 世紀後半から 19 世紀にかけての産業革命を背景としたイギリス（主にイングランド）における大学外での王立研究所等の研究活動、フランスではエコール・ポリテクニーク等の新たな高等教育制度における研究活動、そして、ドイツにおける大学を中心とした研究活動の組織化、そこには 19 世紀後半から 20 世紀前後にかけて理工系大学が創設されたこともある。アメリカでも理工系大学は設立されたが、学術研究という点ではアメリカの大学は課題（たとえば、学位取得問題）を残していた。

　ドイツは、産業革命ではイギリスの後塵を拝していたが、科学（技術学を含む）を基礎にした電気技術や製鉄技術、光学技術、天然染料に代わる合成染料や新薬を開発する電機のシーメンスや製鉄のクルップ、光学機器のツァイスなどの企業が設立された。アメリカで注目されるのは、ドイツと類似の点もあるが、GE 研究所（1900 年）、デュポンの研究所（1902 年）、ベル研究所（1925 年；ウェスタン・エレクトリック社の研究部門と AT&T の技術部門を起源とする）等の企業内研究所において、研究者が雇われてその科学的知見を発揮し、科学研究と技術開発が相互に連携した点である。やがて「科学の産業化」の問題が指摘されるようになる [30]。

1）科学の「国家資源」としての認知

　この時期の学術研究体制に見られる特徴はそれだけではない。ドイツの国立物理工学研究所（1887年設置）、イギリスでは 1915 年科学産業研究庁が、アメリカでは 1916 年全米研究評議会が設置されるなど、学術研究を担うアカデミー（栄誉機関も含む）の設立はもちろんのこと、産業技術等にかかる標準局、公衆衛生院のような行政・研究機関、等々が、官営もしくは民間で設置された。

　科学が「国家の資源」の重要な要素として認知され、本来は科学は国際性を本性としているが、各国政府の国家主義的統制（政策的、財政的な部面など）によって、その命脈が顕著に左右される時代に入っていった。この流れは二つの世界大戦、殊に第二次世界大戦を迎えて大きく舵を切った。科学と技術がその軍事的利用を契機として「国家の資源」の重要な要素として認知され、以後政府が産業界・学術界と連携して科学と技術の研究開発が継続的に追及されるようになった。端的にいえば、これには帝国主義戦争の展開と新たな科学・技術の展開、その高度化とがクロスし、軍事兵器や軍事的支援物質を生み出した。戦争は国家の営為にして国家資金を供して軍事開発を行い、そのために科学・技術を資源として位置づけた。

　国家は民間企業とは異なって、リスク性が高い研究開発においても開発投資を行うことができる。一般的にいえば、どのような科学や技術を発展させるのかということは、民間企業においては市場に受け容れられるのか、すなわち採算性が高いかどうかというような経済的観点が問題になるけれども、政府においては国家的枠組みという極めて政治的ないしは軍事的な観点から判断される。実にこの傾向は、1980 年代以降強まった経済のグローバル化の中で国家競争力の強化が政策策定において欠かせないものとなって、今日のあり方につながっている。

2）アメリカにおける国家科学の推進

　アメリカでは第一次世界大戦時の 1915 年、海軍諮問委員会（Naval Consulting Board）が設置された。理事会メンバーは工学・技術系の学協会の代表で構成され、議長にトーマス・エジソンが就いた。また、同年には航空諮問委員会も設置された。航空諮問委員会はその目的に「飛行の問題点の現実的な解決法の観点での研究の監督と解決すべき課題の決定、その解決法の議論と応用」を掲げ、1917 年ラングレー研究所を設立し、航空機研究を開始した。

　アメリカはこのように第一次大戦時に政府主導の研究開発を開始した。これは英・仏・独などの国の取り組みと類似する。こうした、政府主導の研究開発の取り組みは、単に戦時のみならず、1930年代の平時においても研究開発は政策に落とし込まれ展開する。それが、1933 年の科学諮問評議会

（Scientific Advisory Board）における「科学活用」の調査である。注目すべきことは 1937 年、国家資源委員会が「研究は国家資源である」との位置づけを示したことだ。資源といえば地下資源や生産資源であったが、科学研究も国家資源と位置づける、科学が一般的生産力としてその機能を発揮しうるのだとする認識に基づく戦略的価値づけを示した。イギリスの科学史家 J.D.バナールは著書『科学の社会的機能』（1939 年）で「戦争は国家科学をつくる」とこの時代の科学と政府の関係を特徴づけている。

　第二次世界大戦参戦前の 1940 年、アメリカは国防研究委員会（NDRC：National Defense Research committee）を設置、NDRC は翌年設置された科学研究開発局（OSRD：Office of Scientific Research and Development）に吸収された。OSRD は全国 300 カ所の研究機関、6,000 人を超える科学者を動員し組織したという。この頃の研究開発費（原子力関係を除く）は年平均 6 億ドルであった。そのうち 83％は政府支出、研究開発は国に丸抱えの常態で、まさに国家科学が推進された。一例をあげれば、アメリカ電信電話会社（ATT）・ベル研究所の研究費に占める政府資金は、1939 年時点 1％に過ぎなかったが、1944 年には 81.5％に達した。研究資金の政府支出割合はきわめて高い。

　前述のように科学・技術の価値は、20 世紀において国家的価値として評価されるようになった。その価値は民生用にも発揮されたが、不幸にも二つの大戦が繰り返された戦時に軍事的研究開発として具現化された。第一次世界大戦期におけるソナーや毒ガス兵器などの開発、その後の第二次世界大戦期における原子爆弾、レーダー、作戦研究・暗号解読、コンピューター、ペニシリンなどの開発はその代表例である。

3）ヒトラー政権下の国家科学の推進

　なお、ドイツでの軍事研究開発の取り組みとして、物理学者が関わった核開発への取り組みについてその一端を示しておく。これは W.ハイゼンベルクやガイガーらが参加した 1939 年設置のウラン・クラブによる。ヒトラー政権の軍需相 A.シュペーア[31]によれば、ハイゼンベルク（当時カイザー・ヴィルヘルム物理学研究所所長）は 1942 年 6 月、核開発を案件とする会議で、物理学者は兵役にとられ、教育科学省からの支援もなく、経済的に困難だと述べた。会議後にハイゼンベルクが要求した要員・資材・資金はささやかなものであった。再度、シュペーアはハイゼンベルクに問いただしたところ、3、4 年は核兵器は完成できないだろうと述べたという[*7]。

　ヒトラー政権下での研究開発の取り組みは、総じて計画性かつ包括性において異なっていた。戦時とはいえ、まずは科学に対する態度の問題があった。アメリカでは科学的合理性に対しては一応リベラルな面があったが、ナチス・ドイツにあっては、科学の戦争への利用も行われたけれども、優生学思想からの科学の内容に踏み込んだ差別・排除が行われた。

　組織的な取り組みにおいてもアメリカに比して遅れていた。ヒトラー政権は、科学の包括的な組織化なしにでも戦争で優位に立てると考えていたといわれる。経済的潜在力を基礎に新たな軍備を創出し戦力の拡大・向上を図る「深さの軍備」に留意していなかった。作戦研究（OR：オペレーシ

[*7] ドイツにおける軍事研究開発において話題となるのは、例えば核開発とロケット開発である。ドイツにおいて V2 号ロケットの開発に重点をおかれ、核研究の優先順位が落ちたのはハイゼンベルクらの態度が影響していたともいわれる。ハイゼンベルクのナチス下の態度についてはさまざま評される。

ョンズ・リサーチ）やレーダー・近接作動信管と連結した射撃管制システムなどの連合軍の効果的な抵抗・反撃に遭い、やがて戦線は行き詰まっていった。これまでの帝国研究会議や科学技術院、軍の兵器局における取り組みは「対立と競合」でちぐはぐな状況にあったという。

　機械工学者 W.オセンベルクを長に、教育科学省・帝国研究会議の下に企画部が設置されたのが 1943 年 7 月、その後、帝国研究会議は 1944 年 6 月国防研究会議に再編された。この戦時下の軍事研究開発の組織再編は、そうした連合軍の科学技術戦の優位を認知したことによって改められたものともいえよう [32]。こうした申し立てが教育科学省に付されたのは 1941 年秋のことで、ドイツの電機メーカーAEG（Allgemeine Elektricitäts-Gesellschaft）の研究所長を務めたことのある、当時物理学会会長で国家の防衛に尽くす義務があると考えていた C.ラムザウアーによる。しかしながら『ナチと原爆』[33]には、結局、この組織再編がうまく進展しなかったことが記されている。

　このように戦時、各国において科学・技術の研究開発が軍事利用の部面から国家的価値、国家の競争力として位置づけられるようになった。先にも触れたが民間企業ならばそのリスク性を嫌う。だが、この場合の研究開発投資には、政府がいかようにも企業や大学等に対して請けあう契約関係によって、軍事的研究開発が推進されやすい実際性が見受けられる。従ってまた、この契約関係は企業にとっても経営業績が担保される仕組みとなっている。しかし、その結末はいうまでもなく深刻な国土の破壊と経済・財政の破綻であった [34]。

3 – 5　まとめにかえて — 揺籃の実験科学と科学の軍事利用

　本書で扱っている実験科学は、電子やX線、原子・分子の解離・再結合、原子核とその崩壊、原子の構造などである。そうした対象からすれば、これらの研究は、基礎科学的な部面が強くも見えるが、それは応用科学的な場面とは隣り合わせである。電子管やX線管、白熱電球といった産業製品、そして原子核エネルギーの産業的利用、場合によっては軍事的利用ということになる。

　言い換えれば、誕生も間もない「揺籃の実験科学」は産業と戦争に遭遇する。それは、何と言っても 19 世紀末から 20 世紀初めの世紀交代期、続く 20 世紀の第一四半世紀の諸発見によってスタートを切った。その点では、実験科学として輝かしい基礎的な成果を上げた。だが、基礎科学的だと思われた実験科学は、意外にも早くも産業的応用科学領域へと、そして軍事的利用へと結びつけられた。結びつけられたというよりは、これらの実験科学は、そもそもアカデミズム的な研究手法にもよったが、その実験的手段は産業活動が提供する技術に基礎づけられ、実現されてもいた。こうした関係性を踏まえれば、基礎科学だからといって産業と戦争に隔絶できるというものではなかったのである。

　なお、問題であったことは、列強の政府によって帝国主義的政策がとられる時代において、本章でフランスの科学者たちがとった行動を事例として取り上げて示したように、戦争とファシズムに批判的な態度で対峙する科学者もいた。けれども、多くの科学者たちの社会的意識はプリミティブ、言い換えれば端緒に就いたばかりといってよく、経済的・政治的・社会的な複合的な事象としての戦争に、科学的真理を追求する科学者にふさわしくその態度を見いだし、的確に対応し得るまでに

は至っていなかった。確かに人類社会の平和と福祉に対する科学者社会のあるべき眺望を、傑出した視点を探り当て提示しようとしたニコライのような科学者もいた。この点では、科学者たちは未だ未成熟で政治の轍にとりこまれていた。

　この課題は今日も引き続くものである。この課題解決には、科学の側の社会的対応、殊に科学者の個々の活動を担う組織（コミュニティ）、そして事態を分析しうる取り組みと科学者の包括的な社会的運動を広く深く持続的に展開されなければならない。政府の意向ということで、どのようなことに対しても従順であればよいということではない。留意すべきは、科学は政治的・社会的バランスと無関係ではないが、科学の側の学問の自由に裏打ちされた自律性がなくては、科学はいびつな展開をとる。これには社会の側、殊に政府権力がこれを保障し尊重する姿勢がなくてはならない。もちろん、この問題は科学の側からの取り組みだけで解決しうるものでない。政治・経済、広く社会にわたる民主主義に基づく国際的な対応がなくては解決しえない事柄といえる。

第 2 部　実験科学の時代の到来

― 原子構造の探究と放射線を探り針とする実験

　第 2 部では、実験科学の時代の到来のケース・スタディーとして、物質を構成する原子の構造の探究過程における放射線を探り針とする実験を取り上げる。その主たる話題は、一つは、ラザフォードらの放射性元素の自発崩壊に関する元素の放射性変換説の提示、その後の α 線（ヘリウム原子核からなる放射線）の物質による散乱現象の発見、そして、二つ目は、当時イギリスのマンチェスター大学を訪れていたドイツ人物理学者ガイガーの放射線計数管の製作と、そのガイガーが同大学出身のマースデンと共同して α 線の拡散反射の発見に至る展開、三つ目は、ラザフォードによるこの発見を踏まえた有核原子模型の提示と、それがどう受け入れられ、どういう課題が残されていたかということである。

　これらの話題を貫く歴史展開の中心的テーマについて触れておきたい。

　第 1 点は、ラザフォードは、取り組んだ実験を踏まえ、理論的整理を行っていったのだが、その際の実験的手法と、それをもとに原子に関してどのような科学的な考え方へとシフトしていったのかということである。すなわち、当初ラザフォードが扱った元素の放射性変換説は、簡略に言えば、放射性元素は放射線を放出して別の元素へと変換していくことなのだが、その際の認識の特徴は、端的に言えば、変換前後の放射性物質を構成する元素、言い換えれば、その原子の化学的（chemical）な特性を分析してどのような元素へと変化していたのか。確かにその段階では化学的な認識に基づく原子の理解である。しかしながら、やがて原子には原子核があるという原子の有核模型への提示に至る、その研究プロセスは化学的な究明ではなく物理学的な究明へと転回した。

　というのも、α 粒子という放射線を物質（原子）に照射（衝突）させたときに、α 粒子が大きくそれて散乱するという、その実験結果を踏まえて、原子の有核模型への提示に至った。それは α 粒子と原子との相互作用の過程を、力学的・運動学的に分析するもので、実験的研究の性格も同様であるが、これを機に原子の構造をダイナミカル（dynamical）な構造をもつものとして、すなわち、その認識を描像として把握されるに至る。

　第 2 点は、実験手段・その手法にかかる科学における実践レベルにかかる問題として、このような契機を担った、第 2 章で示した現代的な科学実験の特質（殊に装置系の登場）を備えた科学実験とその実験観測手段はどのように設定されたのかということである。例えば α 線の拡散反射が小角

散乱ではなく大角散乱によるものだとの認識へと至ったことのみならず、ガイガーの放射線計数管は単なる計測手段ではなく、一面ではα線を構成するα粒子のダイナミカルな散乱過程の運動過程を想起させる装置手段であったことにある。

　つまり、ここでの科学史的テーマは、物質を構成する原子の描像がどのような認識と手法によって把握されたのか、その特質を明らかにすること、また、そのあり方はそれぞれにふさわしく設定された、放射線を探り針とする実験・観測手段に基礎づけられ、当然のことながら前者の認識と後者の実験とが相互に深い関連性をもっていたことにある。

〈年表〉　揺籃の科学と社会

世紀	科学的発見	米欧の世界		日本の出来事
		大学等・学会・学術制度関連	社会・技術	
3世紀			羅針盤「指南魚」(中国)	
4世紀			ローマ帝国：キリスト教の国教化	
5世紀			《科学の神学への従属化にはじまる》	
7世紀	ゼロの発見(印)		木版印刷(中国)	《この頃、仏教伝来》
8世紀			三圃農法(ゲルマン世界)	大宝律令(701)、平城京(710) 東大寺・大仏開眼(752) 平安京(794) 菅原道真、最澄、空海
	《アラビア科学の展開》			
9世紀			黒色火薬(中国)	
10世紀			イングランド王国(英 927-1707) フランス王国(987-1792) 神聖ローマ帝国(独他 962-1806)	
11世紀		ボロニア大学(伊 1088) オックスフォード大学(英 1096)	《水車・風車の普及》	枕草子(1001)、源氏物語(1008)
12世紀		パリ大学(仏 1150)		鎌倉幕府
13世紀		ケンブリッジ大学(英 1209)	活字印刷(朝鮮)、機械時計(伊)	親鸞
14世紀		プラハ大学(チェコ 1348) ウィーン大学(墺 1365) ハイデルベルク大学(独 1386)	航海用羅針盤(伊)	室町幕府
15世紀		ライプツィヒ大学(独 1409) グラスゴー大学(英 1451) ミュンヘン大学(独 1472) コペンハーゲン大学(デンマーク 1479)	《ルネサンス 14～16世紀》 《高炉 15世紀ごろ》 《大航海時代 15～16世紀》 コロンブスの航海(1492 他) ヴァスコ・ダ・ガマのインド到着(1497-98)、etc.	
	ダヴィンチ手稿(伊)			
16世紀		コレージュ・ド・フランス(仏 1530)	ルター宗教改革始まる(独 1517) イエズス会設立(仏 1534)	

16世紀（承前）

科学・技術：
- ビリングチオ『ピロテクニア』（伊 1540）
- コペルニクス地動説（ポ 1543）
- ヴェサリウス人体解剖書（ベ 1543）
- アグリコラ『デ・レ・メタリカ』（独 1556）
- グレゴリオ暦（太陽暦改暦 1582）
- ギルバート『磁石論』（英 1600）

大学・学会：
- エジンバラ大学（英 1583）

宗教・政治・社会：
- 英国教会（1534）
- カルヴァン宗教改革始まる（スイス 1541）
- 法王庁異端尋問所／後の検邪聖省（伊 1542）
- 法王庁禁書目録（伊 1557）
- 無限宇宙論のブルーノ火刑（伊 1600）

日本・その他：
- 種子島鉄砲伝来（1543）
- ザビエル、キリスト教伝来（1549）

17世紀

科学・技術：
- ガリレオ屈折式望遠鏡（伊 1609）
- ハーヴェイ血液循環説（英 1628）
- ガリレオ『新科学対話』（伊 1638）
- トリチェリの真空（伊 1643）
- ボイル『懐疑的化学者』（英 1661）
- デカルト『宇宙論』死後出版（仏）
- ロバート・フック『ミクログラフィア』（英 1665）
- ホイヘンス『振子時計』（蘭 1673）
- ニュートン万有引力説（英 1687）

大学・学会：
- ギーセン大学（独 1607）
- ハーバード大学（米 1636）
- 王立学会（英 1662）
- 王立科学アカデミー（仏 1666）

宗教・政治・社会：
- 30年戦争（1618-48）
- ガリレオ宗教裁判（伊 1633）
- 清教徒革命（英 1642-49）
- イングランド共和国（1649-60）
- ゲーリケ真空ポンプ（独 1650）
- グレゴリー反射望遠鏡（英 1663）
- グリニッジ天文台（英 1675）

日本・その他：
- 江戸幕府（1604）
- 算術書『塵劫記』（1627）
- 鎖国（1639-1854）
- 関孝和の数学（和算）

18世紀

科学・技術：
- リンネ『自然の体系』（スウェーデン 1735）
- ブラック潜熱発見（英 1761-66頃）
- ビュフォン『博物誌』（仏 1749-89）
- ディドロ・ダランベール『百科全書』（仏 1751-72）
- クーロン電気・磁気力の法則（仏 1785）

大学・学会：
- イェール大学（米 1701）
- ゲッティンゲン大学（独 1737）
- エアランゲン大学（独 1742）
- プリンストン大学（米 1746）
- コロンビア大学（米 1754）
- フライベルク工科大学（独 1765）

宗教・政治・社会：
- グレートブリテン王国（英 1707-1801）
- フランス科学アカデミーによる測地遠征（仏 1735-37）
- 《啓蒙の時代》
- ボルテール『哲学書簡』（仏 1734）
- モンテスキュー『法の精神』（仏 1748）
- ルソー『社会契約論』『人間不平等起源論』（仏 1775）
- アダム・スミス『諸国民の富』（英 1776）
- 《イギリス産業革命 18世紀後半-19世紀前半》
- アメリカ合衆国（1776-現在）
- モンゴルフィエ兄弟の熱気球実験（仏 1783）

日本・その他：
- 杉田玄白『解体新書』（1774）

科学

- ラヴォアジェ『化学要論』(仏 1789)
- ハーシェル40フィート反射望遠鏡 (英 1789)
- ヴォルタ電池 (伊 1799)

19世紀

- ヤング光波動説 (英 1801)
- 太陽光のフラウンホーファー線 (独 1814)
- アンペール電磁作用 (仏 1820)
- ゼーベック熱電気効果 (独 1821)
- カルノー『火の動力に関する考察』(仏 1824)
- オームの法則 (独 1827)
- ファラデー電磁誘導 (英 1831)
- ジュール電流の熱作用 (英 1840)
- モールス電信実用化 (米 1844)
- ヘルムホルツエネルギー保存則 (独 1847)
- プリュッカー陰極線の蛍光・磁気偏曲 (独 1858)
- ブンゼン・キルヒホフ スペクトル分析 (独 1859)
- ダーウィン『種の起源』(英 1859)
- マクスウェル気体分子速度分布則 (英 1860)
- マクスウェル電磁場の方程式 (英 1864)
- ボルツマン気体分子運動論 (墺 1872)

大学・学会

- エコール・ポリテクニーク (仏 1794)
- ベルリン大学 (独 1810)
- 王立天文学会 (英 1820)
- マギル大学 (加 1821)
- マンチェスター大学 (英 1824)
- 英国地質調査所 (1835)
- ロンドン大学 (英 1836)
- 物理学会 (独 1845)
- マサチューセッツ工科大学 (米 1861)
- カールスルーエ工科大学 (独 1865)
- コーネル大学 (米 1865)
- カルフォルニア大学 (米 1868)

社会（欧米）

- フランス第一共和政 (1792-1804)
- 子午線の測量 (仏 1792-98)
- メートル法制定 (仏 1799)
- グレートブリテン&アイルランド連合王国 (1801-1922)
- ナポレオン戦争 (1803-15)
- フランス第一帝政 (1804-14)
- ウィーン体制 (1814-70)
- フランス王国・王政復古 (1814-48)
- スティーブンソン蒸気鉄道 (英 1825)
- ビーグル号航海探査・ダーウィン (英 1831-36)
- アヘン戦争 (英・清 1840-42)
- フランス第2共和政 (1848-52)
- ロンドン万国博覧会 (英 1851)
- 《転炉、平炉による製鋼》
- フランス第2帝政 (1852-70)
- 鉛蓄電池 (仏 1859)
- 南北戦争 (米 1861-65)
- 電解製錬の実用化 (英 1865)
- 大西洋海底ケーブル (1866)
- マルクス『資本論』(独 1867)
- スエズ運河 (1869)
- フランス第3共和政 (1870-1940)
- ドイツ帝国 (1871-1918)

日本

- 平賀源内エレキテル修理 (1776)
- 伊能忠敬らの日本測量図 (1800-21)
- 国友一貫斎 空気銃・反射望遠鏡製作
- 外国船打払令 (1825)
- 宇田川榕菴『舎密開宗』(1837-47)
- 「黒船来航」(1853)
- 日米和親条約 (1854)
- 安政の五か国条約(1858 米・蘭・英・仏・露)
- 明治維新 (1868)
- 学制公布 (1872)

発見・理論	研究機関・大学	世界の出来事	日本・その他の出来事
	カンタベリー大学 (ニュージーランド 1873)	パリ・コミューン (1871)	福沢諭吉『学問のすゝめ』(1872) 新橋－横浜間鉄道開通 (1872) グレゴリオ暦導入 (1872)
ストーニー電気素量概念 (英 1874) クルックス陰極線粒子説 (英 1874)	物理学会 (英、仏 1874) キャベンディッシュ研究所 (英 1874) (1879)		東京大学 (1877) 岩倉使節団『米欧回覧実記』(1878)
マイケルソン光波干渉計 (米 1881)	米国地質調査所	ベルリン列国会議 (1878) パリ国際電気会議 (1881) テスラ三相交流 (墺 1882) ベルリン列国会議 (1884) 《白熱電球》	地質調査所 (1882) 東京数学物理学会 (1884)
エジソン効果 (米 1883)	パリ市立工業物理化学学校 (仏 1882) 帝国物理工学研究所 (独 1887) パスツール研究所 (仏 1887)		帝国大学令 (1886)
ハルヴァックス光電効果 (独 1888) ヘルツ電磁波の実在検証 (独 1888)	シカゴ大学 (米 1890) スタンフォード大学 (米 1891) 王立プロイセン感染症研究所 (独 1891)	ドブロウォルスキー三相交流 (独 1889) パリ万国博覧会／エッフェル塔 (仏 1889) ナイアガラ水力発電所 (1891)	大日本帝国憲法施行 (1890) 電信試験所 (1891) 北里柴三郎ペスト菌発見 (1894) 高嶺譲吉、酵素ジアスターゼ発見 (1894)
レントゲンX線発見 (独 1895) マルコーニ無線電信公開実験 (伊 1895) ベクレル ウラン放射能 (仏 1896) J.J.トムソン電子の発見 (英 1897) キュリー夫妻ラジウム発見 (仏 1898) プランク熱放射量子仮説 (独 1900)	物理学会 (米 1899) 国立物理学研究所 (英 1900) GE研究所 (米 1900)	ネルンスト・ランプ (独 1897) ディーゼル・エンジン (独 1897)	日清戦争 (1894-95) 京都大学 (1897) 志賀潔 赤痢菌発見 (1897) 工業試験所 (1900)

20世紀

発見・理論	研究機関・大学	世界の出来事	日本・その他の出来事
リチャードソン熱電子効果 (英 1901) ラザフォード&ソディ放射性変換説 (英 1903) J.J.トムソン無核原子模型 (英 1904) アインシュタイン光量子仮説 (スイス 1905) アインシュタイン特殊相対性理論	国立標準局 (米 1901)	ライト兄弟の有人動力飛行 (米 1903) フレミング二極管 (英 1904) ゲーデ水銀回転ポンプ (独 1905)	官営八幡製鐵所 (1901) 中央度量衡器検定所 (1903) 長岡半太郎土星型原子模型 (1903) 日露戦争 (1904-05)

帝国学士院 (1906)
(蘭 1908)
《二宮忠八による動力飛行の試み》
鈴木梅太郎ビタミン「オリザニン」(1911)
北里研究所 (1914)
本多光太郎 KS 磁石鋼 (1917)
理化学研究所 (1917)
絹業試験所 (1918)
大学令 (1918)
学術研究会議 (1920)

ド・フォレスト三極管 (米 1906)
カルリングオネス、ヘリウム液化
アンモニア合成 (独 1908)
ゲーデ油回転ポンプ (独 1909)
第 1 回ソルベー会議「放射理論と量子」(蘭 1911)
ゲーデ分子ポンプ (独 1913)
ガス入り白熱電球特許 (米 1913)
クーリッジ X 線管 (米 1913)
《フォードシステム》
ウェルズ『開放された世界』(英 1914)
《第一次世界大戦 1914-18》
ゲーデ拡散ポンプ (独 1915)
潜水艦探知ソナー開発
毒ガス：イペリオット、ホスゲン等使用
軍事無線通信
ヴァイマル共和政 (独 1919-32)
ハル、マグネトロン (米 1920)

カイザー・ヴィルヘルム研究所 (独 1911)
文明世界への宣言 (独 1914)
科学産業研究庁 (英 1915)
海軍諮問委員会 (米 1915)
全米研究評議会 (1916)
キュリー研究所 (仏 1921)
理論物理学研究所 (デンマーク 1921)

ネルンスト熱力学第 3 法則 (独 1905)
ラザフォード・ガイガー計数管製作 (英 1908)
ペラン分子の実在性検証 (仏 1908)
ミリカン油滴法による電子電荷測定 (米 1909)
ラザフォード原子の有核模型 (英 1911)
カメルリングオネス極低温下の超電導 (蘭 1911)
ラウエ X 線結晶回折 (独 1912)
ブラッグ父子 X 線結晶解析 (英 1912)
デバイ固体比熱の量子論 (蘭 1912)
ボーアの原子構造論 (デンマーク 1913)
シュタルク効果の発見 (独 1913)
モーズリ原子の固有 X 線 (英 1913)
アインシュタイン一般相対性理論 (独 1915)
ニコライ『戦争の生物学』(独 1916)
デバイ＝シェラー粉末結晶 X 線分析法 (独 1916)
ボーア対応原理 (デンマーク 1918)
ラザフォードα粒子による原子核破壊 (英 1919)
アストン質量分析器で同位体分離 (英 1919)
ミリカン気球による宇宙線自動記録 (米 1922)
コンプトン効果発見 (米 1923)
ド・ブロイ物質波の概念 (仏 1923)

治安維持法制定 (1925)
八木・宇田アンテナ (1926)
内閣資源局 (1927)
満州事変はじまる (1931)
日本学術振興会 (1932)
国際連盟脱退通告 (1933)
湯川秀樹 中間子論 (1935)
日中戦争はじまる (1937)
企画院 (資源局＋調査局 1937)
国家総動員法 (1938)
総動員試験研究令 (1939)
《731部隊による細菌戦》

テレゲン五極管 (蘭 1926)
テレビジョン (ベルギー 1927)
ドイツ宇宙旅行協会：ロケット開発
ガイガー・ミュラー計数管 (独 1928)
ナチス・ドイツ (1933–45)
反ファシズム知識人監視委員会 (仏 1934–39)
《反ファシズム人民戦線：仏、伊、西ほか》
ナイロン (米 1938)
ジェット機飛行 (独 1939)
《第2次世界大戦 1939–45》
パリ陥落 (1940)

ハイゼンベルク量子力学 (独 1925)
ベル電話研究所 (米 1925)
ディラック量子力学の基礎方程式 (英 1926)
シュレディンガー波動方程式 (墺 1926)
ハイゼンベルク不確定性原理 (独 1927)
第5回ソルベー会議「電子と光子」(米 1927)
デビッソン＆ガーマー電子回折による波動性検証 (米 1927)
G.P.トムソン電子波の干渉実験 (英 1927)
アンリ・ポアンカレ研究所 (仏 1928)
アインシュタイン電磁場と重力場の統一理論 (独 1929)
ディラック陽電子の予言 (英 1930)
プリンストン高等研究所 (米 1930)
ローレンス＆リヴィングストン サイクロトロン (米 1930)
パウリ ニュートリノ仮説 (スイス 1931)
国立放射線研究所 (米 1931)
A.H.ウィルソン半導体の理論 (英 1931)
チャドウィック中性子発見 (英 1932)
アンダーソン宇宙線中に陽電子発見 (米 1932)
コックロフト,ウォルトン高電圧加速装置：原子核の人工転換 (英 1932)
フェルミβ崩壊の理論 (伊 1933)
科学諮問評議会 (米 1933)
マイスナー・オクセンフェルト超伝導体の完全反磁性 (独 1933)
第7回ソルベー会議「原子核の構造と性質」(ベルギー 1933)
ジョリオ・キュリー夫妻 人工放射能 (仏 1934)
フェルミ中性子による原子核の人工変換 (伊 1934)
チェレンコフ放射光 (ソ 1934)
中央科学研究局 (仏 1935)
アンダーソン・ネッダーマイヤー宇宙線中に中間子発見 (米 1937)
国家資源委員会 (米 1937)
ハーン・シュトラスマン ウラン核分裂 (独 1938)
ボーアら液滴模型による核分裂説明 (デンマーク 1939)
バナール『科学の社会的機能』(英 1939)
国立中央科学研究機関 (仏 1939)
国防研究委員会 (米 1940)

科学研究開発局 (米 1941)	大西洋憲章 (英米 1941)	科学技術新体制確立要綱 (1941)
	原爆開発マンハッタン計画 (米英 1942)	《太平洋戦争 1941-45》
オークリッジ国立研究所 (米 1943)	《ナチスによるホロコースト》	
教育科学省・帝国研究会議企画部 (独 1943)		学術研究会議・科学研究動員特別委員会 (1943)
帝国研究会議 → 国防研究会議再編 (独 1944)		
	ロケット兵器 V2 (独)	
	パリ解放 (1944), ベルリン陥落 (1945)	
	ヤルタ協定, ポツダム宣言 (1945)	
	ヒロシマ・ナガサキ原爆投下	無条件降伏 (1945)
		日本国憲法施行 (1947)

歴史という世界の根底にある動因、科学発展の土壌に形成され、これにあらがっていっては、いうならば政争に明け暮れ、ひいては戦争の渦中にはまってしまっては、科学発見は場合によって遠ざかりかねない、いかにして科学の独自性は発揮されるのか、そこを見抜いていくことが求められる。

第4章　放射線と原子構造（Ⅰ）

― 放射性変換説の提示からα線の散乱現象の発見まで

　本章では、続く第5章、第6章「原子の有核構造の発見」とあわせて、E.ラザフォード（1871-1937）による有核原子模型の提示に至る、原子構造の解明の歴史を示す。この話題に入る前に、ラザフォードが本格的な研究生活をスタートしたキャベンディッシュ研究所について示しておこう。

[コラム] キャベンディッシュ研究所とその研究者群

　キャベンディッシュ研究所は、オックスフォード大学クラレンドン研究所に並ぶもので、1874 年にイギリスの科学技術振興を期すべく大学の実験物理学講座の付属研究機関として 1874 年に設け

られた。この研究所に冠せられた名、キャベンディッシュは、大学に多額の寄付をした当時の大学総長第 7 代デボンシャー公の姓に由来する。研究所の初代所長は電磁気学の理論体系を提示した J.C.マクスウェル、第 2 代は光の非弾性散乱などで知られるレーリー卿、ついで第 3 代は1897年の電子の発見で知られる J.J.トムソンである。いずれもイギリスを代表する物理学者である。

キャベンディッシュ研究所

　さて、イギリスの王立委員会は、1851 年に開催された国際博覧会で得られた資金を原資とした、独創的研究能力を有する将来を嘱望される学生に対して与えられるリサーチ・フェローシップ（奨学金制度）を設けていた。加えて、1895 年ケンブリッジ大学・キャベンディッシュ研究所は、学制改革を行い、他大学の卒業生や物理学に実力をもつ者に入学の道を開いた [1]。これらの制度は若き研究者に門戸を開け、しかも資金的援助をするものであった。

　本章で話題とするラザフォード（1871-1937）の出生地はニュージーランド、大学はカンタベリー大学であるが、折よく上記の制度を受けて、大学卒業後の 24 歳のときに渡英した。

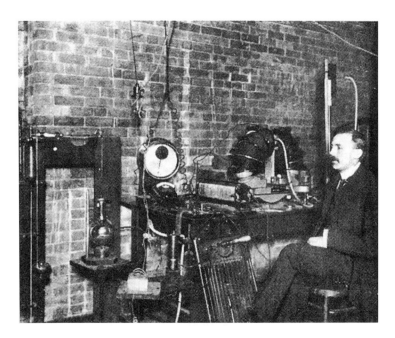

マギル大学時代のラザフォード

　この時期以降ラザフォード以外にも、科学を志す若き者たちが、キャベンディッシュの門をたたいた。ダブリン大学出身の J.タウンゼントは、ラザフォードと 1895 年ケンブリッジ大学入学の同期生で、低圧気体中の放電による電離気体の研究で知られる。

　4 年後の 1899 年には、リバプール大学出身の C.バークラ（1917 年ノーベル賞受賞；以下 N 賞）がケンブリッジに入学、キャベンディッシュ研究所で学んだ。彼はのちに元素には固有の特性 X 線があることを発見した。また、マンチェスター大学出身の C.T.R.ウイルソン（1928 年 N 賞）は、のちに霧箱の発明（1911 年；荷電粒子が通過すると水蒸気の凝結核として発生する霧でもって可視化する装置）で知られるが、1888-91 年ケンブリッジの奨学生となり、シドニー・サセックス・カレッジで学び、同カレッジの講師、またキャベンディッシュ研究所の上級生のための応用物理学講座の責任者などを務めたという。

　さらに、ケンブリッジ大学出身の O.W.リチャードソン（1928 年 N 賞）は、熱電子現象の研究（1901年）で知られるが、1900 年大学卒業後、キャベンディッシュ研究所で研究を開始している。また、

バーミンガム大学出身の F.アストン（1922 年 N 賞）は、1910 年キャベンディッシュ研究所に移り、第一次世界大戦中は王立航空機工場に出向いた。戦後、研究所に戻り、陽極線の研究や質量分析器（原子・分子をイオン化し、その陽イオンが磁場をかけて通過する際にどの程度偏向するか、その度合で分析する装置）による同位体の分離（1919 年）に取り組んだことで知られる。

　ラザフォードと親交をもつことになる、ケンブリッジ大学出身の W.H.ブラッグは、X 線による結晶構造解析の研究成果で 1915 年 N 賞に輝いた物理学者である。彼はオーストラリア・アデレード大学を経て、イングランド北部にあるリーズ大学教授職（1909-15）に就任し、キャベンディッシュにも関与し、ラザフォードの原子の有核模型の研究においても欠かせない科学者である。

　このラザフォード模型を踏まえて、原子構造論を提起した科学者がデンマークの N.ボーア（1922 年 N 賞）もいる。1911 年キャベンディッシュ研究所を訪れて所長 J.J.トムソンの面識を得ている。そして、彼はその足でラザフォード率いるマンチェスター大学の研究室を訪ねている。

　なお、常磁性・反磁性および水晶振動子の開発で知られるフランスの P.ランジュバンなども、キャベンディッシュを訪れている。さらに、時期はかなり異なるが、アメリカの R.オッペンハイマーもキャベンディッシュ研究所を訪れた一人で、ハーバード大学卒業後、1925 年ケンブリッジ大学に留学し、同研究所で学んだ。その後、M.ボルンの招請を受けてドイツ・ゲッティンゲン大学へ移り、博士号を取得している。周知のように、彼は第二次世界大戦期のアメリカの原爆開発計画に関与し、ロスアラモス研究所において原爆製造を指揮したことで知られる科学者である。

マンチェスター大学の研究棟

　前述したように、研究所は、新たな学術研究制度を整えたこともあるが、キャベンディッシュ研究所の所長を担ったレーリー卿や J.J.トムソンは、学術界で注目される研究成果を上げて、1904 年と 1906 年に相次いでノーベル賞を受賞するに至ったこと、このような彼らの存在は、研究拠点とし

て比類のない地位に押し上げた大きな要因となったことは疑いを得ない。ちなみに同研究所で育ったラザフォードも 1908 年ノーベル賞を受賞し、一層、キャベンディッシュの評価を高めた。

　実に、数少なくない気鋭の研究者がキャベンディッシュに集結し学び究め、キャベンディッシュは世界の名だたる研究拠点となった。

4－1　科学史に見る「放射線と原子構造」

　このテーマについては数少なくない科学史の研究がある。ここで、これら研究のなかでも興味ある観点をとっているものを示し考えたい。

有核か無核かではなく散乱理論の枠組みの転換として　その代表的な一例として注目されるのはアメリカの科学史家 J.L.ハイルブロンの見解である[1]。それは、ラザフォードらの研究の取り組みをマンチェスター・アプローチと特徴づけ、それに対して J.J.トムソンらの研究の取り組みをキャベンディッシュ・アプローチと特徴づける。ラザフォードらは当初、トムソンの理論を定型的なもの（pattern）とし、次に反定型的なもの（anti-pattern）として見て究明したのだとしている。

　ところで、このような観点を先駆けて示したのが日本の科学史家・西尾成子の見解である[2]。それはいうならば、原子構造論史をトムソン・モデルからボーア・モデルへの（原子モデルの異同に特徴づけられる）歴史展開としてとらえて、この原子モデルにおける知的枠組みの歴史展開にラザフォード・モデルを投影して[*1]、ラザフォード・モデルの新機軸を有核原子構造に見るというよりは、複合散乱理論に対して単一散乱理論を示したという散乱理論の枠組みの転換として見るものである[*2]。ラザフォード理論は、散乱理論の枠組みにおいてはトムソンを超えて展開されたものの、基本的にはトムソン・モデルの知的枠組みに位置するものと考えた。

　要するに、この観点は、これまでの原子構造論の見解を、有核なのか無核なのかといったモデルの異同を歴史叙述の観点とする仕方に対して、α線（陽子 2 個と中性子 2 個からなる、ヘリウム原子核とも呼ばれる α 粒子からなる放射線）、β 線（電子からなる放射線）などの放射線粒子が原子内をどのように通過するのかという散乱理論の歴史展開を取り込み、原子構造論の歴史展開を複合的にとらえようとするものである。加えて、歴史分析の手法として、主としてそれぞれの学説の理論形式・内容の特質を指標に、個々の学説の要点がどのような系譜に位置しているのかを分析するもので、いわば原子モデルの知的枠組みの展開・移行に歴史的発展をみるものである。ここに示される視点は、単に原子構造論史の叙述の問題に留まるものではなく、これを通じて科学史の方法論的視点を提起するものでもある。これらの見解は注目すべきものであるが、以下に原子構造論史の見解を示し、方法論的観点に論議を加えたい。

[*1] ここでは原子模型とは表記せず、先行研究の表記の関係で原子モデルとした。原子モデルには、正に帯電した球（原子）の中に負電荷の粒子（電子）を散りばめたトムソンのものと、原子の中心に正電荷が集中しその周りに負電荷の電子が配置されているボーアのものとに分けて、ラザフォード・モデルをその分類の枠組みに照らしてとらえる。
[*2] α 粒子、β 粒子を荷電された質点とし、またそれらは原子内で単一的に散乱するか、複合的に散乱するという、二つの始点を示した散乱理論。

放射性変換説の研究と原子模型の考察を結び付けて　　筆者の観点の第一は、従来の研究がどちらかといえば、原子構造論という一つの分野の歴史として叙述されていたプロセスを、ラザフォードの初期の放射能研究からの展開を包含することによって、どのような契機をもって構造をもつ原子ということが考えられるようになってきたか、そしてまた、なぜラザフォードをして原子の有核構造が解明することができたのか、という基本的要因を明らかにしようというところにある。つまりラザフォードらが取り組んだ、α 粒子の本性を探る放射能現象の研究と原子の有核模型の提示に至る原子構造の研究とは、これまで切り離して論ずる傾向が強かった。確かに前者の研究対象が α 粒子そのものにあり、後者のそれが散乱現象という放射粒子と散乱物質（原子）との相互作用にあるという両者の性格からすると、そのような傾向が強かったのも無理のないことと思われる。しかし、本章の 4-2 節から 4-4 節にかけて論ずるように、両者は切り離し難い深い関連性をもっていたのである。

　さらに、この両者の関連性を解く鍵は、実験装置の製作とそれをめぐる研究との展開過程にあった。この展開過程とは、元素の放射性変換説を起点とし、その後の主として α 粒子の本性の探求、続く放射線計数管の製作と α 粒子の計数に至る過程のことである。特に、ここで見逃せない点は、この過程で使われた実験装置の原理は、放射粒子と物質との相互作用を電離効果を原理とする計測装置で測定するものであったのだが、その装置に生じる相互作用には電離現象のみならず、散乱現象も同時に生じていた。つまり、その関連性を解く鍵は相互作用によって対象を捕捉しようという装置自身の原理にあった。なぜ α 線の散乱現象が発見され得たのか、あるいはなぜ α 粒子の散乱作用は原子構造解明の探り針になり得たのかということも、このような実験装置が作動した際、どのような相互作用が装置内で引き起こされたのかということを分析することによって明白になる。

　なお、この第一点の関連性の問題は、単に関連性があったというのではなく、本格的な原子構造解明を準備する段階でもあった。α 粒子と物質との相互作用が把握され、とりあえず透過能、阻止能、反射能、散乱能という、原子内部の空間的構造を問うというよりは、ひとまずは原子で構成される物質そのものが備えている作用能力（ないしは機能）を問う "パワー（power）" 概念によってミクロスコピックな構造についての認識が獲得され始めたのである。いいかえるならば、実験事実に基づき少なくともこうでなくてはならない、すなわち、現象論的な傾向があるとはいえ、原子の内部には外部からの作用に対して反応するある種の物理的な力（機能）が備わっており、これを探求していくという実際的な仕方をとったのである。

　なおいえば、（放射性変換に伴う）放射能は、先に触れた "相対的に新しい運動形態" に相当するもので、そして、ここで登場する "パワー（power）" 概念はこれらの現象にかかる放射線の相互作用がどのような意味付けをもっているかを表した概念で[3]、実験技術の発展を基礎にした実験物理学の飛躍的な高まりを反映したものともいえる。

　第 6 章において、散乱現象という運動学的側面と原子の構造的側面とを表裏一体のものとして追究したラザフォードの発見法的な認識論で包括的にとらえる実験科学の手法について示すが、その

[3) この作用能力を示したパワー概念は、これを手立てとしてミクロスコピックな原子構造の解明へと進んだことを考えると、放射線放出も第 1 章で触れた "相対的に新しい運動形態" に相当するものといえる。

源流もここに由来するものである。これが本章の 4-3 節から 4-5 節にかけて論じられる第二の観点である。

　第三の観点は、原子構造解明に対して重要な役割を果たした計数管などの実験技術手段が、19 世紀末以来の気体放電を原理とする実験技術手段の延長線上に位置していることの意味である。つまり、それは新しいミクロスコピックな対象である放射能をとらえるのに、装置内に特異な空間をつくりだして電気を媒介として測定しようとする、現代的な実験技術手段の特性をもつものである。この点について、4-2 節から 4-4 節にかけて示す。

　本章では、上述に指摘した点を考察し、原子構造理論の形式・内容の土台となって基礎づける実験の原理・その技術的手段としての仕組み、そしてそれら実験が実際に示すところが前者の理論形式・内容とどう連関し、新たな理論的認識へと気づかせていったのか、その歴史展開を語ることによって、原子構造解明における物質に対する認識がどのように深化していったのかを、以下に示す。

4 － 2　初期の放射能研究の特徴

1）放射線の本性の究明とその実験的研究の特徴

　放射能の存在を 1896 年発見したのは、フランスの物理学者 H.ベクレル（1852-1908）である。これを機に、放射線の正体を究明する研究に取り組み、主として写真乾板を使った光学的手段で追求した。ベクレルは、放射線が X 線に類似したものではないかという一つの考えを示したものの[3]、推測の域を出ることができなかった。

　1898 年、ラザフォードはトムソンの推薦でマギル大学の物理学教授職の地位に就くことができた。マギル大学はカナダ東部のセントローレンス川沿いにある都市モントリオールに構える大学で、このとき、ラザフォードはまだ 27 歳であった。

電気的測定手法による探究　さて、X 線を含む放射線に興味を抱いたラザフォードは 1898 年、電離効果を利用した電気的な測定装置を使って実験に取り掛かった。そして早くもこのときに、放射線には二種類あることに気がついて、それぞれ α 線、β 線と名づけた[4]。これについての詳細は拙稿に譲るとして[5]、この研究とこれに先駆けて行われた紫外線の電離作用を調べる研究とにおいて、ラザフォードが卓抜な成果をあげることができたのには、電気的な測定手段を用いたことに負うところが大きい。

　ラザフォードは、光学的手段について“非常にゆっくり”で“面倒”で、かつ“ラフ”なものだといい、これに対して電気的測定手段は“迅速に作動”して、“かなり正確な定量性”あるものだと評価している[6]。指摘されているように、迅速で精確さを要求される放射線種（α 線、β 線など）の定量的研究に、電気的な測定手段はふさわしいものであった。こうした測定手法は、ラザフォードが 1895 年、キャベンディッシュ研究所に研究生として入り、所長 J.J.トムソン（1856-1940）とともに X 線による気体の電離現象を研究して以来[7]、この 3 年間にわたるキャベンディッシュ研究所時代にその原型が造られ習熟されてきたものである。

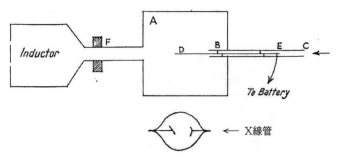

図 4-1　X 線による気体の電離実験（1897 年）

A：シリンダー状の容器　　BC：ガラス管　　DE：ワイア

　こうした電気的な実験技術手段は、先にふれたように、放射線が引き起こす電離効果を媒介にしてとらえる、電離箱（放射線が通過すると封入ガスを電離し正負のイオンに分かれることを利用する測定装置）を測定系の中心として巧妙に作られたものである。これは 19 世紀後半になって放電管が製作され、クルックス管によって陰極線の存在が捕捉され、周知のように、トムソンは 1897 年電子の発見に至る。これらの電気科学的研究は当時急速に発達してきた電気技術を背景としたもので、これらの技術に支えられた、一群の実験技術手段によって構成されていたことに留意しなければならない。

　その点で、ラザフォードの電気的な測定方法は、彼自身が早くから取り扱っていたものだが、キャベンディッシュ研究所所長のトムソンの実験手法に通ずる。ラザフォードがキャベンディッシュに留学したことは、その意味で重要である。実際、ラザフォードは 1897 年、トムソンと共同で X 線の気体の電気伝導効果について調べている。続いて彼はウランやトリウムの放射能の物質による吸収や電気伝導について電気的手法を用いて調べている。

　そして、放射性物質から放出されている放射線には α 線や β 線があることを発見した後、まず β 線の速度、比電荷が電場と磁場を利用した実験の測定により、β 線が電子からなることがつきとめられた [8]。ところが、α 線の方は当初一向に明らかにならなかった。そこで、α 線の正体を究明する実験（1903 年）が企てられた。それに一役買った実験に用いられた装置に、次のようなものがあった [9]。

　α 線源はフランスのマリー＆ピエール・キュリーの好意によるセントラル・ケミカル・カンパニー製の強力なラジウム（その活性はウランの 19,000 倍の活性をもつとしている）を用いる [*4]。そして、α 線を屈曲させるために 30kW のエジソン発電機の界磁石の上端を利用したという。エジソン発電機の出力は前世紀 1980 年代に 20kW に達したといわれており [10]、当時の発電機のレベルからすれば、これは最新鋭の電力技術の要素技術を科学研究に持ち込んだものといえる。ラザフォードは α 線の屈曲の程度を調べるために、それをアルミニウムの薄板で作ったスリット（間隔 0.042-0.1cm）を通して、α 線が通ったかどうかを検電用の金箔を内蔵した電離箱で調べた。もちろん、この電離

[*4] ただし、ラジウムは、瀝青ウラン鉱にはウランの 300 万分の 1 程度しか含まれておらず、第一次大戦期の価格は 1mg 当たり 25 ポンドであると、アンドレード『ラザフォード』（河出書房）に記載されている。

箱にはラジウムから発生するエマネーション（放射性の気体）を除去するために、α線は吸収されず通過し、β線やγ線などが電離効果を生じないように乾燥水素ガスを流すという仕掛けも施した。α線が正の荷電粒子からなることの確証は、このような強力な放射線源と磁石、巧妙な工夫を施した電気を媒介とした検出装置によって実現されたのである。

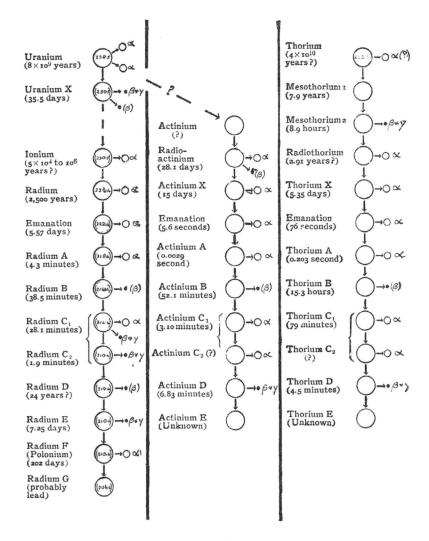

図4-2　ウラン崩壊系列

（出典：Trenn, *Radioactivity and Atomic Theory*, Taylor & Francis.Ltd, 1975）

ラザフォードのα線への執着　ところで、よく指摘されるところであるが、なぜラザフォードはα線に執着したのであろうか。これはのちにα粒子の散乱を分析して原子構造を解明していく経過ともからんで見逃せない点である。それはラザフォード自身の放射能研究の特質に発しているものといえる。もともとラザフォードは放射線種の分析を課題として放射能研究に手を染めたが、その研究成果を発表した論文の末尾にも示されているように、放射線種の分析自体だけではなく、放射線を

放出する放射性物質の分析にもねらいを定め、そのうえで奇妙な振る舞いを示すトリウムの放射能の分析へと進んでいった。やがて、放射性物質（元素）が連続的に次々と新しい放射性物質（元素）を生みだしていく放射性元素の崩壊系列がわかってくると、この崩壊系列と放射線種との具体的な関係が問題となってきたのである。ここにα線への執着の起点が見いだされる。

　その具体的なきっかけは、次のようなα線の正体についての見解に対する疑問に始まった。当時、α線はβ線による二次的放出物ではないかという説がベクレルによって示されていた [11]。つまり、陰極線の作用によってX線が放出されるという仕組みを考えてみると、それになぞらえて　β 線こそは原子を構成する電子が一次的に放出されたものであり、α 線はその作用によって二次的に生じ放出されるものではないか。確かにその考えは一応合理性を備えた説であった。しかし、これはラザフォードには承服し難い考え方であった。化学的に分離されたそれぞれの放射性物質からは、見たところ、どうみても α 線か β 線かのいずれかを放出しているように見えた。α 線は二次的放出物というよりはもっと複雑な過程を通じて一次的に放出されるものに思われた。すなわちラザフォードは放射線種と放射性物質の変換との関連性を結びつけて、α 線は放射性変換において重要な役割を果たしているのだと考えた [12]。

　先に一例として紹介したα線の正体を探る実験も、同様の目的をもった研究として位置づけられるものであった。ラザフォードは当時、マギル大学の物理学教授職の地位にあったが、同大学の物理学実験助手 A.G.グリアの協力を得て実施した、次に紹介する 1902 年の実験的研究はその典型例といえる。

　ラザフォードらは、ウラン X（ウラン崩壊系列においてウランがα線を放出して生じる放射性元素）が β 線を放出してはいるものの、その作用によってα 線は二次的に放出され得ないことを、次のような巧妙に工夫された電離箱を作って確認しようとした [13]。中心に象限検流計につながれた棒状の電極を備え、箱の周囲を正に帯電させる。そうしておいて下方に置いた線源からの放射線に磁場をかけて、屈曲しやすいβ 線を逸れさせて電離現象を起こさないようにする。もちろん、ウラン X からの気体状のエマネーションを除去するために、水ポンプを使って空気流を電離箱内に送りこんで排気する。すると、もしα 線が二次的に放出されているならばα線が電離現象を引き起こし検出されることになる（図 4-3）。しかし、ラザフォードらの推定した通り、α 線は検出されなかったのである [14]。

　このような実験的研究を踏まえて、α 線が担う放射エネルギーは、ウランの場合、β 線が担うそれに比して 1,000 倍（実はのちに訂正して 100 倍）も大きなものであることを試算し [15]、α 線は放射能現象において"もっとも重要な因子"であり、β 線は"第二位の現象"であると述べた [16]。こうしてα 線が放射性物質からの一次的放出物であることが確認され、α 線ないしは β 線が変換においてそれぞれ重要な役割を担っていることが明らかにされたのである。これは、ラザフォードと F.ソディ（1877-1956；1921 年 N 賞受賞）が 1902 年から 1903 年にかけて発表した放射性変換説の一つの欠かすことのできない要素、すなわち変換に伴う放射の物質性の具体的な証拠となるものであった。

　このようにラザフォードのα 線への執着は、放射性変換説に至る放射能研究と分かち難く結び付き、そこに由来しているものであった。

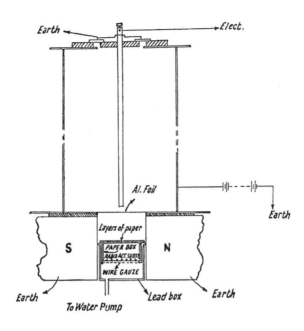

図 4-3　放射性物質から放出される放射能を検出する装置（1902 年）

化学的考察から物理学的考察へ　さて、ラザフォードの初期の放射能研究の特質として、この放射能研究をやがて α 粒子の本性の探求へと進め、α 散乱から原子構造への解明へと転じさせる原因ともなった、実験技術手段の特性に発する研究の特質についてふれる。本節の最初に指摘した通り、これらの実験技術は電気的なものであった。しかし、それはそれに留まるものではなく、物理学的な特質を備えたものであった。電離現象は放射粒子が気体分子に衝突し、それをイオン化することを指すが、これはまぎれもなく物質との相互作用の一つであり、いうならば物理学でいうダイナミカルな運動であり、構造をもつ原子を解明するうえで、のちに決定的な鍵を握るものであった。次節で示すように、基本的に化学的な性格をもった放射能研究からしだいに原子構造を探求する物理学的なものへと転じていったのには、この相互作用を原理とする実験技術の特性に負うところが大きい。

　4-3 節では、ラザフォードが α 線の本性を調べているなかで、思いがけなく α 線の散乱現象を発見する展開をみるが、この発見へと導くことになった電場や磁場による α 線の屈曲、あるいは各種の気体や固体における α 線の透過も相互作用として数えられるものである。このように、後にも先にも相互作用への関心は、この初期の放射能研究の検出原理が電離現象という相互作用を基として以来、これをいかに把握しようかと常に一貫して心を砕いてきたものであった。ラザフォードはこうした新分野を切り開く相互作用の研究にいち早く取り組んできたのである。

2）放射性変換説の提示と原子の描像

　1898 年に始まったラザフォードの放射能研究は、F.ソディと共同で発表した 1903 年の論文「放射性変化」を契機に一画期を迎えた [17]。オックスフォード大学出身の若き化学者ソディが、ラザフ

ォードのいるモントリオールのマギル大学の化学実験助手のポストを得てやってきたのだった（1900年）。本節では、この放射能研究のなかで把握された原子の描像の特質について、ならびにその描像の帰趨を決めることになった放射能研究の成果や方法に現れる一般的性格について示す。そして、それを明らかにすることによって、のちに引き継がれていったラザフォードならではの原子像の把握の仕方についての基本的な方向性を見たい。

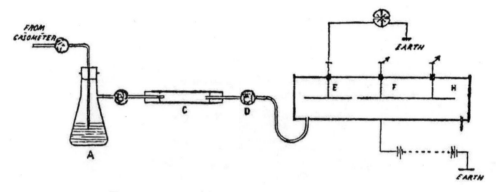

図4-4　トリウム化合物からの放射能の検出装置（1902年）

A：吸湿などのための硫酸を入れた容器、C：試料を置くシリンダー（長さ17cm）、D：原綿をつめたプラグ、E, F, H：電極を付したシリンダー（長さ75cm）、上部に象限電位計が配置されている。

放射性変換が示す化学的原子の変動する描像　　放射性変換説に代表される放射能研究は、基本的に化学的な原子の諸特性を明らかにし、よくいわれる従来の恒久不変・不分割な原子観を改変させたものであった。放射性変換説の内容としてあげられるところを、ラザフォードらの見解に即してまとめてみるならば、次のようになる[18]。一つは、放射性物質を構成する"化学的原子"は"エネルギーの放出を伴いながら自発的に崩壊する"ということ、二つは、放射能とは必ず"微小量の特殊な種類の物質"の放出を伴うのだということ（放射の物質性）、三つは、放射線の放出と元素の変換とは"相伴うもの"だということ（放射と変換との同時性）、四つは、その莫大な放射エネルギーの継続の原因が原子内部に属する"原子構成要素の（subatomic）変化過程"によるのだということになろう。

　結局、このような単分子化学反応といわれる放射性変換の研究は、変換の際に放出される放射線種、あるいは新たに生成される放射性元素の化学的分析を主たるねらいとするものであり、基本的に化学的な性格をもつところとなる。そして、ここに見いだされる転化生成消滅する変動する原子観は、従来の不変性に特徴づけられる化学的原子論、すなわちドルトン的原子観に対して鋭く対置し、それを改変させるものとなったのである。というのは、通常の化学反応の場合には化学物質相互の結合や解離の前後において元素は保存されるのに対して、放射性変換の場合には原子そのものが自ら放射線を出して異なる新元素に変換し、元素は保存され得ない。つまり、どちらの場合にも物質の化学的変化には変わりはないが、元素が保存されるか否かという点では全く異なるものだったからである。

　こうして、ラザフォードはソディの力を得て、放射能研究について化学的な原子の諸特性を考察した。けれども、このような放射能の起源と原因をめぐる追求は、単に化学的原子の事柄に関する

ものに留まらず、放射線の種類ならびにその振る舞いについての情報からその起源としての原子内部の様相を一定部分明らかにするものでもあった。この点で、ラザフォードが記述しているところは次のようなものであった。

　　"これら放射性物質の原子は電子に比べて大きな質量をもつ物体の激しく回転する、あるいは振動する系からなっている"[19]（1903年）、また、"放射性元素の原子はβ粒子（electrons）とα粒子（groups of electrons）とからなっているであろう。（そしてそれらは）極めて激しく運動し、そして相互の力の作用によって平衡状態に保持されている"[20]（1904年）。

　このように放射能を手掛りとした原子の描像は、基本的に放射線のダイナミカルな振る舞いとその実体からα、β粒子が駆けめぐっている動的な構造を構想したものであった。もちろん、それは未だ全く原子核の存在を関知するものではなく、ただ放射能という一方的な情報を頼りに想定されたものであった。すなわち、このような描像は放射性物質を構成する原子のそれであって、一般の原子の構造を描いたものではない。なおいえば、本来は原子核に起源をもつ放射能の情報を原子の情報としてとらえて、そして原子内部の構成と力学的構造を推し測るという乱暴ともいえるものでもあった（もちろん、未だ原子核の存在が発見されていない時期にあって無理のない話でもある）。この点で、のちの対象（原子）に直接探りを入れて能動的な実験的解析をもととするのと違って[21]、X線、電子、放射能などの一方的情報をもととしていた。

　ちなみに、この頃、フランスの物理学者のJ.ペランの太陽系になぞらえた惑星型モデル[22]（1901年発表；1926年N賞受賞）や日本の物理学者の長岡半太郎の土星型モデル[23]（1903年発表；1893-96年ドイツに留学しボルツマンに学ぶ）などの、正電荷を中心に位置させた原子模型も提起されていた。

　しかし、ここにラザフォードが原子構造解明への第一歩を標したことは、のちの原子の有核構造の発見を可能としたともいえよう。なぜならば、一つには、トムソンは電子の発見を契機に、正電荷の実体が曖昧な、電子を基本的構成要素とした原子モデルを構想したのに対して、もちろんラザフォードには当初より核外電子の構造と一般的な原子の力学的安定性についてはおよびもつかなかったが、正電荷の実体をとりあえずつかんだことである。二つには、原子に構造があるということとその動的な構造を示すことによって、不十分とはいえ新たな原子像と放射能の強力なエネルギーの原因の説明を与え、α粒子、β粒子が原子の内部において動き回っているという空間的構造を問題にしていたからである。

　このようにラザフォードは、元素の放射性崩壊を研究していた当時、先に紹介したようにα粒子（groups of electrons）とβ粒子（electrons）が原子内で動き回っていると考えていたわけであるが、後に、α粒子の散乱実験の情報の解析から、このα粒子が原子内において占める空間を収縮させ、中心電荷としての原子核の存在とした。こうした経過を考えてみると、ここに改めて紹介した原子の描像はそれ自体としては不合理な面があるが、ここからラザフォードの原子構造解明が始まったことは、現実的な道理のある出発点であったといえる。

　初期放射能研究は、放射能の起源も全くわからない未解決なもので"現象論"の域を出るものではなかった[24]。とはいえ、以上のように、ラザフォードの原子構造解明への契機はこの放射能の研

究に見いだされる。そして、放射粒子と原子との相互作用を問題とする物理学的な究明へと移行し、すなわち、原子内を動き回るα粒子を原子の中心に収縮させ、原子核の存在を示したのであるが、これは言い換えれば、少なくとも放射能のうちのα線については、原子内に位置する中心核を起源とするという、原子核起源説の提示ということでもあった。このようにとらえれば、ラザフォードの一連の研究過程を通貫してとらえられる、研究展開の動因・契機を明らかにする視点を見いだすことができる。

4－3 α粒子の本性の探究と原子内構造に関する"阻止能"による把握

ラザフォードは 1906 年、α 線の諸性質を調べるためにα 線の屈曲現象や減速現象を解析する実験研究をしていた。その際に、思いがけなく散乱現象を発見することになった [25]。これは一見偶然の出来事のようにも見えるが、必然的ともいえるものであった。そしてまた、ひとまずその散乱現象が発見されたとはいえ、すぐにこれをいきなり原子構造解明の探り針として利用したのではなかった。散乱現象が原子構造解明の探り針となるという気づきは、α 粒子を計数する計数管の製作過程を介して、そのプロセスを経てのことであったのである。その契機は、端的にいえば、放射線と物質（原子）との相互作用に尽きるが、この実験的研究のどこに具体的契機が潜んでいたかを、それぞれの段階における原子の内的構造についての把握とあわせて、以下に示そう。

ラザフォードの散乱現象に行き着くプロセス 事の発端は、1905 年、α 線が磁場内で屈曲する際に曲率半径が変化することについてベクレルが不可解な説明を示し、これにラザフォードが疑問を抱き、ベクレルの実験を追試したことに始まる。この実験によれば、曲率半径はベクレルの指摘とは違って増大するどころか減少した。ラザフォードは、さらにこの実験結果を分析して、α 粒子が空気中を通過する際に速度を減らし、そのために曲率半径が小さくなるという正しい説明を得た [26]。

この実験研究で注目すべき事実は、次のようなことである。ラザフォードは、この実験的研究のなかで真空中での曲率半径の変化を調べ、それが変化しないことを確認した。またその際に、真空中を透過したα 線のビームの写真乾板上の像に比して、空気中を透過したビームのそれはぼやけて広がりを示していることに気づいたことだ。この事実からすると明らかにα 線のビームが空気との相互作用によって減速を被るだけでなく、ほのかなものであるが散乱現象を引き起こしていると考えるほかなかった [27]。

なぜラザフォードは散乱現象の発見に行き着いたのであろうか。それは、実験装置に対してラザフォードが特に意を尽くして注意を払って整えていたからである。すなわち、仮にα 線が複合物で（というのは、ベクレルがα 線の曲率半径の変化の原因を、α 線が空気中を通過する際にある種の添加物が付着するところに見いだしていたからである）[28]、それが原因で写真乾板に現れる像にわずかな分岐が生じたとしても、それでも識別できるように極めて鋭いビームが得られるようにしていた。それは具体的にはどういうことかといえば、この場合、強力な電磁石を使って屈曲させるのであるが、その際に電磁石にかかる電流が変動すると検出は不可能になってしまう。そこで、ラザフォードは 2 時間もの間 0.5％以上には変動しないように電流をコントロールしたのだった [29]。こうした

経緯からわかるように、散乱現象の発見は、ラザフォードはそういうこともあるのではという仮説
をもって実験に取り組んでいたと見受けられ、その意味で発見に至るのは必然的な成り行きだった
といってもよい。

　次いで、翌年、ラザフォードは、散乱現象は気体だけでなく固体でも生じると考えて、雲母箔に
よっても散乱現象が引き起こされるのを写真乾板でとらえ、散乱現象が気体に限らず固体において
も生じる、一般的な現象であることを実証したのである[30]。

散乱現象を引き起こす「電気力の座」　さて、ラザフォードは 1906 年、論文"ラジウムからの α 粒子の
物質通過における減速度"の一節「α 線の散乱」で、雲母箔による散乱現象の発見を報告して、そ
の原因と発生のメカニズムを W.H.ブラッグの吸収理論を手掛りに考察を加えた。そして、厚さ
0.003cm の雲母箔による散乱の角度が 2 度になるという事実にふれ、それに匹敵するような散乱を
引き起こすのには 1 億 V/cm の電場が必要であると述べ、物質の電子論を援用して、"物質の原子は
極めて強力な電気力の座にちがいない"（the atoms of matter must be the seat of very intense electrical
forces）と結論づけている[31]。

この段階の散乱は「わずかな」ものだった　このような展開、また表明からすると、ラザフォードは、
α 線の散乱という新たに見いだされた現象には、その物質との相互作用には特異な意義を持つもの
だという、すなわち散乱が原子内部を能動的に探る手段になるものだという理解、誤解を恐れずに
いえば、原子核発見の前夜に到達したかに見える。

　今日からすれば、α 線に対してブラッグの考え方と異質な散乱現象を発見したのだから、散乱現
象の特異な意義に気がついても不思議なことではないのだが、しかしながら、その意義をつかむに
は至らなかった。というのは、ただちにラザフォード自身がこれを契機に α 線の散乱現象を特に究
明しなかったことからも推察されるように、基本的にこの時期のラザフォードの研究の軌跡はその
意義をつかんでいるとは言い難い。この論文のタイトルも物語っているように、この時点のラザフ
ォードの目的は α 線の減速、吸収の分析から、放射性物質の放出する α 線の諸性質を調べることに
あった。また、ラザフォードの発見した散乱現象は"わずかな（slight）"なもので[32]、とてもブラッ
グの α 線についての考え方とは異なるアイデアに導くものにはならなかった。ラザフォード自身も
指摘しているように、たとえブラッグの考え方を乗り越えることになるかもしれない、かなり大き
な角度に α 線が散乱しているとしても、それをとらえることは写真乾板の当時の性能（微弱な感光
作用）からして閉ざされていたのである。従って、このような事態のなかでは α 線の散乱現象の本
格的究明に進むどころではなかったのである。

親交のあるブラッグの吸収理論と阻止能が示すところ　ブラッグは一回り年長の親交のある物理学者
で、ブラッグがオーストラリアのアデレード大学に赴任していたとき、若きラザフォードはニュー
ジーランドからイギリスに向かう途中、訪ねている。ラザフォードは物理学者では先輩のブラッグ
に一目置き、手紙のやりとりを重ねていた。

　話を本筋に戻す。むしろ当面は、ラザフォードにとってはブラッグの吸収理論の方が魅力的であ
った。それは、β 線の吸収の原因は β 線が散乱現象を引き起こしているからでもあるが、質量の大
きい α 粒子は散乱されず直線的に進み、その際の物質固有の"阻止能（stopping power）"によって減

速されるというところに吸収の原因を見いだしていた[33]。とにもかくにもラザフォードはα線の減速、吸収の理解をしようとして、α線は散乱現象を生じないとする、このブラッグの理論にとらわれて、散乱現象を過少に評価していたのだと考えられる。当時、ラザフォードは折につけ散乱を吸収に結び付けて語ることが多かった。例えば、"このα粒子の散乱は我々が予想するようにα粒子の速度の減少につれて増大する"、従ってα線の飛程、すなわちα粒子が物質中を通過して次第にエネルギーを失って遂には止まるまでの行程の末端をどう理解するかという、"問題は物質を通過するα粒子のわずかな散乱によって込み入ったものになる"[34]、と述べたことからも推察される。つまり、α粒子が原子で構成される物質と相互作用する際の飛程において何が引き起こされているのか、考えられることは、速度の激しい減少、あるいはそれに伴う電離能力の喪失ということが推察されるが、この通過プロセスの説明にもっぱら散乱効果をあてていたと見受けられる。確かに、散乱現象の発見は物質と粒子との新しい相互作用の発見ではあったが、それにも関わらず、それはなおその本質的な意義を認識したものではなくて、減速、吸収を説明するという枠組みの中だけで考えられた放射粒子の振る舞い方の一つに過ぎなかった。散乱現象は数ある相互作用のうちでなお副次的な地位に未だ甘んじていたのである。

　先に、発見された散乱現象が"わずかな"ものであったとラザフォードが記していることを紹介したが、そのことは上述の散乱を吸収に結び付けて考える仕方とあいまって、散乱現象を引き起こすであろう、原子のもつ電場の理解に対しても微妙に影響を与えていたと思われる。前記のようにラザフォードは散乱現象を引き起こすのに十分な電場を1億V/cmと見積もったが、その際、散乱物質（0.003cmの厚さの雲母箔）を構成する複数の原子（atoms）による複数の電気力（forces）の重なりあったものとして表現していた。しかも、その研究報告の別の箇所で、"原子は強力な電気力の座である"という表現をしていることからすると[35]、ラザフォードの描いていた原子の描像は、未だ原子内部の中心核に凝縮された正電荷による単一の電場という認識には至っていなかったことがわかる。なぜならば、一つの原子内にある電気力を複数形で記述しているのは、恐らく、4-2節で見たように複数のα粒子とβ粒子が原子内部においてかけめぐっている描像を考えていたからであろう。従って、こうもいえるだろう。つまり、原子内部に存在するとみられる電場は、電気力が複合し重なり合った動態的なものとして理解されていたようである。

　しかし、このようなブラッグの"阻止能"に象徴されるα線の諸性質についての考え方は、ただ単にその後の散乱現象の研究の発展を押しとどめる障害物というだけではなかった。むしろ、以下においてみるように、この"阻止能"に象徴される概念は、本格的な原子構造解明の先駆けとなるものでもあった。

　"阻止能"は、α線の減速、吸収という物質との相互作用を分析したブラッグならではのものである。彼は実験助手R.D.クリーマンと1905年、巧妙に考案した電離箱と象限検流計を用いて各種の物質（アルミニウム、銅、銀、スズ、プラチナ、金、臭化メチル、塩化エチル、ヨウ化メチル、ブタノール、四塩化炭素、水素、空気）中の飛程がそれぞれ異なることを発見した。飛程は原子量あるいは分子量の平方根に比例していた。そこで彼らは、それぞれの物質を構成する原子には、それぞれ固有の粒子を阻止する能力が備わっていると考えた[36]。放射線の正体を探っている限りは"透

過能（penetrating power）"[37] という、すなわち放射線そのものを計測するその特質の研究に留まらざるを得ないが、これに対して放射線を物質に照射するのであるから、今度は物質自体がもつ特質が問題となってくるのだった。"阻止能"は、放射線を阻止する物質そのものに着目して初めて提起される概念であったのである。

　それゆえに、"阻止能"は、原子の内部の様相を物語るものでもあった。事実、ブラッグは 1907 年、減速、吸収などの結果をもとに"阻止能"の発生のメカニズムを原子構造に立ち入って説明してみせた。それによれば、α 粒子は物質に入射すると偏向することなく直線的に進み減速させられる。その際にエネルギー損失が伴うが、それは、"原子を通過するときに、より正確にいえば一つの原子によって占められる空間を通過するときに"起こるのだという推察を行った。すなわち、ブラッグは、"一つの原子、少なくとも一つの α 粒子が十分な速度をもっているならば、偏向を感知せず直線的にほかの原子を通過することができる"のだと考えて、そのエネルギー損失の主な原因を"α 粒子の荷電、いわばそれを取り巻く場"に求めたのである [38]。

　ブラッグの原子構造とはどのようなものなのか。彼の記述からすると、ともかくも原子や α 粒子はかなりの速度をもっているとすれば、原子内部の空間を通過することができるのだから、原子空間は稠密ではなく通過しうる程度に空虚もあるということであろう。"阻止能"は、原子内部の構造についてのより立ちいった子細についてはこれ以上には明らかにしなかった。例えば、ブラッグは β 線の散乱の原因をふれた文脈において、次のような主旨のことを述べた。

　　《我々は、電子（β 粒子）が原子内に貫入してきたとき、どのような力をおよぼされるの
　　かということについて何もいうことができないほど原子の内部のことをほとんどわかって
　　はいない；例えば、原子の正電気の作用を無視して、（原子内の）電子は β 粒子に対して距
　　離の逆自乗に比例する力で反発するものか。それとも、逆自乗とは異なる法則で、考慮に
　　値する力をおよぼすモーメントを備えた正・負の二重子を考えるか。》[39]〔（　）内は筆者
　　による〕

　ここには、その当時、無核模型や二重子模型などが仮説としては想定されてはいた。だが、ブラッグは原子内部の確かな構造については保留している。

　以上のように、"阻止能"は原子の内実性は明らかにされてはおらず、具体的な構造については今後の課題とするものであった。このような"阻止能"による把握の限界は、それが複数の原子と複数の放射線粒子との相互作用を解析するというものだったことに発している。その点で、本格的な原子構造を究明するものとは成り得なかった。しかしながら、"阻止能"の意義は、それが物質と粒子との相互作用を初めて問題とした概念であって、それゆえに放射能研究の焦点を放射線種の分析から放射線が相互作用する物質を構成する原子へと転じさせ、本格的な原子構造解明への橋渡し役を担ったところに見いだされる。

　このように、原子構造の解明は、ひとまず放射線から離れて放射線が相互作用する物質に着目した、物質そのものが備えている作用能力（機能）としての"パワー（power）"概念に導かれて進んだといえよう。

第5章　放射線と原子構造（Ⅱ）
─ 'ガイガー計数管' 製作から拡散反射の発見まで

　前章 "放射線と原子構造（Ⅰ）" において、E.ラザフォードの初期放射能研究に始まる原子の内的構造を語る研究について示した。本章では引き続いて、ラザフォードだけではなく、H.ガイガーらの実験的研究が原子構造解明に対して果たした意味、殊にガイガーらがラザフォードに先行して原子の内的構造の新しい視点を見いだしていった過程を、すなわち彼らが実験的レベルで得られた手掛かりを用いて理論的レベルの認識でどのように先導的に、いうならばラザフォードにおいてはいささか否定的に見られていた、その新しい認識へとどのように接近していったのか、その過程について考察する。

5－1　α粒子の計数装置の製作と "散乱能" の提起

1）'ガイガー' 計数管と散乱現象の認識の新段階

　ラザフォードはガイガーと共同して、1908年計数管を製作した。その目的は、計数管を使って放射性物質から放出されるα粒子数を測り、そしてα粒子の総電荷量をα粒子の総数で割ることによって、α粒子の単位電荷数を確定しようとするところにあった。だが、以下に見るように、計数装置の完成は単にα粒子の単位電荷数を確定するだけに終わらなかった。それはα粒子の散乱現象についての新しい認識の段階を画するものでもあった。

計数管に現れる不可解な反応は「散乱現象」　散乱現象の再認識の直接の契機は、計数管に生じる電離作用を象限検流計で測ったところ、象限検流計の振れが大小さまざまに不可解な乱れを示していたことにあった。彼らはα線源に純粋なラジウムC（図4-2参照：ウラニウム崩壊系列）を使用していた。従って、α粒子は当然、ほぼ一様な強度で生じる電離作用も均一な反応を示すはずであった。にも関わらず反応は乱れていたのだから、不可解というほかはなかった[1]。これでは科学的信頼性を備えた測定手段とは到底なり得なかった。

　ラザフォードとガイガーはまず、同時にまたは連続的に二個以上のα粒子が計数管に入射し、それが原因で大きな電離作用が生じて、象限検流計に大きな振れが示されるのではないかと考えて、線源からのα線をコントロールするために発射管（図5-1の左側 firing tube）を450cmに長くした

りして工夫をこらした。次いでまた、発射管からの α 粒線のビームがそれて管壁に当たったものが入射するのが原因しているのではないかと考えて、ほぼ直線的に入射するように、計数管（図 5-1 の右側 detecting vessel）の入射口の断面積を $1mm^2$ にして行ってみた [2]。だが、やはり不可解な反応はおさまらなかった。

　計数管そのもののメカニズムによって何かの異常が生じているとしか考えられなかった。計数管は α 粒子の電離作用を使って測定しようというものだということはいうまでもないが、その原理は電離効果を倍増するために低圧のガス（例えば、二酸化炭素：3.2-4.8cmHg、空気：3.75cmHg）を封入し、電圧（二酸化炭素の場合：1,320-1,360V、空気の場合：1,200V）を負荷させる。そのためには管の圧を保つ必要があり外界と遮断しなければならない。そこで、入射口を雲母箔（1 気圧の空気で約 5mm の阻止能に相当する）で封じた [3]。このような追求と工夫の結果として、この雲母箔ならびに管内の封入ガスを備え付けることになったのだが、結果として α 粒子は散乱しうるだろうと考えるのも理のあるところであった。

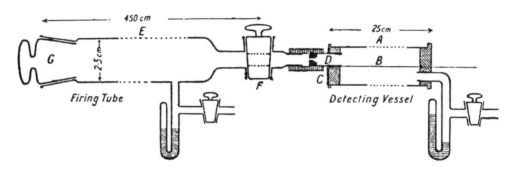

図 5-1　発射管(左)からの α 線を計数管(右)で検出する装置(1908 年)

ガイガーによる α 粒子散乱の気づきと計数装置の改良　これに気がついたガイガーは、α 粒子が実際にどの程度散乱するのかを、別に実験を企て測定してみた。計数装置の製作を報告した論文の一節で、次のように記されている。

　　“ある特定の場合の散乱の大きさを決定するために新しい方法による一連の特別実験が、我々の一人によって企てられた。この実験の報告は別の論文として発表されるであろう。” [4]

　この別の論文が同時に報告された、“物質による α 粒子の散乱について”と題する研究にほかならない。ガイガーは、約 2m のガラス管内の一端に、臭化ラジウムを詰めた管（薄い雲母箔で封じた）の線源を、そしてそこから 114cm の位置に幅 0.9mm のスリットを置き、このスリットから 54cm 離れたスクリーンに映る像を、ベルリン大学出身の物理学者 E.レーゲナーが開発したシンチレーション法で観測した。ちなみに、臭化ラジウムを使ったのは、当初ラジウム C を線源として行ったが、ラジウム C は崩壊速度が速く観測に不向きであることがわかったからである。その実験結果は次のようなものであった。

得られた像は、ほとんど真空に近い状態で中心から 1mm 弱、スリットを金箔 1 枚ないしは 2 枚で覆った状態で中心から数 mm、大きなものは 10mm もそれて拡がっていた [5]。

この実験結果からすれば、α粒子が計数管内で散乱し管壁に衝突していることを推察するに十分であった。管の径は 1.7cm、長さはゆうに 54cm を超える 135cm の計数管も作られていた [6]。従って、それらの計数管内でα粒子が管壁に衝突しているに相違なかった。彼らはその模様を次のように語っている。

> "ついに一連の実験ののちに、この結果〔振れの乱れ〕はα粒子が雲母の仕切りと計数管内のガスを通過する際にα粒子が散乱されることによることがわかった。‥‥散乱はα粒子の大部分が管壁に衝突しうるほど十分大きなものであった。観測される小さな放射は阻止される前に管の一小部分を通過するα粒子によるものであり、一方大きな放射は管壁に衝突することなく管にそって通過するα粒子によるものだった。" [7]（‥‥の省略は筆者）

確かに、ラジウム C の場合の飛程は大気圧で約 7cm であるということからすれば、2-6cmHg 圧の計数管内でα粒子が十分に電離作用を引き起こすためには、135cm でなくてはならなかった。しかし、散乱による影響を除くためには計数管の長さを縮小し、反応が一定になるようにしなければならなかった。"この理由から管の長さは 25cm に過ぎないものが使われた。この短いものならばα粒子は管壁に衝突するほどにはそれず、ほとんど大多数のものは計数管の全行程を進む" [8] と思われた。

計数管に現れる散乱は"著しい"かった こうした検証による考察から、原因はやはり計数管自体のメカニズム、その構造に起因するものであることがわかった。α粒子は計数管内で電離作用だけでなく、同時に散乱したり反射したりしていたのである。上述したように、α粒子を一つ一つ精確に検出することが、計数装置の科学的信頼性を保証するかどうかの岐路であった。実に、そうすることを努めたからこそ、α粒子の散乱作用が計数管内で生起していることに気づかせ、物質との重要な相互作用の一つとして再認識させることになったのだった。

ラザフォードとガイガーは当初、α粒子の散乱効果を軽視していた。そのことを次のように記している。

> "我々は最初、実験装置に生ずるこの効果（散乱効果）の重要性を理解していなかった。" [9]

これは、端的に彼らがこの時期に散乱現象に対する認識を転換させていたことを物語っている。ガイガーは散乱現象を報告した先の論文の冒頭で述べているように、確かに、ラザフォードによってα粒子の散乱現象が 3 年前に発見されたものの、数少なくない研究者の間でα粒子の散乱現象の存在が問題視されていたこともあって、その当時はα粒子の散乱現象は全く自明のこととは言い難かったのである。しかるに、計数管の製作過程において散乱現象がその製作の行く手に立ちはだかり、実際に調べたところ、3 年前の写真乾板による"わずかな"散乱像と異なり、シンチレーション法により"著しい"（marked）散乱作用が一個一個輝点として確認されたのだった [10]。こうして、彼らはα粒子の散乱現象の存在を改めて実証し、確信することとなったのである。

　いわば、計数管はα粒子の物質との相互作用の諸側面を全体として明らかにし、散乱現象は欠かすことのできない物質との基本的な相互作用の一つであるという、認識の新段階を拓いた。

ガイガーの"散乱能"概念の提起と意味するところ　さて、ガイガーは、α粒子の散乱現象が物質との相互作用によって生じる普遍的な現象であることから、物質固有の一般的属性として"散乱能（scattering power）"を提起した。彼は、空気 1mm に相当する箔、あるいはほとんど真空に近い状態において散乱現象が生じるというような結果を踏まえ、気体にせよ固体にせよそれら散乱物質には、一般的に"散乱能"が備わっていると考えたのである[11]。

　ところで、ここで見逃せない点は、ガイガーが散乱現象を報告した論文の末尾で、散乱現象などの"より豊富な調査はさらに理論的な見地から物質を取り扱うことを可能にする"と記述していることだ[12]。これは言ってみれば、散乱がどのような物質の内部構造（仕組み）によって引き起こされているのか、なおいえば、個々のα粒子の物質との相互作用を分析することによって、散乱現象の生起のメカニズムが解明できるのではないかという見通しを獲得したものともいえよう。すなわち、α粒子が原子構造解明の探り針になりえるものだという見地に立ち至ったことを示している。事実、これを機にα粒子を物質に能動的に照射する実験が始められていることからしても、ガイガーのこの散乱実験はそうした展開の契機になっていることは確かである。してみれば、"散乱能"概念の提起は、本格的な原子構造の究明に先行し、その究明の前提を築き、ここに新たな研究のステージを切り開くものであった。

　当然のことながら、"散乱能"も、"阻止能"と同様に、構造問題を捨象し、あいかわらず物質との相互作用の具体的メカニズムをブラック・ボックスとしてとらえたものである。とはいえ、いたずらに実際とは掛け離れた構造を描くという仕方ではなく、未知の部分は未知のものとしておくという、実験を基礎にした仕方をとった点は、現実的で科学的なやり方であったといえる。つまり、"散乱能"が指し示すところは、物質それ自体がα粒子を散乱する能力を備えているということで、それ以上でもそれ以下でもない。とはいえ、これらの放射線と物質との相互作用において働く散乱能、阻止能などのパワー（power）概念は、物質それ自体に注目し、初めて物質構造の特性をその固有の属性に見いだして提起されるもので、いわば実際的な意味で（直接に物質原子に探りを入れて、内部構造を問題とする）、原子の内部の仕組みをとらえたものであった。

　ところで、散乱能や阻止能とは別に、放射線の物質の相互作用として反射能（参照：5-2節の2）項）の存在が提起されるに至る。この放射線探究の道行きは、散乱、反射の相互作用を物質の固有の属性としてひとまず別々にとらえる仕方を取るものである。従って、最終的には散乱と反射は屈曲の程度の違いであって、物質との相互作用としては同じタイプのものと言ってもよいものではあるが、少なくとも原子の有核モデル探究の画期となった拡散反射の発見に至るまでは、当面のところ、散乱と反射は一応区別されていた。

　こうして、ラザフォードがどのように散乱をとらえていたのか、これについてはガイガーと共著の計数管の作成について報告した論文の記述以上には明らかにならないが、少なくともガイガーは上述のような認識に到達していた。ガイガーはこの時期、原子レベルでの物質構造解明の見通しにおいて、ラザフォードより先行していた面がここに窺われる。

2）計数装置の技術的基礎と実験物理学の進歩

　α粒子の特異性を認識させ原子構造の本格的究明への結節点ともなった計数装置の実験技術、その背景をなす生産技術、ならびに実験物理学の進捗状況とその意義について、以下に示したい[13]。

ドイツ製のドレザレク型象限検流計　ラザフォードのα粒子の電気的計測法の着想は、1903年の"放射性変化"の研究報告に見られる[14]。ドイツ製のドレザレク型象限検流計は十分にα粒子1個の微小な電離効果に相当する電気量をとらえるように見えた。用いられた検流計（1000mm/1V）は、α粒子の電離効果を0.3mmで表示するはずであった[15]。だが、この当ては外れた。というのは、象限検流計の振れの周期があまりに緩慢なために、瞬時に現れて消えるα粒子の電離効果をとらえられなかったからである。例えば、ラザフォードが1905年刊行の著書 *RADIO-ACTIVITY*（第2版）に記載したもので周期が数分[16]、筆者の調べたドレザレクの論文にある1901年製のもの（17mm/1mV）でも60秒要したのである[17]。

計数装置製作と最新の真空技術　計数管が数千倍にするタウンゼントの電離倍増効果を利用してつくられている（数cmHgのガスを封入し電圧を負荷する）のも、こうした事情を反映している。α粒子の電離効果を倍増し、そして微小な電気量を測る点では劣るが比較的振れの周期の短い象限検流計を使って、測定を可能としたのである。そしてまた、前に見たように、発射管には単位時間当たりのα粒子の数を制限する役目が担われたのも（例えば、長さ450cmの管を使って計数管の入射口〔径1.23mm〕に入るラジウム0.1mgのα粒子を制限したとき、もっとも少なくて10秒間で3個程度となる）、ここにもともと根拠をもつものである。つまり、計数装置はα粒子の運動をコントロールして初めて機能するものであったのである。従ってまた、長さ450cmの発射管においてはα粒子が残余の気体によって吸収、偏向されないように、ドイツ製のフロイスのゲーリケ型ピストンポンプで排気するだけでなく、J.デュワー（1842-1923）が1905年に開発した（吸収材ゲッターを液体空気で冷却し吸蔵能力を高める）方法で高真空に排気したのであった[18]。

　本書の第2章で、放射能研究の計測技術が電気を媒介として作動しうる特性をもっていることを指摘したが、計数装置もその例外ではなかった。電離箱の一種である計数管だけでなく、発射管、象限検流計なども、その技術的基礎をみるならばそれらが電球工業や電信産業、電力産業などの電気技術を背景としていることがわかる。象限検流計はもともと電気通信技術を背景に、W.トムソン（ケルビン卿：1824-1907）が微弱な電気の計測用に発明したものである。また、発射管の排気に使われたフロイスの真空ポンプは、白熱ランプを製造する照明技術として開発されたものであり[19]、そしてデュワーのゲッターを冷却する方法は、彼自身が記しているように、白熱ランプの球、レントゲン管、液体ガスの貯蔵容器（デュワー壜）において高真空を得るために使われたものである[20]。なおまた、液体空気の製造技術は1895年イギリスとドイツでそれぞれ実現された最新の技術であった[21]。

新たな生産技術を背景とした実験物理学の寄与　こうして、新しい生産技術を背景として、直接には手をふれることのできない原子の世界を究明する実験技術が急速に発達してきたのである。ラザフォードらはドイツの技術をも取り込み、電気を媒介とした実験技術手段の系をつくり上げた。しかし、ここで注意しなければならないのは、実験技術はただ生産技術の発達に負っていただけではな

く、とどのつまり、それ自身を対象の特異性にふさわしく一つの緊密につながった、生産技術とは相対的に独立した実験技術手段の系としてつくり上げて初めて成立するもので、実験観測装置を構成する実験技術と実験工学、それを用いた実験的研究、これらを領域とする実験物理学の進歩に負っていたのである。

　実験というと、しばしばその測定精度が問題とされる。その限りで精度を問題にすることには異存はないが、具体的な物質の特性を反映した、パワー概念のような物質認識がその第一歩であることが意外と忘れられている。先に散乱能や阻止能、それらがどのような物質との相互作用の結果なのかが、原子構造解明の重要な段階を担っていることを指摘した。実に、原子の世界の研究においては、どのような測定量を介して物質をとらえていくかが重要な鍵となっている。散乱能や阻止能などの測定に基礎づけられた概念は、物質を構成する原子の内部構造を反映するものなのである。

　また、ラザフォードらは計数装置の製作過程のなかで、α粒子の散乱現象の重要性を再認識したのであるが、どうやってラザフォードをして再認識し得たのかといえば、それは基本的にいって、α粒子を一つ一つとらえなければならないという計数装置の測定手段としての仕組みを考えてみればわかる。先に示したように、計数装置はα粒子をコントロールして初めて測定手段として機能するものなのである。従って、計数装置をつくる場合、既製の各種機器を利用するにしても、α粒子という対象の特異性を考慮せずには計数装置をつくることはできない。従って、計数装置などの実験技術を開発、使用することは必然的にα粒子の特異性を知ることになるわけで、それは彼らをして再認識することへと導いたのである。

　これらの点で、このような測定を志向する実験は、理論的究明に多大な示唆を与え、新たな科学研究の指針を示すもので、ここに原子構造解明における実験物理学の側からの寄与を見いだすことができる。

5 － 2　α粒子の拡散反射の説明とβ散乱理論の寄与

　ガイガーと E.マースデンは 1909 年、α粒子の拡散反射の発見をした。この発見はよく知られていることであるが、彼らはドイツの物理学者 H.W.シュミットの β 散乱理論にヒントを得て、α粒子の拡散反射を散乱過程とみなし、いわゆる大角散乱による有核構造解明の先鞭をつけた。この β 散乱理論が重要な布石となっていた。その模様を以下に示したい。

1）拡散反射の発見とガイガーの原子構造解明における役割

　当時、α粒子はβ粒子と違って、その質量、運動エネルギーの大きさからして、とても反射してくるとは考えられなかった。ところが、実に 1/8000 の割合で 90 度以上に反射されるα粒子が見つかったのである[22]。これは画期的な発見であった。

α粒子の「拡散反射」発見に至る発端　ところで、この拡散反射の発見をすることになった実験は、どのような発端から行われたのであろうか。この点については、今までにもさまざま推測されているところであるが、少なくとも次の事実は確かである。つまり、先のガイガーによる散乱実験も同様

であったが、この拡散反射の実験的研究も同様に計数装置に生じていたとみられる反射の過程を改
めて確かめようとするものであった。ラザフォードとガイガーはα粒子を計数する計数装置に、直
線軌道からそれて管壁に衝突し戻ってくると理解しなければ、つじつまの合わない現象が生起する
ことを知った[23]。これは、反射という言葉こそ使ってはいないが、まさしくα粒子の反射現象に相
違なかった。ガイガーはこの事実に触発されて、マースデンを助手に反射を確かめる実験的研究に
取り掛かったのである。彼らが拡散反射の発見を報告した論文の次の一節は、そのような経過で実
験が始まったことを裏書きしている。

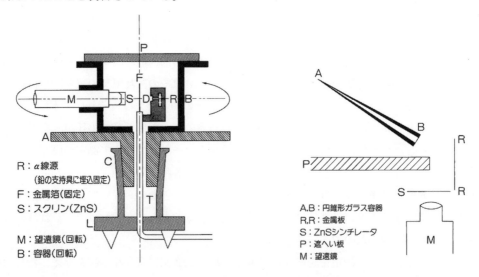

図5-2　ガイガーとマースデンの拡散反射の実験装置断面図(左)と上部の中の模様(右)

　"低圧力で行った特殊な実験は、面をかするように入射する場合、反射体に対してとても
小さな角度で反射される粒子の数は、上記の割合で計算された数（90度あるいはそれ以上
に曲げられるα粒子の数）を大幅に上回ることを示した。この接線方向の散乱はいくつか
の実験でかなり重要である。例えば、放射線の線源からα粒子が相当な長さのガラス管に
沿って発射される場合、その条件はこの効果に対して非常に好都合となる。管のほかの端
に付着させたスクリーンで数えられたシンチレーションの数は直接スクリーンに打ちあた
る粒子だけでなく、管のガラス壁で反射された粒子によるものも含んでいる。後者の効果
に対する補正はかなりのものであるかもしれないし、金属管の場合は一層大きなものにな
っているであろう。ラザフォードとガイガーの計数実験では、この効果は最終結果に影響
を与えなかった。反射された粒子は、活栓を狭く締めることによって電離箱の入口には入
れないように配置がなされていたのである。"[24]

　ここで、"接線方向の散乱"といっているものが反射であり、また、反射が引き起こされていたと
みられるものとしてあげた"ガラス管"が発射管であり、"金属管"が計数管であることに間違いは
ない。拡散反射の実験の彼らの最初の動機づけがここに示されている。

　さて、この文脈について、マースデンが 1961 年のラザフォード記念国際会議（Rutherford Jubilee International Conference）の講演で明らかにしているところとあわせて、α 粒子の計数の"補正しなければならない現象"として、α 粒子拡散反射の実験的研究が行われた証であるとの解釈をとっている。また、1909 年ラザフォードが英国学術協会（British Association）の年会講演において一般的な原子構造についてふれてはいるものの、散乱断面積（cross section）については言い及んでいないことを根拠に、ラザフォードには"α 線を用いて原子構造に探りを入れようという積極的な意図がはじめからあった"とは言い難いとする解釈がある [25]。

　確かに、補正ということは事実であったであろう。しかしながら、計数実験の側からすれば補正であったということにもなろうが、彼らの意図がそれにだけ留まっていたとはいえない。

ラザフォードとガイガーの研究室での「論争」　というのはマースデンが 1948 年のラザフォード記念講演（Rutherford Memorial Lecture）で明らかにしているところによれば、

　　《ある日、私がガイガーとの共同の特別研究をしていた頃、ラザフォードがやってきて、そして彼らの間で、α 粒子のビームが薄い金箔によってそれるかそれとも散乱するか、巨大な電気的なあるいは磁気的な力の特質（約109 ガウスの磁束密度）について論争になった。ラザフォードは私の方に向いて"α 粒子が固い金属表面で反射しうるものが得られるかどうか試してみませんか"と言った。私は、ラザフォードが反射するものが得られるとは予想してはいないと思った。しかし、それは反射が観測されるであろうという、またどうあろうと隣接分野が下検分によって調査されるであろうというあの予感であった》 [26]

　ラザフォードとガイガーとの間でα 粒子の反射の存在の有無に注目して、「論争」となった。このやり取りにおいて両者はどのような立場にあったのであろうか。恐らく、よく引き合いに出される 1936 年のラザフォード講演で本人自らが語っているように、α 粒子の反射を 15 インチ砲でちり紙目掛けて撃つようなものになぞらえる一方、"正直に言って、そのような事が起こるとは信じていなかった" [27] と述べていることからすれば、ラザフォードが反射について否定的であったことは明白だ。

　これに対して、ガイガーは肯定的な立場に立っていたと思われる。筆者は、前章において、この時期のガイガーの先導的役割をみたが、実験研究に直接携わり、計数装置に現れる反射を目の当たりにしていたガイガーには、反射は厳然とした事実であったといえよう。反射は単に補正に留まるものではなく、反射という現象をより明確にとらえ、そのからくりを明らかにしたい対象であったのである。

　従来の科学史的考察は、多分に有核模型の模型としての起源、ないしはそれに深く関わりあっている散乱理論の形式を分析するところから、ラザフォードを軸として考察されてきた嫌いが強い。そのために、ラザフォードがどの時期から積極的な意図をもって原子構造を解明していったのかという点で割り切れないことがあった。しかし、ガイガーの先導的役割すなわちガイガーによる実験的研究の意義を相応に評価するならば、この不明確さも明らかにすることができよう。いうならば、

ラザフォード模型が実験を基礎にした現実的な研究の仕方によって生み出されたものだということを考えていくと、おのずとその起源、あるいは実験的根拠が問題となってくる。この問に答えるものがガイガーらの実験的研究であったのである。筆者は、従来の模型の、ないしは散乱理論の系譜の考察に加えて、実験的研究の側からの有核模型の歴史的考察を付け加えるものである。

「拡散反射」は散乱による　さて、ガイガーとマースデンは α 粒子の拡散反射の事実をどのような物質との相互作用として理解しようとしていたのであろうか。彼らはこの問題の解決の糸口を β 粒子の散乱理論をヒントに見いだした。彼らは、論文の冒頭で次のように述べている。

> "β 粒子が金属板に当ると、β 粒子が当たる金属板の同じ側から強い輻射が現れる。この輻射は多くの観測者により二次的輻射としてみなされているが、つい最近の実験はそれが主に一次の β 粒子からなり、そしてその β 粒子は金属板の同じ側に再び現れる程度に物質内で散乱されたということを示しているように思われる。"[28]

ここに表示される"同じ側に再び現れる"とは反射のことである。彼らは、α 粒子の反射曲線が β 粒子のそれに類似していること、また、反射が表面効果ではなく体積効果であることを考慮して[29]、シュミットが明らかにした、β 粒子の反射が一次的に物質内部で散乱されたものであるという考えに導かれて、α 粒子の拡散反射を物質内部で一次的に散乱反射されたものとして理解した。

なお、彼らが"拡散反射"として取りあえず反射の一種として表記したことは重要だ。というのは、ここに彼らがシュミットの β 粒子の反射と結びつけて理解した跡が窺われるからである。つまり、のちに見るように、反射を結局のところあらゆる方向への散乱反射としており、ガイガーらの"拡散反射"の拡散がやはりあらゆる方向への α 粒子の飛散を意味しているところと同義になるからである。

国際的集まりを形成したマンチェスターの研究室　1907年のこの頃、ラザフォードはドイツ人5名と日本人1名が研究室に訪れていると友人宛の手紙で記した。研究室は国際的な集まりを形成し、物理学のことが日々の話題になり議論されていた[30]。

その一人がシュミットと思われる。この時点においてシュミットは β 粒子の散乱の研究を一応終えて、マンチェスター大学のラザフォードの研究室を訪れていた。

ガイガーにとって、以下に示すように、シュミットとの交流は大きな意味をもつものとなった。前章で筆者は、ガイガーが"散乱能"を提起したことを述べたが、そのガイガーが拡散反射を物質内で散乱したものと理解をして、これを契機に早くも物質固有の特性に過ぎなかった"散乱能"を物質の内部構造（仕組み）と関連させて具体的に問題とする段階へと移っていった。

2）シュミットの β 散乱理論　—"反射能"による原子内部の把握

それでは、α 粒子の拡散反射を物質内で散乱された一次的放射であるという認識へ導いたところのシュミットの理論とは、どのようなものであったのであろうか。

シュミットの反射能と「強い散乱」　シュミットの見解の第一点は、吸収能とは独立に、物質固有の作用能力として反射能（Reflexions vermögen）を仮定するもので[31]、反射 β 線を名実ともに反射された一

次線とみなしたものである。彼は、β線の透過実験からβ粒子は速度損失を被らない（これには異論も提出された）とする実験結果をもとに、β粒子と原子系（原子にかたく結びつけられた電子の系）との相互作用には、非弾性衝突としての吸収だけでなく、速度損失を被らない反射も存在すると考えた[32]。この弾性衝突を引き起こすものとして反射能なるものを考えた。

　その第二点は、β粒子と原子内電子との"強い散乱"を基本的相互作用の一つとしてすえたことである。

　　　"β線が物質を通過する際に、放射エネルギーの十分な吸収のほかに強い散乱が生じること
　　　を考慮する。そこで我々は物質を透過する放射線の行程と、反射する放射線の行程とを
　　　共通の視点から考察するようになった。"[33]

　このように、散乱を軸に透過するものと反射するものとを一元的にとらえ、反射を反転散乱とみなした。そして、この"強い散乱"こそは、シュミットの考えの核心ともいうべきものであった。なおまた、シュミットは研究報告の欄外の注で、反射を吸収の作用によって二次的に放出されるものとみなすか、散乱によって一次的に放出されたものとみなすかは、形式的にはどちらでも構わないが、原理的には両者は根本的に違うという主旨のことを述べ[34]、散乱の作用の重要性を喚起しているのも、これに重ね合わせた見地である。

　こうして、シュミットは単に反射を反射能によるものと理解していただけでなく、散乱過程を物質との基本的相互作用の一つとして考えて、具体的にどのように反射するのかを説明してみせた。しかも、β粒子の"強い散乱"が、"原子すなわちこれに束縛された電子との間に働く力"の作用によって引き起こされるものだとの理解をしていたのである[35]。

　第三点は、さらに考察を進めて、入射放射線が平行だとしても透過、反射する放射線が一方向にはなるとはいえず、むしろあらゆる方向に放射することを考慮することによって、実験と理論とは整合性を示すのではないかと推察したことである。

　　　《我々があらゆる方向への放射をなおざりにし一方向の進行のみを仮定して、透過や反射
　　　の放射の法則を〔先の〕方程式によって首尾よく表しているというのは、実に不思議なこ
　　　とである。従って、実験と理論とがおおよそのところ一致することを目指すならば、逆に
　　　微分方程式をつくるときの仮定はあらゆる方向に一様に分布する放射とすべきであると推
　　　論することができよう。》[36]（〔　〕内は筆者による挿入）

1909年転機を迎えたガイガーとマースデン　　ガイガーとマースデンは、このような見解にα粒子の拡散反射の説明の手立てを見つけた。すなわち、ガイガーらは、反射能の成因を追求し、反射は具体的には"強い散乱"の結果だとするシュミットの考えに、自らから提起した散乱能のより立ち入った理解のよりどころを見いだしたのである。シュミットの反射はあらゆる方向への散乱であった。その点で、それは端的に拡散反射の現象と同様な放射過程を指摘したものであった。

　ところで、このような拡散反射の説明は、ひるがえって考えてみると、物質原子の具体的構造を究明する可能性を示したともいえる。なぜならば、反射は一次的に物質を構成する原子と相互作用

し再び外部に放出されたものだから、反射の結果を考察することによって、粒子の具体的な散乱反射の行程を問題とし、ひいては原子で構成される物質内部の様相を問題とすることになるからである。こうして、もはや散乱能というような構造を捨象した認識を超えて、散乱、反射がいかなる構造から生起するかという構造を解析する段階に差し掛かったのである。そうした認識の高まりをガイガーらは論文のなかで表明した。彼らは、ブラッグやラザフォードらによって示された物質原子の把握、すなわち原子を電気力の座とみる描像を受け継ぎ、α粒子の拡散反射が生起するためには磁場に換算して 10^9 絶対単位の強度が必要であるとしたのである [37]。

以上のように、拡散反射の考察は β 線の散乱理論の研究にひとまず迂回してその正しい理解を得て、本格的な原子構造解明の端緒を切ったのである。

5－3 物質の作用能力概念から物質との相互作用の把握へ

有核模型の発見について、よく拡散反射の発見の意義がふれられる。それは有核構造を決定する実験事実であるという重みがあるからであろう。そうではあるが、本章で示したように、拡散反射の発見の真の意義は、実験物理学の高まりのうえになされたものだということを改めて見直して、初めてとらえることができるものだということを忘れてはならない。つまり、それは単に新事実を提供したというだけでなく、原子の内部構造を究明する見通しを示す重要な理論的示唆に富んだものだったということである。

確かにラザフォードの初期の原子の描像は、ペランや長岡らのそれと同様に、原子から放出される放射線やスペクトルなどの一方的情報を手掛りとした点で同レベルの未成熟なものではあった。とはいうものの、この初期の放射能研究から拡散反射の発見に至る過程には、実験物理学の領域における系統的な研究が、殊にガイガーによる計数管の製作を契機とした α 粒子の散乱現象についての実験的考察の以後の過程には、極めて目的意識的な研究が行われていたことを忘れてはならない。要するに、このような実験物理学を軸とする考察、すなわち、彼らの有核模型の究明が実験を足場とする実際的な科学研究の仕方をとっていたことに、改めて留意をすべきであろう。そこに、画期をなす新発見のバックグラウンドに横たわる実験科学研究の奥深さ、さらに画期をなした科学者のみならず、それを取り巻く科学者たちの多様な研究交流によって、それら科学者たちの知見が互いに交差し深化していくことで、画期をなす研究も生み出されることに目を留めることが欠かせないと考える。

本章で明らかにした諸点をかいつまんでまとめるならば、次のようになる。

第一点は、初期の放射能研究は化学的な性格をもつものとはいえ、のちの原子構造解明に対して重要な布石になっていたことだ。すなわち、ラザフォードは α 粒子と β 粒子を原子の構成要素とし、空間的構造をもつ力学的な原子の描像を把握した。

第二点は、放射線測定が放射粒子と物質との相互作用を対象とすることから、初めて物質の内部の特性（作用能力）をとらえるパワー概念によって原子内部の様相がとらえられたことである。こうして、放射能研究は当初、放射性物質と放射線を分析するものであったが、測定の原理が相互作

用にあったことから、次第に放射線と照射される物質とが分析の対象となり、α粒子の本性の探究、ないしはそれとの関連で照射物質の特性（散乱能、阻止能、反射能）を主として問題とする研究に転じていった。

　第三点は、そうした展開のなかで、α粒子の散乱現象が実験技術手段の進歩を背景として散乱現象が発見され、その物質との相互作用としての基本的な意味が解明されたことである。まず、光学的手段（写真乾板）により、複数のα線の散乱現象がとりあえず発見され、次いで、α粒子を個別に捕捉する計数管、シンチレーション法により確認され、α粒子の散乱現象の存在を疑問の余地なく示した。対象についての認識の度合は実験技術手段の発展に基本的に規定されていた。

　第四点は、ガイガーによるα粒子の散乱現象の確認、ならびに"散乱能"の提起は、散乱実験を基礎に物質構造を理論的見地から解明する段階の端緒であったことである。

　第五点は、拡散反射を具体的に物質構造と結びつけて説明する機に至って、β線の反射能、つまるところ原子の電気力による"強い散乱"とみるシュミットの考えにヒントを得て、散乱を軸にα粒子の反射、透過、散乱の統一的な運動学的把握を成し遂げたのである。

　概して、従来の原子構造の歴史的研究は、模型および散乱理論の系譜を解析し、ラザフォード模型を到達点とするか、もしくはそうでなくともラザフォードを軸に記してきた。これに対して、本書では、なぜラザフォードによって原子の有核構造が解明されたのかという問題の解答を、原子の正電荷の実体の把握の起源、α粒子の散乱に執着しそれを探り針とする立場への転換、ガイガーの実験的研究における先導的役割など、それらを道筋に述べてきた。

　そうした道筋はまた、初期の放射能研究からの研究課題の移り変わり、ないしは実験物理学の領域に属する実験技術手段の進歩に基礎づけられていたともいえる。すなわち、研究主体の関心、動機という側からだけでなく、実験的研究の性格、その基礎としての技術手段の側からとらえることに重点をおいて、原子構造解明の歴史をつき動かす客観的要因を、続章"原子の有核構造の発見"とあわせて示す。

　以下に、ラザフォードやソディ、ガイガーらの放射能研究の関係での研究連携や研究拠点形成について触れておきたい。

[コメント] ラザフォードを軸とする研究者と研究者間の手法の補完

　第4章の冒頭のコラムで紹介したように、彼はニュージーランドのカンタベリー大学卒業後、渡英してキャベンディッシュ研究所に学び、その後、1900年カナダ・モントリオールのマギル大学に1900年赴任した。そこでオックスフォード大学出身のF.ソディー（1921年N賞）と放射性元素変換説（原子核崩壊によってほかの元素に核変換していく）の共同研究（1903年）を行った。

　ラザフォードは1907年イギリスのマンチェスター大学に移ることにした。そこで計数管の開発で知られるドイツ出身のH.ガイガーと出会う。ガイガーは1906年学位取得後、マンチェスター大学のA.シュスター教授（ドイツ生まれ）の助手となり、シュスターの後任として着任したラザフォードの助手を務めることになったのだった。ガイガーは先に話題にしたように、β散乱理論を研究

していたシュミットの知見をラザフォードに繋ぐ要に位置していた。それだけではない。ガイガーはマンチェスター大学の学生 E.マースデンと 1908 年共同し、α 線をはじめとする放射線の散乱過程、すなわち運動学的な放射粒子の運動学的な実相を明らかにし、ラザフォードの原子内部の有核構造の探究に大きく寄与をした [1]。

　これまでα粒子の拡散反射の発見、これに続く有核原子模型の提示という点がクローズアップされてきているが、ここにはドイツから一時マンチェスター大学に滞在していたシュミットやガイガーの存在、すなわちラザフォード個人の研究活動を超えて、彼は共同研究を束ね展開されるような研究室へと、マンチェスターのラザフォードの研究室はステップアップしていたことがわかる。こうした点は、キャベンディシュ研究所の持ち味でもあったが、あまり指摘されてこなかった。実に、ラザフォードを軸に海外からの物理学者を集め、国際的な研究連携を日々形成していたことである。

　次章で紹介するが、デンマーク・コペンハーゲン大学出身の若き理論物理学者の N.ボーア（1922 年 N 賞）がマンチェスター大学を訪れている。それは、ラザフォードが原子の有核構造を明らかにしようとしていた、その矢先であった。ボーアはこれに触発され、1911 年のちにボーア模型と称される原子構造論に着手している。そして、ボーアはこのマンチェスターでの経験を踏まえ、のちにデンマークのコペンハーゲンに理論物理学研究所を設け、この物理学の研究拠点に世界各地から若き科学者を集めて、リードしたと指摘されている。

　また、若き学徒 H.モーズリーがオックスフォード大学卒業後、マンチェスターのラザフォードの下で研究を開始したのは、1910 年のことである。そして、1913 年特性 X 線の周波数の平方根が原子番号に比例する経験則を明らかにしている。しかし、この気鋭の若き研究者は不幸にも第一次世界大戦に従軍し帰らぬ人となった。

　X 線の結晶解析で知られる W.H.ブラッグやアメリカの放射化学者 B.ボルトウッドは、ラザフォードと書簡を交換するなどその親交で知られている。

　上述にラザフォードを中心とした科学者とのつながりについて記したが、実に、この時期の科学研究は、研究所・研究室での共同研究、また学術誌レベルでの研究者間の科学的情報の交換、議論がなされていた。原子構造論をめぐる、前記のラザフォード＝ソディ、ラザフォード＝ガイガー、ガイガー＝マースデン、ブラッグ＝ラザフォード、ラザフォード＝ボーアなどの共同・連携、殊に伏線となるガイガー＝シュミットの連携は、研究交流の象徴的取り組みといえよう。いうならば、この二人のドイツ人科学者のイギリスのマンチェスターの研究室への来訪、そして二人の連携がいい影響を与えていたといえる。

　カナダ・マギル大学時代のラザフォードとソディの放射性変換説の解明 [2]は 、ラザフォードは電離法による放射線能観測装置の設計・取り扱い、その測定法には長けていた。ソディはオックスフォードで有機化学に取り組み、化学分析・物質の同定に長けていた。

　やがて、ラザフォードはイギリス・マンチェスター大学に移り、そこで α 線などの放射線を用いた研究に取り組むことになるが、共同研究を担ったガイガーの役割は欠かせない。1908 年に開発された計数管は、ガイガーがのちに開発した尖端計数管（1913 年；放電は尖っている部分で起きやすく、避雷針もこの性質を利用している）、ならびにガイガー・ミュラー（GM）計数管（1928 年）の

原初的（プリミティヴ）なものともいえる。それにしても、ガイガーはかつてドイツ・エアランゲン大学で取り組んでいた学位論文のテーマは気体中の電気放電に関するもので、この時期にすでに電離作用を原理とする計数管の前提となる研究を行っていた。まことにガイガーはこうした部面においてひときわ抜きんでていた。

　また、放射線の検出には E.レーゲナーのシンチレーション法（1908 年；放射線によって蛍光や燐光を発する物質：シンチレータで検出する方法）、加えて、ドイツから取り寄せたドレザレク型象限電位検流計（1897 年；金属製の円筒内に 4 分割した電極間に蝶形の電極板をつるし、これに一定の電位を与えたときの回転した角度の変化で測る）も用いられた。後者は、イギリスのケルビン卿が、1858 年海底電信用に開発した、吊るした可動電極に鏡を付し用いて光を反射させて振れを増幅する反照検流計を製作したが、象限電位計はこれを発展させたもので、1867 年新たに象限電位計として開発されたものである。

　もちろんここにあげた共同・連携だけでなく、これらの科学者たちを取り巻く学協会を含む多くの科学者たちとの多様な連携・研究交流、さらには学術雑誌に掲載される研究成果、研究情報の公開など、学術研究はこれらのボトムアップの連携、いわば下支えがなくては実らないものといえよう。

　もう一つ留意すべきは、科学者たちの研究手法は科学的分析とこれまでの実験における経験に裏付けられていたこと、そしてまた互いに補完し合える研究共同によって支えられていたことである。

第6章　原子の有核構造の発見
― 有核原子模型の提示とその受容

6 − 1　科学史に見る「有核原子模型」

　前章 “放射線と原子構造”[1] において、実験物理学を土壌にした“パワー”概念によって原子内部の描像が取りあえず明らかにされたこと、計数装置の製作過程を契機に散乱現象が物質との基本的な相互作用だということが確認されたこと、および散乱を軸に透過、反射などの相互作用の運動学的分析が開始されたことなどを見た。なおまた、これらの過程は、放射化学という化学的な分野を出発点にしたものの、一方放射能の実験的研究に内在する動態的な特質を契機に、原子構造論というミクロスコピックな物理学的な分野を本格的に究明する準備をした時期でもあったことを指摘した。

　本章では、この延長線上に E.ラザフォードの原子構造の解明の過程を示す。まず、1909 年の段階のそこでの視点はどうなっていたのかを分析し、次いでガイガーによる α 粒子の最確散乱角（統計的に見て確率の高い散乱角）の実験的研究を手掛りにして、ラザフォードがどのようにして有核原子模型に至ったのかを示す。その際、原子内部の“パワー”概念による現象論的把握に代えて、散乱という相互作用の機構を取り上げ、その運動学的分析によって原子構造の具体的に究明しえた手法について示す。

　端的にいうならば、ラザフォードが原子の有核模型を提起した 1911 年論文、“物質による α 粒子および β 粒子の散乱と原子の構造”の「一般的な考察」に記された、“原子は一点に凝縮したと考えられる中心電荷”を構造としてもつという記述[2] に対して、どのような評価を加えるか。原子構造解明の視点をどのように見て、そのうえで有核模型の確立をいつにとるのかということである。

　その点でまず目を引く従来の歴史研究は、この “中心電荷” をとらえて有核模型の確立を 1911 年とする科学論・技術論でも知られる理論物理学者・武谷三男の見解[3] である。武谷は独特の認識論を原子構造解明の歴史に適用し、有核か無核かの 10 年来の議論の終止符を打つことになった原子模型の形成を、量子力学形成の“実体論的段階”と規定した。この“実体論的段階”という言葉そのものの評価はともかくとして、武谷の見解は原子構造論史をモデルの相剋として描く代表的見解の一つである。

　これに対して、第 4 章で紹介したように、単一か複合かという散乱理論の相剋をとらえ、有核か無

核かという原子模型の相剋とあわせて、原子構造論史の展開を重層的にとらえる見解もある。1911
年の時点でのラザフォードの"原子構造への目的意識は薄弱"であったとし、1911 年の"中心電荷"と
いう有核構造は単なる"想定"にすぎないとした。つまり、相変わらず散乱という相互作用を解析す
ることが主要な関心事で、有核模型が確立するのは、ラザフォードが原子構造に明確な見解を示す
1914 年まで待たねばならないとする [4]。確かに、α 崩壊や β 崩壊の放射能の起源が原子核にあり、
化学的諸性質等は核外電子に担われるものだということが明らかになるのは、ラザフォードの研究
室を訪れたこともある、デンマークの理論物理学者・N.ボーアの原子構造論以後になる。

　そうとはいえ、原子内部に原子核が存在するという有核構造の発見が、原子内の構造や機能の究
明に先行した経過に留意する必要もあろう。というのは、そうして初めて、α 崩壊や β 崩壊などの放
射能の起源が核であるということを明らかにする取っ掛かりを得られて、またボーアが、ラザフォー
ドの有核模型がもつ実際的な性格を踏まえて、これを出発点として核外電子の構成と機能を示し
た原子構造論を解析し得たという、歴史的経緯・意義も了解できるからである。

　そしてなお、"ただ一回の衝突でこのように大きな屈曲を生じるためには、原子が強力な電場の中
心部でなければならない" [5] と述べられているように、ラザフォードは屈曲（運動）と原子内の電場
（構造）という、運動と構造とを表裏一体のものとして把握し、個々の粒子の屈曲-散乱現象の運動
学的・力学的分析をもとに、"中心電荷"をもつ原子の構造を推し量ったのである。つまり、"中心電
荷"という有核構造を表す概念は、散乱実験によって原子に能動的に探りを入れて獲得されたリアル
な実体性を備えた概念であって、単なる散乱理論の作業仮説には留まらない性格のものだったとい
えよう。

6 － 2　ラザフォードの原子構造解明の視点と原子の描像：1909 年

原子構造解明の方法論的視点　1909 年 8 月、ラザフォードは英国学術協会の年会において、報告の
冒頭で、"現時点はこの目的を果たすのにまさしく好機であるように思える。なぜなら、ここ 10 年
の物理学の急激な進歩は単に電気と物質との関係についてかなり明確な概念が与えられただけでな
く、二、三年前には夢想だにしなかった実験的アタックの方法が与えられたからである" [6] と、現段
階が原子構造を究明しうる状況にあることを語り、物理学における原子論の現局面、原子の基本定
数の決定のための方法などの知見を示した。

　ここでラザフォードは、第一の視点として、当時の実験技術手段の"実験的アタックの方法の直接
性と単純性" [7] に依拠することによって、すなわち、原子に直接に探りを入れることのできる実験手
段でアタックする、原子構造解明の可能性について述べた。具体的にいえば、ウイルソンの霧箱に
よる電荷 e の決定や、ガイガーらによる拡散反射の実験にみられるシンチレーション法の単純性、な
らびに個々の粒子が磁場や電場を通過する際の屈曲、及びそれら粒子が物質の分子と衝突する際の
偏向など、これらの調査分析による直接性に依拠すれば、その究明の可能性があることを説いた。そ
のうえで、α 粒子が原子内部に存在するであろう力の中心（核）と作用して生ずる偏向角の大きさは、
α 粒子の速度方向に下した垂線の長さによって決まるから、偏向角の分析から原子の内部構造を決

定することができうると述べた。なお、ラザフォードが α 粒子を探り針として選んだのは、α 粒子は β 粒子と違ってこの点で確実に捕捉しえれば構造解明の見通しを感知していたからにほかならない。

図 6-1　ウィルソンの霧箱

1911 年にウィルソンの設計で製作した装置

　このように、ラザフォードは原子を力場の中心とみるアイデアをここに採用したが、これは基本的に、J.C.マクスウェルらの気体分子運動論に見いだされる原子論的な考察を発展させたものであった。"分子は例えば完全弾性球あるいはボスコヴィッチの力の中心"であり、それらによって構成される"気体は同じ一般的な統計的性質"を示す。つまり、このような"力学的理論（dynamical theory）"こそが原子の基本定数に関する問題を決定しうる基礎となると考えた[8]。かつまた、M.スモルコフスキー、A.アインシュタインや J.ペランらのブラウン運動の研究動向について報告のかなりの部分をさき、流体も気体と同様に統計的性格をもつことに言及している点も[9]、こうした視角の妥当性を語るものである。これが第二の視点である。

　ラザフォードは、"物質分解の確かな単位として、科学において確固たる地位を得ている"化学的原子とは区別し[10]、実体として原子内部に力場の中心の存在を仮定した、力学的ないしは統計的な解析を加えることによって、その実体を明らかにできると考えていた。

　さて、ラザフォードの原子の構成および構造についての描像の第一の内容は重層性にあった。電子について、一つは化学結合やスペクトルに関連する比較的軽く結び付いているものと、もう一つは元素の放射性崩壊に関連する原子のより内側に強く結び付いているものとがあることを指摘した[11]。言い換えれば、初期の放射性崩壊研究に基づいた原子の構成に重ねて、1909 年には化学結合に関与する電子をも考慮に入れた原子構成を考え、この二つのタイプを区別した。

　第 4 章で紹介したように、ラザフォードは 1904 年当時、次のような原子の描像を考えていた。"放

射性元素の原子は β 粒子（electrons）と α 粒子（groups of electrons）とからなっているであろう。（そしてそれらは）極めて激しく運動し、そして相互の力の作用によって平衡状態に保持されている"。1909 年においては、この引用に記されている、前者の原子内部を駆けめぐる β 粒子の軌道半径を小さくし、その外側に通常の核外電子を配置する、原子の構成・構造としたのだった。しかし、二つのタイプの電子はどちらも大差ないものとして、ただ電気的に負ということから機械的に原子内部に配置したのは問題を残した（これは後に判明することだが、β 粒子［もしくは β 線］は原子核内の中性子の β 崩壊によって生じ、これにも陽電子の β^+ 崩壊と負電子の β^- 崩壊などがある）。

　なお、正電荷を担う、実質的に原子の質量を担う実体については、次のように当時考えていた。正電荷を担う実体の研究が原子構造の研究の中でももっとも遅れを取っている問題だとしながらも、その解決の糸口を放射化学の研究成果に見いだし、"放射性元素の原子はヘリウム原子から成り立っている"。この言明は先に紹介した "α 粒子（groups of electrons）" が原子内でかけめぐっているという原子の描像を基にしている。こうした描像に基づいて、少なくとも "ヘリウムはウラニウム、トリウムやラジウムの原子の構成において重要な部分を担っている" のだとした[12]。つまり、報告の同箇所で、原子の質量を担う実体が "電子なのか、ほかの運動電荷によるものなのか、あるいは電気的質量と全く異なるある種の質量が存在するのか"[13] と述べて、正電荷の実体の不確実さを指摘しつつも、ヘリウム原子にその解決の手掛りを見いだしていたのである。

　このようにラザフォードは、1904 年頃考えていた原子の粒子的かつ動的な描像を発展させて、課題を残しているものの、原子の微細な構成を語った。とはいえ、ラザフォードの研究は前述に示した内容に留まるものではなかった。彼はここで、放射線を使った能動的なアプローチによる実験的研究の成果を基に、物質原子の物理的・空間的構造を考察する物理学的問題に取り組んだのであった。これが第二の内容である。

原子の作用球と単一の中心部に凝縮した電場　こうして原子一般の構造の問題が、α 粒子の物理的構造との関連で改めて調べられることになった。1909 年、彼は T.ロイズと共同で、α 粒子が二個の正の単位電荷をもつヘリウム原子のイオンであることを確認した[14]。そして、その際、α 粒子の大きさや構造をどのようなものと考えたのか。1905 年の "原子程度" のものという記述[15] からすると、原子と同然のものとして見ていたようであるが、α 線の吸収、透過の実験的事実が示す α 粒子の巨大な運動エネルギー、ないしは分子をイオン化する際に吸収されるエネルギーの少なさが考慮され、この時点ではそのイメージが考え直された。

　　"α 粒子はまさに原子を、もっと正確にいえば、原子の作用球（the sphere of action of the atom）を通過する。"[16]
　　"物体は同じ空間を占めることはできないという古い格言は、多くの場合正しいが、十分な高速度で〔α 粒子が〕運動しているとしたら〔このような理解は〕保持できない"[17]（〔　〕内は筆者による）。

　ここからわかるように、旧来の堅い弾性球としての原子像をぬりかえ、条件次第で α 粒子と原子とは相互に互いに作用球内を自由に通過しうるという新しい物質観（原子観）を採用した。

　そこで、α粒子の拡散反射の実験事実と、拡散反射は物質内で散乱された一次放射だとする、ガイガーらの考え方を踏まえ、解析した。そして金箔の薄さを考慮し、拡散反射を"ほんのわずかの物質内の原子を通過したのちに認められる"とし、"〔一個の〕原子は〔一個の〕強力な電場の中心部である"[18]と述べて、一つ一つの原子の内部に単一の力場の中心の存在があることを推し量ったのである。もし、単一の力場の中心がないならば、"分子の直径と同程度の微少な距離を通過して、α粒子が方向を転じるということは不可能になるであろう"[19]との見解を明らかにした。

　ここには、作用球内部に強力な電場を考え、それによってα粒子は散乱するという、1911 年論文の単一散乱理論に通ずる視点が窺われる。というのも、ここで単一とはいわないまでも"ほんのわずかの"（very few）原子によって散乱されると記して、つまり、拡散反射は数多くの原子と作用する複合散乱によって起こるのではなく、内部に強力な電場の中心部をもつ数えるほどの原子と作用して反転散乱されるとの見地をとっていたからである。

　第 4 章「放射線と原子構造(I)」、第 5 章「放射線と原子構造(II)」でふれたように、1906 年の時点では、原子内部にあると見られる電場は複数の電気力の重なりとして表現されていて[20]、単一の中心部に凝縮した電場という認識には至ってはいなかった。しかるに、1909 年のこのときには原子の物理的な構造として単一の力場の中心という概念が採用され、拡散反射が"ほんのわずかの"原子と作用することによってしか引き起こされないと、推察されるまでに至っていたのである。

　それにしても、この"強力な電荷の中心部"の実体について具体的にはどのようなものが考えられていたのであろうか。ラザフォードの報告には、"帯電ヘリウム原子が原子内で激しい軌道運動をしている"[21]という記述がみられ、恐らくこれが強力な電場を担う正電荷の実体と考えられていた。

　この点で興味あるのは、ラザフォードが 1911 年の論文のなかで、"非常に小さな体積内に配置されている‥‥正電荷の小さな部分が中心からある距離だけ離れて衛星状に運行しているかもしれない"[22]（‥‥は筆者による省略部分）と述べていることだ。この記述は、先に紹介した"激しい軌道運動をする帯電ヘリウム原子"群の軌道半径を極めて小さくしていったものと推察されるから、さしあたり 1909 年に遡ることができよう。つまり 1909 年に有核模型の布石となる構造が構想されていたといえる。

　ちなみに、J.J.トムソンは 1910 年に正電荷が一様に分布した原子模型だけでなく、それとは性格の異なる正電荷が小さな単位に分かれた粒子的な模型を記しているが[23]、これは先に紹介したラザフォードの原子の描像にみられる粒子的な性格を受け入れたものともいえる。

6 - 3　有核原子模型の提示

1）ガイガーによるα粒子の最確散乱角の測定と複合散乱理論の考察

　このラザフォードの考えに大きく影響を与えたものが、1910 年 2 月に発表されたガイガーのα粒子の最確散乱角の測定実験であった。

ガイガーによる最確散乱と拡散反射との食い違いの指摘　さて、この実験的研究で注目すべきことの一つは、α粒子数 $2\pi rndr$（n：スクリーン上の中心からの距離 r に散乱するα粒子の密度）の分布曲

線がマクスウェルの速度分布曲線に類似していることを根拠に、ガイガーがいわゆる複合散乱理論による考察を行ったことだ。彼はレーリー卿（*THEORY OF SOUND*、第2版、1894年、p.39）の n 個の振動の合成を考察した理論を参考に、最確散乱角は衝突する原子数あるいは透過物質の厚さの平方根に比例して増大することを導出した[24]。つまり、多数の原子との作用によって引き起こされる度重なる散乱を不規則な散乱の重なりとみなし、統計的確率法則が成り立つものだと考えたのである。

　そして、ガイガーはこの理論から1原子当たりの最確散乱角を推定した。測定によれば、最確散乱角は、厚さ約5mmの空気に相当する比較的薄い金箔の場合には厚さの平方根に比例して増大するが、それより厚い場合には α 粒子の速度の減少に伴い厚さそれ自身に比例して増大する。そこで、比較的薄い層においては平方根則が成立するとして、外挿法（ある域内のいくつかの値に対する関数値をもとに域外のほかの近似値を計算する方法）によって1原子当たりの最確散乱角を算定した。原子の直径を 2×10^{-8} cm とすれば、α 粒子は 8.6×10^{-6} cm の厚さの金箔を通過する際に約160個の原子に遭遇することになるとして、これから1原子当たりの最確散乱角は1/200度の程度とした[25]。

　ところが、ここで問題となったのは、仮に散乱が多数の原子との作用によるものとしても、複合散乱を前提にしたのではガイガー=マースデンの拡散反射の実験の空気5mmに相当する金箔に当てはめてみると、たかだか1度程度にしかならず90度以上には到底なりえず、拡散反射の事実は説明できないことだった。ガイガーはこの点について、"この食い違いを説明するために設定される仮説については、現在のところ議論することは適当とは思われない"[26]と述べ、結論を保留した。ここにほのめかされた"仮説"とはどのようなものなのかわからないが、この考察は、拡散反射というのはむしろ複合散乱とは異なった機構によるという理論的示唆を示すことによって、ラザフォードによる原子構造究明を誘導したとも考えられよう。つまり、これはラザフォードの洞察と相補的な関係にあったと考えられる。

リーケの分子二重子模型も拡散反射を説明できない　ところで、ガイガーはこの数ヵ月後（1910年6月）"α 線についての最近の研究"という報告を行い、その中で E.リーケの論文"α イオンの運動について"の論評をした[27]。リーケは α 線の吸収のメカニズムを、気体分子を二重子として考察し、その結果 α 粒子の偏向は極めてわずかであることを導き出していた[28]。要するに、二重子模型では拡散反射は説明できないこと、さらにいえば、この時期には別の原子模型を模索すべきことを確信していたことを示している。果たして、こうしたガイガーの考察はラザフォードにどう映っていたのだろうか、興味深い。

複合散乱理論の限界　なお、複合散乱理論では拡散反射が説明できないということを初めて明らかにしたのは、W.H.ブラッグ（1910年9月）だともいわれるが[29]、上述のように、ガイガーはブラッグに数ヵ月先立って同様の結論に達していたのである。また、トムソンが複合散乱理論を発表した論文"高速度で運動する帯電粒子の散乱について"の審査は1910年2月21日[30]、一方ガイガーが複合散乱理論を示した先の論文"物質による α 粒子の散乱"が受理されたのは同年2月1日、その審査は2月17日であり[31]、ガイガーの方がわずかながら早い。どちらにしても、ラザフォードはトムソンの理論を"手本"とするまでもなく、共同研究者ガイガーの考察を踏まえ、複合散乱理論ではない

新しい散乱理論を解析する段階に至っていたのである。

　複合散乱理論は、ブラッグが指摘しているように、粒子の散乱過程における屈曲の平均値、もしくは原子内電子の数というような量は問題とすることができても、粒子が個々の原子によって実際にどの程度の屈曲をするのかという、1 原子による散乱角分布は扱うことはできず、原子内部の空間的構造をつまびらかにするには問題があった。

　トムソンは 1910 年の論文において、まず平均屈曲は小さいものとみなし、β 線が厚さ t の薄い板を通過するとき、β 線はほぼ直線軌道を外れないと仮定して、原子との衝突数 $N\pi b2t$（b：原子半径、N：単位体積当たりの原子数）を導出していた[32]。この考察では拡散反射のような屈曲の大きい反転散乱をあらかじめ排除していた[*1]。

　要するに、複合散乱理論は、空間的構造のような容積量を問題とするものではなく、電子数のような密度量を問題とするものであった。これらについてラザフォードらは察していたと思われる。

2）"大角散乱"と"小角散乱"の区別と原子模型の洞察

　こうして、ガイガー＝マースデン[35]からブラッグ[36]を経て、複合散乱理論による考察では限界があることが判明してきた[37]。やがて拡散反射のような大角度の散乱の機構と最確散乱のような小角度の散乱の機構とは、かなり性格を異にするものだという見方が了解され、そして、具体的に原子内部の空間的構造との連関で新しい理論的洞察が行われるようになった。

「大きな偏向」を説明するブラッグの洞察と新理論　ブラッグの 1911 年 1 月 5 日付のラザフォード宛の手紙は、この洞察の展開や変化の模様を端的に示している[38]。そのなかで、ブラッグはトムソンと J.A.クラウザーの散乱理論を批判し、《レーリーの理論は単に小さな偏向にのみ適用される、ゆえに、重要なことは〔マドセンの結果を〕手初めとする大きな偏向を説明することだ》と記した。加えて、トムソンの理論では種々の金属の相違が密度の問題としてしか考えられていないと述べた。前節でふれたように、これは、トムソンの理論が最初から大角度の散乱を説明することを排除してしまい、結果として原子内部の空間構造を問題としないことに気がつき、大角度の散乱を説明する新しい理論の構築を図ろうとしたことを示している。

　そういうわけで、ブラッグの独自の見解がここに示されている。その内容は 1911 年 1 月 27 日の王立研究所での報告から知ることができる。このなかで原子構造解明の指針を気体分子運動論に求めた。通常の気体分子の衝突では、分子の接近の度合は両者の半径の和が限界であろうが、放射線粒子の強力な運動が展開される場合には、ラザフォードと同様に、それらの粒子は"原子の領域内に存在する強力な力の中心（centres は複数形となっている）"へと貫入し、"原子の半径に比して小さな

[*1]　トムソンによれば、微粒子（電子）から帯電粒子の運動方向に下された垂線の長さ α を導入すると、粒子の運動行程から距離 α 以内にある微粒子の作用によって引き起こされる屈曲の平均値は $\frac{4e^2}{mV^2} \times \frac{l}{a}$ となる。一方、微粒子は一様に分布していると仮定すれば、衝突数は $n\pi a^2 \cdot l$（n：単位体積当たりの原子内の電子数、l：原子内での粒子の行程の長さ）となる。従って、帯電粒子が原子内を通過する際に引き起こされる総屈曲の平均値は、

$$(n\pi a^2 l)^{\frac{1}{2}} \times \frac{4e^2}{mV^2} \times \frac{l}{a} = \frac{4e^2}{mV^2} \times (n\pi l)^{\frac{1}{2}}$$

と算定された[33]。なお、a はラザフォードの単一散乱理論の p に相当するものであるが[34]、このように最終的に a が消去されてしまっては、1 個の微粒子によって引き起こされる帯電粒子の角分布を問題とすることはできないのだった。

距離" にまで近づくとした[39]。そして、β 線の散乱のメカニズムを、固定した磁石と上からつるした磁石の類推によって説明し、そのうえで偏向は両者の相対速度、接近の近さ、極の強さに依存することを指摘した[40]。というわけで、例えばアルミニウムより金の方がよりたやすく β 線を偏向させることも説明されると。このようにブラッグは原子内部に"力の中心"を仮定して、放射線粒子と原子の作用球内にある"力の中心"との相互作用について、基本的に気体分子の運動を解析する理論との関連性を意識して運動学的に解析した[41]。このブラッグの見解はラザフォードの洞察に影響を与えた[42]。

大角散乱と小角散乱の区別と「中心核」の存在　　ところで、ラザフォード自身はどのような考察を進めていたのであろうか。ブラッグからの手紙を受け取ってまもなくして、ラザフォードは 2 月 1 日付でボルトウッドに宛てて手紙を書き送った。そのなかで、α 粒子が大きく偏向する場合の分布（ガイガーによる調査研究）の結果が"自分の特別な原子から引き出された分布とよく一致する"こと、ならびに、こうした考察が必ずや原子内の電場の強度と分布とに光を投げかけるであろうと記した[43]。

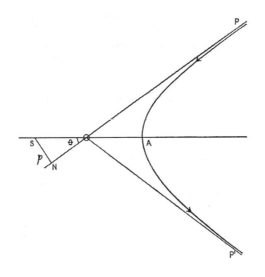

図 6-2　PO 方向にある原子中心に進む粒子の軌道 PAP'

　この間の事情については科学史家のハイルブロンが詳細に分析を加えているが、この"特別な原子"という記述に目を止める必要があろう。これが有核構造を成していたのに違いない。同年 2 月 8 日付のブラッグ宛の手跡には、"大角〔単一〕散乱の法則は小角〔複合〕散乱とは完全に区別される"ということを指針にして研究を進めている旨を記したうえで、β 線の吸収の観測事実を考慮し、原子の内部に帯電した"中心核"（Central core）を置く模型に言いおよんだのである[44]。

　つまり、ラザフォードは、ガイガーの拡散反射を最確散乱と区別する見地を発展させて、それらを大角散乱と小角散乱として了解し、粒子の具体的な運動行程は単一散乱と複合散乱に対応させて、これを有核構造と結びつけた。大角散乱は"中心核"をもつ一個の原子と衝突し大きく偏向するもので、一方小角散乱は多数の原子の作用を受けるものの比較的"中心核"から隔たった周辺を通過する

ために、結局小さく偏向するものとなる。こうして、翌 2 月 9 日付のブラッグ宛の手紙までには 1911 年論文にほぼ匹敵する内容が展開されたのである [45]。

3）ラザフォードの 1911 年論文と有核原子模型

　ラザフォードは 1911 年 2 月、マンチェスター文学哲学協会に概要"α 線と β 線の散乱と原子の構造"を報告 [46]、同年 5 月、論文"物質による α 粒子および β 粒子の散乱と原子の構造"を発表し、有核原子模型を提示した。ここで、注目すべきは、"正電荷の球の直径が原子の作用球の直径に比してはるかに小さいと仮定しなければ"[47] と述べて、空間的大きさとして有核構造が示されただけでなく、1909 年の時点では不確実なものだった"強力な電場の中心部"の実体についても明確に示されたことである。

単一散乱と正電荷の原子中心への凝縮　それでは、ラザフォードはどのようにして有核構造へと到達したのであろうか。もちろん、自身が 1911 年論文のなかで明らかにしたように、ガイガーらの最確散乱や大角散乱の観測結果を踏まえた確率論的考察が大きなポイントになった。そうではあるが、最終的な単一散乱理論による考察は、原子の空間的構造を電気的な側面からとらえて、電荷がどの程度の大きさに凝縮すれば、α 粒子が一個の原子との相互作用によって大きく屈曲することができるのかという、いわば電気力学的な考察を特徴とするものでもあった。

　なお、ここに（脚注参照）[*2] 登場するのは、複合散乱理論にはない、まさに有核構造と α 粒子の運動とを関連づけるところの単一散乱理論を象徴する値であった。かくして、正の中心電荷は原子の半径 10^{-8}cm に比して 1／10^4 も小さな空間に、いうならば"一点"に凝縮した [48]。b は α 粒子の運動方向に中心から下された垂線の長さ p と $b=2p\cot\theta$ との関係でつながり、p に依存すると同時に、α 粒子の速度や原子の電荷にも依存して変化する [49]。つまり、b によって α 粒子の角分布は決定される。

無核模型は矛盾に満ちている　また、ラザフォードは 1911 年論文のなかで、単一散乱理論と複合散乱理論とを比較した場合にも、また β 散乱を分析する場合にも、有核模型が合理性を備えていること [50] を示す一方、論文の最終節「一般的考察」で、無核模型（陽電荷球模型）がどんなに矛盾に満ちたものであるかを示した [51]。なぜなら、ある一定の大きな角度に散乱される α 粒子の割合は、有核模型の場合には N^2e^2 に比例するが、中心電荷が個々の単位電荷ごとに配分されているような無核模型の場合にはその割合は Ne^2 に比例する。従って、無核模型で有核模型と同じだけの散乱の効果を引き起こすためには非現実的な途方もない電荷数が必要になってくる。しかもまた、この場合、"構成粒子"（単位電荷）の質量は、α 粒子のそれより小さいために、α 粒子の運動エネルギーは吸収されやすくなって単一散乱は生起し難くなる。その一方で、複合散乱の効果が大きくなり、その効果はガイガーが測定した最確散乱角の値より大きくなって、実験と一致しない。つまり無核模型は単一散乱と複合散乱とを統一的に説明できないことになる。

[*2] 正の中心電荷を Ne、原子半径 R の球内に一様に分布する負電荷 Ne として、中心から r の位置におけるポテンシャル $V=Ne(\frac{1}{r}-\frac{3}{2R}+\frac{r^2}{2R^3})$ を求めた。そして質量 m、速度 u、電荷 E の α 粒子が原子の中心からの距離 b まではなはだしく接近した場合には、周りの負電荷の効果を無視して、$\frac{mu^2}{2}=\frac{NeE}{b}$ を得た。そして、この式に中心電荷 $100e$、α 粒子の速度 2.09×10^9cm／s を与え、b を約 3.4×10^{-12}cm と算出した。

　こうしてラザフォードは、"実験的証拠は、正電荷の小部分が中心からある距離だけ離れて衛星状に運行しているかもしれない可能性まで否定しうるほど精密ではない"としつつも、"こうした証拠をひとまとめにして考えれば、原子は非常に小さな体積内に配置されている中心電荷をもつ"とした方が簡明であろうと結論づけたのだった[52]。

　さて、有核模型の空間的構造が原子の電気的な構造から導かれたが、質量はどうであろうか。1911年論文では、"有効な一般的実測データは、種々の原子の中心電荷の数値が少なくともアルミニウムより重い原子に対して、近似的にその原子量に比例していることを示している"[53]と述べ、また、その「§4. 一つの原子との衝突による速度の変化」で、比較的重い金の場合に、α粒子が90度の単一偏曲を受けるときの速度の減少は2%、これに比して軽いアルミニウムの場合、それは14%であることを算出した[54]。この結果からすれば、重い原子ほどα粒子の衝突による作用を受けても、中心核は動かず、それだけα粒子はその運動エネルギーを吸収されずにはねかえることになる。要するに、α粒子の衝撃を吸収する度合は原子の質量によって変わる。しかも、この考察に当たって有核という空間的構造が前提とされていたことを踏まえるならば、ラザフォードは中心電荷に質量のほとんどを担わせていたといえる。

6－4　ラザフォード模型の受容と放射能の起源

ガイガーとマースデンによる有核模型のフォロー　1913年、ガイガーとマースデンは改めてα粒子の大角散乱についての報告を発表した。この報告も中心電荷の符号については「負」の余地を残した曖昧なものであった。しかし、次のように記していることに留意しなければならない。

　　《実験の全結果はラザフォードの推論によく一致しており、原子がその直径に比して小さ
　　な体積の中心に強力な電荷を含むという基本的な仮定の正しさを証明する強力な証拠を与
　　えている。》[55]

　このように述べて、彼らは原子内部に一点に凝縮した核があるのかどうかに最終的決定をしたラザフォード模型の重要な意味を改めて強調した。つまり、1911年論文の歴史的意義は、筆者が重ねて指摘しているように、何よりもα散乱を原子への能動的な探り針とすることによって、初めて原子内部に中心核が存在することが実験的に明らかにされたところにある。

　もちろん、1911年では、結果として中心電荷の符号の曖昧さを残したことや、放射能の起源について α粒子の核起源の指摘に留まっていたことからすれば、有核模型の確定とはいえないかもしれない。そうかもしれないが、次のように理解すべきである。この有核構造をひとまず承認したうえで、核の内的構造・性質に関わる符号や放射能の起源などの応用問題について論究を進めたと見るべきであろう。この論究は、有核模型が提示されて初めてこれらの核構造に関わる問題が究めることができるようになったことを示している。

ラザフォード模型による原子の内部構成と問題　さて、ラザフォードは1912年"放射性物質のβ線とγ線の起源"を著し、1909年の英国学術協会の報告で、化学結合やスペクトルの放出を担う核外電子の

存在を認める一方、核外電子のリングの一部に β 粒子の起源となる電子リングを考え、その内側にあるリングの電子は自らの不安定性ゆえに β 粒子となって放たれるとの放射能の放出機構を示した [56]。また 1913 年には、*RADIO ACTIVE SUBSTANCES AND THEIR RADIATIONS* を著し、ほぼ同様の放射線の放出の仕組みを記した。その中で、例えばウランの場合 α 粒子が放出されると、核とリング状の電子からなる原子の系に変化が起きて、原子はより不安定になってもう一つの α 粒子を放出する、すると電子を平衡状態に保持していた力に変化が起きて、今度は電子のリングの一つが不安定になって β 粒子を放出するという、α 崩壊と β 崩壊の仕組み、連関についての知見を示した [57]。

　このように、ラザフォードはこの著書の中で、原子内部の電子構成と放射能との関連に踏み込んだ知見を示した。そして、1911 年の時点より明確に原子核は全ての正電荷と質量を担うと記した [58]。だがしかし、これは放射能の起源を核外に見いだす誤った考え方であった。誤りの原因は、原子核が正電荷を担うとして、電荷の符号から機械的に核内を正、核外を負とに分ける考えを採用し、β 粒子の起源を核外の不安定となる電子リングに求めたことにある。

　これは、原子の世界の探究を、先に触れたように、化学結合やスペクトルの放出などの現象を担う核外電子の存在にも留意していたが、どちらかといえば放射能を拠り所として進めるという、ラザフォードの究明方法の限界がこのような形をとって現れたともいえる。すなわちラザフォードは、放射性原子はもちろん、当初、原子というものは基本的に α 粒子や β 粒子をその構成要素とし、従ってまた、放射性原子は不安定性を本質とするものだと考えていた。放射能の事実は、確かに放射性原子が不安定な特質をもち、内部に正負の荷電粒子が存在することを示すものの、しかしそれら粒子が原子内部においてどのような構造をなして存在し、また放射能の起源となる不安定な構造を原子内部のどこにどのように配置しているのかは明らかにしていない。その点をどう考慮するのか。

　そうではあるのに、なぜラザフォードは 1911 年の折には正しく α 線の起源を説明することができたのであろうか。それは、放射能の事実が教えるところによるよりも、原子の有核構造が α 粒子の散乱の力学的な解析によって突きとめられた経緯を適切に考慮したからである。すなわち、α 崩壊において α 粒子は高速度で放出されるが、その際に α 粒子は中心から離れていくとき原子内部の強力な電場の中心部、すなわち中心部を担う α 粒子と相互作用（反発）をし、それによって α 粒子の運動は高速度になる [59]。とするならば、α 崩壊の α 粒子の起源は核にあるとした方が理に適うと考えたのであろう。

　以上、示してきたように、確かにラザフォード模型は課題を残していた。原子の構成としての核内と核外の異同、その構造と機能、特に原子一般の安定性の問題の解決を将来に託した。ラザフォード自身も 1911 年に次のように述べている。

　　"提起される原子の安定性の問題は現段階において考慮する必要はない。というのは、この問題は明らかに原子の微細構造そして電荷をもつ構成要素をなす部分の運動に依存すると思われるからである。" [60]

　さて、このようなラザフォード模型の特質、残された課題を的確にとらえて、原子・分子の構造的特質をダイナミカルに解析し、放射能の起源について正しい見解を示したのが、ほかならぬ N.ボー

ア（1885-1962）である。ボーアは、1911 年「金属の電子論の研究」で学位を取得後、渡英しケンブリッジ大学・キャベンディシュ研究所の J.J.トムソンを訪ねた。また、マンチェスターのラザフォード研究室を訪ね、ガイガーやマースデンをはじめ、ハンガリー出身の助手 G.ヘヴェシーなどの面識を得た。彼は自由に研究し議論する科学者のコミュニティに出会った[61]。第 5 章で触れたが、のちに 1921 年コペンハーゲン大学に理論物理学研究所を創設し、ここに日本の仁科芳雄をはじめとして世界各地から研究者が集った[*3]。

ボーアによる原子構造論の提示　　ボーアは 1913 年、"原子および分子の構造について"を発表し、その第 1 部の冒頭で、ラザフォードが"電子の系が明らかに不安定であることから生ずる重大な困難に直面"しているのに対して、一方トムソン模型ではこうした困難は初めから"意識的に避けられていた"と述べ、両者の模型が対極をなす側面を指摘した[62]。つまり、"トムソン模型では電子に働く力は系がある平衡状態になるように電子の配置と運動を与えられているが、ラザフォード模型ではそのような配置は明らかに存在しない"[63]。いうならば、ラザフォード模型はこのままでは確かに電子の系が不安定になるのだが、それはそれで未解決な問題として率直に提起するという実際的な仕方を取っていたのである。

> "トムソン模型では、模型を特徴づける諸量の中に長さの次元をもつ量（正電荷の球の半径）が表われているが、一方、ラザフォード模型を特徴づける量の中には、そのような長さは表われていない。ラザフォードの模型では電子および正電荷をもつ原子核の電荷と質量が表われるだけで、これらの量だけでは長さを決めることはできない。"[64]

　ボーアは、ラザフォード模型が原子模型を特徴づける長さの量を含まないにせよ、そのような量は前記の原子系の安定性を保持する問題、すなわち原子内部の未知の動態的な運動の考慮から決まると考えた。こうしてボーアはこのラザフォード模型を出発点に、定常状態と遷移の概念に象徴される原子構造の理論を提起したのである。

　ボーアは論文の第 2 部において、放射能現象について次のように述べた。

> "この理論によれば、核を取り巻く電子群はエネルギーの放出に伴って構成され、その配置は放出エネルギーの最大値によって条件づけられている。これらの仮定によって意味づけられる安定性は物質の一般的諸性質と一致しているようにみえる。しかしながら、それは放射能現象と著しい対照をなしている。従ってこの理論からすると、放射能現象の起源は核の周りに配列する電子にあるというよりもどこかほかに求められるであろう。"[65]

　つまり、原子内電子の系の安定性と放射能現象としての β 線の不安定性とを対照させて、放射能

[*3] コペンハーゲンの研究所を 1920-30 年に数ヵ月から数年間訪れた研究者は、イギリス：ディラックら 6 名、ドイツ：ハイゼンベルクやヨルダンら 10 名、オランダ：ウーレンベックら 6 名、ベルギー：ローゼンフェルトの 1 名、スイス：1 名、オーストリア：パウリの 1 名、ポーランド：1 名、ハンガリー：ヘヴェシーの 1 名、ルーマニア：1 名、スウェーデン：4 名、ノルウェイ：4 名、アメリカ：ポーリングやラビら 14 名、カナダ：1 名、ソビエト：ランダウら 3 名、インド：1 名、中国：1 名、日本：7 名、の 17 ヵ国（参照、P.Robertson, *The Early Years The Niels Bohr Institute 1921-1930*, Akademisk Forlag, 979, pp.156-159）。

の起源を論じ、それを核を取り巻く電子群以外に求めたのである。

　さらに、ボーアは放射性物質の化学的・物理的諸性質を考察して、放射能の起源を核に求める妥当性を論じた。ここで彼が注目した現象は、例えば異なる速度の β 粒子を放出する二つの放射性物質が、化学的に分離できなかったり、同じ線スペクトルを放っていたりするという事実であった。この事実は明らかに放射能現象の起源と通常の化学的現象の起源との相違を示していた [66]。

　要するに、原子系の安定性と不安定性とを対置させる考察から、核と核外との構造的特質を明らかにし、そのうえで放射性物質の化学的な分析とあわせて、核と核外に属する現象を類推する方法をとった。このボーアの方法にみられる発見法的な視点は、基本的に放射能の不安定性の見地から原子を解析したラザフォードにみられないものであった。

6 - 5　運動学的把握による有核原子模型

　本章では前章 "放射線と原子構造" とあわせて、ラザフォードの原子の有核模型の提示に至る過程を示した。概括的にいえば、まず放射能を手掛かりに原子の構成要素を導き出し、それによって動的かつ粒子的な原子の描像をとらえた。それは未だ核をもつものではなかった。しかし、α 粒子の散乱を原子内部への探り針とした実験的研究と力学的かつ運動学的な理論的解析によって、原子内をかけめぐっていた正電荷の構成要素は小さく凝縮していったのである。ほかならぬ 1911 年論文に "一点に凝縮したと考えられる中心電荷" と表現されているのも、こうした有核構造究明の展開を示している。

　また、有核構造を解析した理論的手法についていえば、次のようにまとめることができる。それは、原子内部においてどのような要素がどのように位置づけられるかという構造的把握、ならびに原子と粒子とがどのように相互作用しあうのかという力学的かつ運動学的把握、この二つの把握を表裏一体のものとしていたことに尽きよう。本章で示したように、トムソンは複合散乱理論から原子の電子数という密度量に値するものを、一方ラザフォードは単一散乱理論から原子の構成要素の空間的結合様式（原子構造）という容積量に値するものを問題とする、両者のアプローチの違いをみた。もちろん、どちらも相互作用を扱い原子構造に能動的に探りを入れた点では同じといえるが、ここに両者の運動学的把握と構造的把握の性格が全く異なるものであったことが窺われる。なお、ここでいう手法とは通常の科学の方法（数学形式、モデルの設定、理想化など）を備えた、個別分野の理論の方法のことである。

　さらにまた、この理論的手法に関連して見落としてはならない点は、実験と理論との両面から相補的かつ系統的な追求が行われたことである。こうした追求は、殊にガイガーによる最確散乱実験を基礎にした複合散乱理論からの確率論的考察に継いで、ラザフォードが大角散乱と小角散乱とを単一散乱と複合散乱とに対応させ、原子の構造的把握を洞察した過程にみられる。ラザフォード模型の現実的な有効性もこの実験と理論との両面からの追求の所産ともいうべきものであった。

[コメント]　アカデミアのハンドメイド的な科学実験とそのバックグラウンド

　第 2 部では、ラザフォードの実験的研究について示してきたが、原子物理学分野の現代実験科学はどのように始まったのか。これらの世紀交代期の科学的諸発見を可能にした実験的研究、その装備はどのようなものだったのか、その特徴について示す[1]。

　科学研究で使われる実験装備は科学実験の目的・計画に即して設計・製作されるという基本的な性格上、もちろん実験装備を構成するパーツや素材などは既存の科学機器メーカーを含む、さまざまな専門分化された製造企業から調達するという事情はありながらも、実験装備は前述に指摘したように固有に設計・製作される。つまり、高度な技術が活用されるにしてもハンドメイド的色合いを強く残す。メーカーが提供するパーツが個別的な要素技術によるものか、ないしはモジュール化された一体型のパーツかということはあるだろう。だが、どちらにしても目的とする科学研究の実験装備として機能や精度など、品質において適格性をもっているかということが要求される。その限りで既製品でも間に合うこともあろうが、基本的にオーダーメイドに仕上げられていなくてはならない。そして、それらの要素技術を組み込んだパーツやモジュール化されたものを、実施しようとする科学実験の目的を実現しうるように、設計に即して固有に組み立てられ、必要に応じて調整を行いつつ科学実験装備を運用する。未知の対象を相手とする科学研究においては、これらは一般的な姿を語ったものであるが、欠かせない。

　要するに、ここでの問題は、既存のメーカーが提供する要素技術やモジュール化されたものについては、科学実験が要求する条件をどれだけ満たしているかということを勘案しないことには、科学実験は成立しない。多くの場合、未知の領域を対象とする創意的な科学実験は、単に産業技術が提供するものを当てはめるということで事足りるものではない。

　果たして、この時代の実験的研究の実際はどのようなものだったのか。改めてラザフォードらの実験的研究について、実験設備の特徴や実験試料の調達事情など、概括的に示しておこう。

　その特徴は、学術研究制度としてはアカデミズムの領域に属すること、小規模な実験室的な域にあったが、それだけではない。伝えられているところによれば[2]、"ラザフォードは二、三千ドルにも満たない貧弱な寄せ集めの機械を駆使して"取り組んだ。あるいは、"研究室のあるものは自分で検電器を作った。なにしろ物理器械の製造業者などはほとんど知られていなかった。・・・（イギリス、アメリカで設立された）両社とも小さな規模で、二、三の工業部門の決まりきった測定とか、自然科学を教える学校、その他の施設で使う簡単な器械が主な製品だった。研究用の特殊器械の製造はもうかる仕事ではなかった。・・・わずかばかりの注文では、すぐれた製造技術を呼び起こすわけがなかった。"そういう時代であった。

　いうならば、当時は 19 世紀後半の科学機器・工業計測機器メーカーが提供するものでは事足りず、目的とする実験装備を設計、工夫・駆使して整えていかざるを得なかった。陰極線管のような放電管を用いた実験装備は、なかには旧式のものもあるけれども、あれば既製の科学機器を利用したり、産業用の機器を利用して運用するか、どちらにしても研究課題に適合するように自前で実験装備を設計し整えていくほかはなかった。

　例えば、ドイツでは H.A.フロイスのゲーリケ型真空ポンプが科学実験に使われていた。フロイスのそれは、潜水用呼吸装置リブリーザー（1878 年）をもとに開発されたものであるが、イギリスでは手に入らなかった。1905 年には、ゲーデの回転水銀ポンプが開発されていた。これは、ドイツでは手に入ったが、当時のイギリスのラザフォードの研究室にはなく、手動ポンプで間に合わせざるを得なかったという。

　マリ・ウイリアムズ『科学機器製造業者から精密機器メーカー』によれば、これは一般的な指摘ではあるが、1900 年まではイギリスの機器メーカーはドイツ機器メーカーの存在とその成功を知らなかったわけではないが、そうした事態になっていることを心配している兆しは全く見られないと記している。イギリスがドイツの水準に刺激されてキャッチアップを図るのは 20 世紀を待たねばならない。

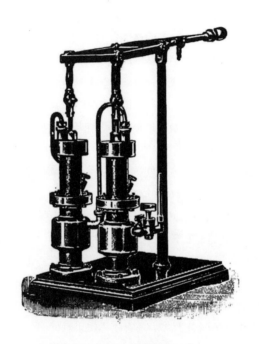

図6-3　ゲーリケ型真空ポンプ

　この両国の機器メーカーに見られるギャップはともかく、この時期は真空ポンプも新しいタイプのものが考案される時期で、1910 年代になると 1913 年には分子ポンプ、15 年には拡散ポンプが開発されている。しかしながら、実験装備の調達は国・地域によってははなはだ異なっていた。とはいえ、こうした開発によって真空技術は、かつてゲーリケ・ポンプ（1650 年）で実現された真空度 1-10mmHg 程度を超えて、19 世紀半ばのシュプレンゲル・ポンプなどでは 10^{-2}mmHg に達し、20 世紀のこの時期には $10^{-5 \sim -6}$mmHg 程度の真空度を実現しえた[3]。

　陰極線管、それが機能分化し X 線管として発展していった過程には次のような経緯がある。当初は管内部の状態はよくわかっておらず、ガス入りのもので X 線の発生は不安定な状態にあった。この問題が解決されるのは、後述するラングミュアによる白熱電球の究明、すなわち電球の中に科学

発見の対象を見いだした基礎研究、その知見を踏まえたクーリッジによる熱電子放出による X 線管の開発研究を待たねばならない。未だ新たなミクロスコピックの階層の物質界はようやく究明され始めたばかりであったのである。どちらにしても、これらの真空技術の発達のバックグラウンドには、白熱電球工業を中心とした電気産業の発達があったが、その発達状況は国・地域によって異なり、科学実験の基盤整備にもそうした事情が影響していた。

放射性物質はどう調達されたのか　それにしても、ラザフォードらの放射能の研究にはなくてはならないものがある。それは実験対象たる放射性物質、その調達なしにはありえない。この点、フランスにおける放射性物質の調達事情が、どのようなルートで提供されたのか、当時の実際を明らかにしており、参考となる。

マリー・キュリーは 1898 年の論文の冒頭で、"ウランはモアッサン氏からいただいた。塩類や酸化物は物理化学学校のエタール氏の研究室でつくられた純粋な試料である。ラクロア氏は、博物館の蒐集の中から原産地の明らかな鉱物標本をいくつか提供して下さった。いくつかのめずらしい純粋な酸化物はドマルセー氏からいただいた。"[4]と記している。ここからマリー・キュリーが交流のある研究者から取得したこと、すなわち研究者間の交流が要になっていることはわかる。だが、それ以上のことは記されていない。

この辺の調達事情については、阪上正信の「キュリーのラジウム発見 100 年にさいして」[5]が参考になる。それによれば、16 世紀頃からドイツとチェコの国境の鉱山で銀が産出されるようになり、その後、陶磁器の顔料となるコバルトなどの鉱物が、また 18 世紀半ばになると、鉱脈の深部に多い鉱物ピッチブレンド（Pitchblende；瀝青ウラン鉱のことで、ピッチ状の油脂光沢を持つことから名づけられた。ちなみにラジウムはこのピッチブレンドに含まれてもいる）は、もとは亜鉛と鉄の鉱石とされていたが、これによってガラスや陶磁器に黄緑色の美しく輝く着色をすることが判明し、やがてウランを抽出する顔料工場も稼働されるようになった。ただし、ウランの元素の同定、すなわち金属ウランの単離は 18 世紀末から 19 世紀半ばである。

このように放射性物質の一つウランは、窯業、そのバックグラウンドとしての鉱山業の発展に負うところが大きい。ここでの調達ルートについて言えば、鉱石の処理をしていた工場の廃棄物の提供にあったとしている。"すでにウランが抽出除去されて放置されていたものであった。夫ピェールの要請を受けて、当時これを管轄していたオーストリア政府とウィーンの科学アカデミーの好意があり、1898 年 100kg が無料で提供され、その後数年にわたり廉価で数トン以上がパリの市内の学校に運搬された。"という。

イギリス産業革命は 18 世紀後半から 19 世紀前半にかけてのことだが、ドイツやチェコなどの鉱山が古くから開発され、1789 年ドイツの薬剤師 M.H.クラプロート（1788 年以降ベルリン科学学校などの講師、1810 年創設のベルリン大学の化学教授）は、鉱物の組成分析に長け、ピッチブレンドから酸化ウランを分離した。ジルコニウムやチタンなどの発見にも関与した。金属ウランが単離される 19 世紀半ばである。このピッチブレンドは、先に指摘したように、窯業用の着色料として利用されていた。

つまり産業革命の深化、これに伴うこれらの鉱物の化学分析が行われ、19 世紀末にベクレルやキ

ュリーらによってその鉱物が放射能を発していることが発見されるに至ったのだが、放射性物質が科学実験用の試料として調達されるのには、窯業、そのバックグラウンドとしての鉱山業の展開によるところが大きい。

第3部
新たな物質描像の発見を可能とした科学実験
― 科学と技術の連携の新展開

　第3部では、一つはGE研究所のX線管および白熱電球の開発過程を取り上げ、量子力学形成への展開において一つの画期をなしたコンプトン効果の発見を可能にした実験の技術的基礎としてのX線管、そのGE社におけるX線管の開発と、この開発に決定的な役割を担ったラングミュアの白熱電球を実験装置とした基礎研究について取り上げる。二つは、コンプトンのX線散乱研究とその実験の技術的基礎、産業技術との連関について、三つは、電子の波動性の英米での同時発見を取り上げ、その両者の科学実験の手法・技術的基礎の違いについて比較し、科学的主導性がアメリカへと転じていったその契機は何かを示す。

　以上、三点を主な話題として取り上げるが、筆者の問題意識は次の点にある。

　新たな物質描像の発見とは、「まえがき」で触れたように、ミクロスコピックな物質界では波動的な性格（非局所性）と粒子的な性格（局所性）と整理される認識が、原子・分子ならびにそれらの内的構成を探る科学実験によって明らかにされたことを指す。そして、それらの科学実験の装備、その技術は、20世紀の第一四半世紀にかけて、電気技術は、電力機器・電力輸送、照明電力機器を超えてさらに間口を広げ、無線電信・電子管技術へと展開し、また重化学工業の進展の中で、希少金属をはじめとして各種の物質が精製されるようになってきた。もちろん科学の側の認識論的手法の展開にもよるけれども、これらの生産技術の展開が科学発展の根底には動因になっていたともいえよう。

　19世紀から20世紀にかけてのこの時代、多くの科学実験は産業から提供された器材を用いていたが、大学の研究室において、どちらかといえば「手作り」的な仕方でもってしつらえられていた。しかしながら、第3部において示すように、産業からの器材の提供のされ方はおおよそ1910年代辺りを機に、その性格を次第に転じていった。器材の提供のされ方が「出来合い」の段階を越えて、次第に科学の側の要求に対応した器材が造られ、オーダーメイドになっていったこと、またこの展開の実現には学術界と産業界との両者に所属する研究者が連携しえるように、社会的・制度的なシステムがつくられたことが触媒的な役割を担ったことによる。

第7章　ラングミュアの白熱電球研究とクーリッジのX線管開発

　本章では、20世紀第一四半世紀のGE研究所（General Electric Research Laboratory）における白熱電球、ならびにそれに連動したX線管の研究・開発について取り上げる。

　本章で話題とするX線管開発は、従来型のX線管を改良するというよりは、物理化学者I.ラングミュアの白熱電球を対象とした基礎的な科学研究（固体表面やその表面に吸着した化学物質を研究する表面化学）を踏まえて開発された。この科学研究と技術開発の過程には研究成果が相互に連関しあいながら、企業内研究所ならではの組織的研究だからこそより効果的に成果を上げていく部面が見られる。

　ここにはそうした研究者間の認識が連動するということに加えて、研究対象となる、もしくは開発対象となる、それぞれの装置、すなわち電球とX線管が、実は同一な部面や類似の部面を持っていたり、それらから発展していったタイプのものであったりしていた。すなわち、これらの研究や開発の対象となった装置の内的構成・状態、すなわち電球とX線管は、機能としては異なるものの、ガラスバルブと熱フィラメントなど、装置を構成する要素技術には類似のものがあり、求められる各装置の機能は異なるものの原理的には共通し、そしてまた、例えば、バルブ内の状態をどういう状態に保持すればよいかという点では、さまざま多角的に連関し合っていることに留意する必要がある。

　ラングミュアは電球のバルブ（管球）内の黒化はフィラメントを形づくる物質の蒸発によって引き起こされること、また従来用いられていた、例えばプラチナ・フィラメントよりも融点がはるかに高いタングステンをフィラメントに利用すること、また高温・高真空下でより効果的に熱電子が放出されることなどを示した。ラングミュアは黒化を防ぐために窒素を封入したタングステン電球を発明したが、W.D.クーリッジはこれらのラングミュアの成果のうえに際立った性能をもつX線管を開発した。このX線管は第一次世界大戦を経て、つまり前線の野戦病院の携帯用のものが開発され、コンパクトなものに改良された。

　そして、X線散乱分析の研究をしていた実験物理学者A.H.コンプトンは、GE研究所と連携し、X線散乱分析用にコンパクトで強力な水冷X線管を特別にあつらえてもらい、光の一種と見られていたX線が波動性のほかに粒子性をもつことを発見するに至った。ちなみにコンプトンはこの研究成果によりノーベル賞を受賞した。

　本章に入る前にGE研究所のこと、ラングミュアが同研究所に入ることに至った経緯について触

れておこう[1]。

[コラム] GE 研究所の気風

　GE 研究所を包摂するジェネラル・エレクトリック社は、1992 年エジソン・ジェネラル・エレクトリック社とトムソン・ハウストン社が合併して誕生した。第三副社長（製造担当）E.W.ライスは、新たな研究所所長にマサチューセッツ工科大学の化学教授 W.R.ホイットニーに頼もうと考え、パートタイムでもよく、かつ自分の研究計画を立ててもよいと約束した。

　A.ローゼンフェルトが記しているところによれば、ライスは株主たちに基礎的研究を主な目的とする研究所を創設する意を伝えたという、もちろん、ホイットニーは研究の実際的応用にも関心をもっていた。しかし、"断固として研究所を…束縛を解いてやれるだけの才能をもった科学者たちである。つまり、自分自身の研究にうちこむことも、研究結果を会社の名前ではなく自分の名前で発表することも、科学の学会に出席することも…、自分達の研究について互いに語り合うことも、一切を自由にしてやろう"[2]と。

当時の GE 研究所とラングミュア

　こうした GE 研究所の性格は、研究者に好ましいものであることとはいえるが、ことラングミュアにおいて GE 研究所のどのようなことに触発されたのか。

白熱電球内に出現した未知の世界を探るラングミュア　実はラングミュアの学位論文「冷却過程にある解離気体の部分的再結合」（1906 年）は、気体中で加熱されたプラチナ線によるネルンスト発光が引き起こす水蒸気と二酸化炭素の解離作用に関するものだった。ネルンスト発光というのは、ドイツのゲッティンゲン大学の W.ネルンストが発明したネルンスト・ランプによるもので、彼はネルンストの助言を受けていたとのことである。彼は再度渡独、同大学の F.ドレザレクの指導も受けるなど、彼の問題意識はこの辺りに集約されていたのだった。

　いうならば、当時 GE 研究所は白熱電球の開発を指向していたが、新たなフィラメント材料として タングステンが焦点となり、これを備えた白熱電球の特性を調査研究することが至上命題になってきたのだが、後に示すように、この白熱電球のバルブ内に展開する世界に魅入られたのだった。

　ラングミュアに立ち戻って GE 研究所での研究について触れておきたい。彼はドイツ留学後、先に示したようにアメリカ東部ニュージャージー州、ニューヨーク・マンハッタンの対岸にあるスティーブンス工科大学で教鞭をとった。しばらくして 1908 年秋にニューヨーク州スケネクタディで開かれた学会の際に、友人の C.G.フィンク（電気化学・冶金工学に長けた）のいる GE 研究所に訪れる機会を得た。当時、ラングミュアは研究の計画を立てたが、思うように工科大学では思うようにはいかなかったと伝えられている。

　翌 1909 年夏、ラングミュアは再び GE 研究所を訪れた。その頃、クーリッジはタングステンに延性をもたせることに成功していたが、タングステン繊条電球のフィラメントが切れて断線してしまい [3]、悩まされていた。この問題を解決したのがラングミュアだったのであるが、彼の興味をそそった研究所の印象は次のように紹介されている。"科学の神秘を覗きこんでいる人々の姿"があった。しかもなお、ランプ関係の部署で"ガラス球の中で輝くフィラメントの白熱の光に研究所に充満する雰囲気が加わって、ゲッティンゲンの感じを思い出させたのである。つまり、金属線とガラスと気体の中に閉じこめられた深い謎―ひとたび解かれることによりさらに深い謎への鍵を与えてくれるような謎―を必死で追求する時のあの感じである。"[4]

　ラングミュアは"電球という、小さくてすばらしい研究の小宇宙"を見いだしたとのことである [5]。繊条電球という産業が提供する製品、その発展途上段階にある電球内部に展開したミクロスコピックな自然現象が研究対象となった。筆者の言葉で特徴づければ、電球は未知の自然を取り込んだ装置系であったのである。プラチナの融点は約 1,770℃、これに対してタングステンは約 3,400℃である。それだけ、タングステンをフィラメントに使った場合に電球内で引き起こされていることを調べるのに、好都合であった。とはいえ、1 立方ミリメートルという極めて微量な気体の分析をする必要があり、それには新たなより高度の真空装置も必要だったのだが、1913 年にはラングミュアはガス入り電球 [6] の製品に関する特許申請を行っている。この開発には、上述のような繊条電球の開発が期せずして生み出した電球内部に現れた謎の自然現象を究明する基礎研究なしに成し遂げられるものではなかった。

　このラングミュアの白熱電球を対象とした研究は後に見るように基礎研究的色合いをもっていたが、ガス入り電球の開発や、これを受けたクーリッジによる新型 X 線管の開発は産業製品の開発研究的色合いをもっていた。GE 研究所ではこの両者が絶妙な関係性で互いに共生していた。そして、GE 研究所のこのような研究と開発は、両者だけにとどまらず、彼らを支える支援スタッフらが関与、連携する、連綿と続く研究開発活動であったことである。後述には、実験支援の A.H.バーン、器具製作の S.P.スウィーツァ、ワイア製作の J.ビショップなどの名が出てくる[*1]。

[*1] なお、ラングミュアの研究日誌には、ほかにも数少ない GE 研にかかる研究者と支援スタッフとみられる、H.A.ウィニー、R.C.ロビンソン、R.パルマ―、W.C.サビン、ヴァン・ブラント、アダムス、フロッドシャム、グリーンらの名が書き込まれているという [7]。

　どちらにしてもラングミュアはきわめて重要な役割を担った。ホイットニーは物理化学、先に触れたようにクーリッジは電気工学などの研究分野で、領域的に極端に異なっていないが、何といってもラングミュアはネルンスト発光の繊条電球問題を手掛けており、当時の GE 研究所が抱えていた電球の開発研究にとっての欠かせない存在、その特異点に位置していた。

GE 研究所の研究者たちのルーツをめぐる人間模様　こうしたラングミュアの人並ならぬ存在性もあるが、初期の GE 研究所の主だったメンバーの研究者としてのキャリアには共通性があった。端的にいえば、ライプツィヒ大学を訪れ、ドイツの先進的な学術研究を吸収したことである。ここに示しておこう。

　1905 年 GE 研究所に入った W.D.クーリッジは、1891-96 年マサチューセッツ工科大学（MIT）で電気工学を学び、その後ライプツィヒ大学に留学し学位を取得している。そして、電磁気学分野の物理学者 G.ヴィーデマンに学び物理学者 P.ドルーデ（金属の電気伝導、熱伝導に関するヴィーデマン＝フランツの経験則を自由電子論によって説明しようとした）の助手として働いた。帰国後 1899-1905 年マサチューセッツ工科大学の化学部門の A.ノイズの研究助手を務めている 。

　実は、このノイズはかつてライプツィヒ大学に留学し化学者 W.オストワルドの指導で 1890 年学位取得している。なお、ノイズは GE 研究所の W.R.ホイットニーとの共同研究（溶解速度を求めるノイズ＝ホイットニー式）で知られる研究者であった。このホイットニーもライプツィヒ大学のオストワルドの下で 1896 年学位を取得している。

　彼らの師オストワルドは、ドイツの名だたる物理化学分野の科学者である。オストワルドの師はドルパット大学（バルト海に面した現エストニアの南部にあるタルトゥ大学）の化学者 C.シュミットで、その指導を得て学位取得している。そして、このシュミットは、第 3 章で記した例のギーセン大学でリービッヒの下で学び、学位を取得している。のちに彼はゲッティンゲン大学に移り、尿素合成で知られる有機化学者 F.ヴェーラーの下を訪れて学んでいる。なおヴェーラーはリービッヒとは研究仲間であった。このようにオストワルドは、シュミットを介してリービッヒやヴェーラーの流れを受け継いでいた。

　オストワルドは、触媒作用・化学平衡・反応速度などの物理化学関連の研究で知られるが[2]、彼はライプツィヒ大学移籍後、1887 年ファント・ホッフと協力して物理化学雑誌（*Zeitschrift für Physikalische Chemie*）を創刊、また 1889 年以降 250 巻を超える『オストワルド古典叢書』（*Ostwalds Klassiker der exakten Wissenschaften*）や『化学の学校』[8] などの基本文献を刊行し、学術研究の下支え・普及に努めた科学者でもあった。

　なお、先に触れたフィンクも、ライプツィヒ大学への留学経験をもつ。彼はラングミュアとの関係では、同じコロンビア大学卒であったこと、そして。前述したように、彼なしにラングミュアの GE 研究所入所はなかったともいえる。まことに、これらの研究者間の人間模様は興味深い。

---

[2] オストワルドはこれらの研究で 1909 年ノーベル賞を受賞している。

7 − 1　中央研究所「GE 研究所」の評価をめぐって

　GE 研究所は 1900 年に創設された、アメリカで最初の企業内研究所であることはよく知られている。同研究所は数々の研究・開発の成果を上げ、またラングミュアや物理学者の I. ジェーバー[*3] のノーベル賞受賞者を出している。GE 研究所は、所長職を務めた C.P. スタインメッツや創業者の一人である E. トムソンらが指摘しているように、端的にいえば、新分野への投資と開発のためには研究所機能が不可欠だとの意向に基づいて設けられた。

　アメリカの工業研究の起源としての GE 研究所について取り上げた著作に G. ワイズのものがある。彼は GE 研究所所長 R. ホイットニーが、科学と産業のはざまで発揮した多彩な指導的手腕を研究所での出来事を中心に伝記的描写を行い、例えばラングミュアはクーリッジに熱電子理論を得心させたこと、X 線管を軍事用携帯装置とすることを請け負ったこと、電球の黒化の原因分析などについて記し、所長ホイットニーの組織マネジメントの手腕や製品開発上の GE のビジネスの特質について述べている[1]。

　L.S. ライヒは、GE 研究所と Bell 研究所における産業的研究とビジネスがどのように形成されたのかを取り上げ、例えばラングミュアの研究者としての能力・性格を、商業的利益に結びつく研究領域や有効な科学的原理を発見する実験的研究で前進させる、「強力な産業的研究者」として評価し、その優れた研究方法は複雑多岐な問題を分析する、その研究能力に注目し、興味ある記述を展開している[2]。

　ここでのテーマ性との関係で注視すべきは次のような点である。すなわち、これまで企業内研究所を含むアメリカの研究・開発の評価については、V. ブッシュが 1945 年に著した『科学−果てしないフロンティア』[3] に代表されるような、純粋科学の新しい技術により豊かな明日の世界をもたらすとのリニアモデル型の研究・開発の礼賛説が説かれてきた。

　これに対して、近年 R. ブーデリや R.S. ローゼンブルーム& W.J. スペンサーらは、こうした論調を否定する見解を提示している。例えばローゼンブルーム&スペンサーの著書『中央研究所時代の終焉』の中では、GE 研究所の研究制度・組織面に関わって、GE 研究所所長ホイットニーは産業的利益につながる応用開発研究と学術研究指向性の強い基礎研究の二面性を同時に実施できるように努めたと指摘している。

　しかしながら、その記述は概して 20 世紀の後半にあらわになった研究・開発の組織上の問題は、20 世紀前半期において経験的につくられた基礎科学への投資が新技術を生み出すとの「誤解」が元になって引き起こされていたととらえるものである。しかし、こうしたとらえ方はこれまでの一様とはいえない経緯を歴史通貫的にとらえるもので、GE 研究所などの初期の成果の独自性を見落としかねない分析視点をとっている[4]。

　前述のようなブーデリやローゼンブルーム&スペンサーらの視点とは異なって、もちろんフロン

[*3] 半導体及び超伝導体におけるトンネル効果の発見；ノーベル賞受賞の栄誉に、当時 IBM トーマス・J・ワトソン研究所の江崎玲於奈、ならびにケンブリッジのトリニティ・カレッジの B. ジョセフソンと共に輝いた。江崎の研究は東京通信工業（現ソニー）にいた頃、ジョセフソンの研究はケンブリッジ大学の大学院生時代である。

ティア論を説くものではない。だが、初期の研究活動とその成果がもつ独自のあり方を適正に評価する立場から考察することで、この時代の研究・開発というものの特質を明らかにしたい。すなわち、初期の電気工業が新しい段階を迎え、技術をより高度なものへと進化せざるを得ない時代だからこそ、また科学の理論部門と実験部門とが一層相対的に自立していった。実にそうした歴史的な時代ゆえに、GE 研究所は大学などの研究室とは異なって、技術開発を目的とした基礎研究と応用研究、開発研究の各研究成果を相互に密接に連関させた。そして、GE は企業として民生用をはじめとして、その是非はともかく折からの世界大戦を迎えて軍への協力もあったけれども、科学研究の実験部門からの要請への対応など、各方面からのそれぞれに際立った技術的要求に対して柔軟かつ的確に対応し、これらを迅速に実現したのである。

　本章の基本的な内容構成は次のようなものである。GE 研究所で開発された X 線管は 1920 年代になって X 線の粒子性を検出し（コンプトン効果の発見）、量子力学形成において一つの画期を成す実験的な成果をもたらした。言うまでもなくこの X 線管の開発は、コンプトンの X 線散乱分析の科学研究の側の要請もあった。けれども、以下のような GE 社の白熱電球、続く X 線管の開発が推し進められることで実現されたわけで、産業技術を基礎にした技術開発の成果が科学研究に大きな進歩をもたらしたものだといえよう。すなわち、この X 線管は従来型の X 線管を改良するというよりは、これに重要な役割を担ったラングミュアの白熱電球を対象とした基礎的な科学研究（表面化学）を基礎に開発された。ここに見られる科学研究と技術開発の一連の過程には研究成果が相互に連関し絡み合う、つまり企業内研究所ならではの組織的研究だけにより効果的に成果を上げていく部面が見られる。

　また、研究成果が相互に絡み合うということは、研究者間の研究成果の認識が連関するということに加えて、対象とする各種の装置（電球、X 線管）はそれぞれ同一型、類似型、発展型のものであった。もちろん、これらの装置の内的構成・状態の意味づけは、先にも触れたように、互いに異なるものの原理的に類似の要素技術は相互に刺激しあい発達し、装置技術もより進んだものとなりその水準を向上させていった過程といえる。

7 − 2　フィラメント・白熱電球・X 線管の開発と研究連携

　X 線管技術の発達が X 線散乱研究を新しい段階へと押し上げ、原子・分子の世界の領域の新たな物質認識を獲得させたのだが、この新しい X 線管[5]はどのように生み出されたのか。端的にいえば、その開発は前世紀から次第にその技術を高度なものへと展開していた電気技術、より実体的にいえば白熱電球工業において展開されていた電球という製品技術の開発研究、ならびにその電球を科学実験装置とした目的的な科学の基礎研究による。すなわち白熱電球の内的構造、それを構成する材料とその加工・製造に関わる研究・開発の進展・蓄積が、新タイプの X 線管や作動の安定した電子管を生み出すのに大きな役割を果たした。

1）次世代白熱電球開発とタングステン・フィラメント材料の開発

新たな金属フィラメントを求めて　GE社は炭素フィラメントの特許切れ対策として、新たなフィラメントを求めてタングステン・フィラメントの開発を進めていた。というのもアメリカ国内での電球の製造量は1881年に3.5万個であったものが、その後急速に伸びて、1914年には1.1億個となり、同じ年に世界全体で2.5億個となった[6]。これらの数字が示すように、20世紀の1910年代にかけての白熱電球工業は成長産業であった。

　しかし、炭素フィラメント製白熱電球の当初の特許権はすでに期限切れであった。GE社にとっての緊要の課題は次世代の金属フィラメント製白熱電球の開発であった。実際、GE社は1905年GEM（金属化カーボン）電球を実用化したが、翌年金属フィラメントのタンタル電球の実用化という事態を前に、特許をもつドイツのジーメンス・ハルスケ社からタンタル・ワイアを25万ドルで購買する権利を取得して対応するのか、はたまたオーストリア人発明家H.クツエルのタングステン特許を50万ドルで取得するという話もあった[7]。そうした状況下でやがてX線管開発に結びつく、ドイツの技術などを凌駕する、より進んだタングステン電球の開発が1905年にスタートしたとクーリッジは記している[8]。

　さて、GE社のタングステンの冶金技術面は、所長W.R.ホイットニーや主任研究員クーリッジによって進められた。最初の金属フィラメント材オスミウムは、融点は高いが加工が難しく高価過ぎた。ニオブやタンタルがジーメンス・ハルスケ社の化学者W.V.ボルテン（オストワルド研究所の学生でW.H.ネルンストの助手）によって試された。タンタルは融けにくく、コストを炭素フィラメントの半値にする可能性があり、好ましかった。プラチナも試されたが融点に問題があり、炭素のように発光する前に融けてしなびてしまう。

　タングステンもフィラメント材料の候補としてあげられた。しかしながら通常きめ細かな粉末をペーストと混ぜて、ダイス（雄型を成形するための雌型の工具）から噴出させてワイアに加工するのだが困難性があった。とはいえタングステンはもっとも機能性、コスト面から適していた。しかもこれまでの炭素フィラメントは50時間で発光効率は半分に減じてしまうが、タングステンは500時間経過しても80%弱の効率を維持するものであった[9]。

タングステン・フィラメントの開発　1906年にクーリッジはタングステン製フィラメントの電球を開発していたが、そのフィラメントのそのものの製造に大きな問題を抱えていた。タングステンは硬くもろかった。けれどもモリブデンに比して、延性はあまり変わらないものの酸化物の塩や酸に侵されにくかった。やがて1910年C.G.フィンクが、タングステン原鉱の鉄マンガン重石を物理的（電気的）・化学的手法で純化させて、1/1000の径までの加工に成功した[10]。

　クーリッジは「展性をもつタングステン」と題する報告で、フィンクのデータを紹介しつつ機械的作業と化学的精錬を実現することでタングステンが延性をもつようになると記している。すなわち銅の場合はわずかのビスマス（熱い場合は0.02%か冷たい場合は0.05%）ないしは硫黄（0.25%）を含んでいると、あるいはニッケルがヒ素や硫黄をわずかに（0.1%）含んでいると、展性をもちやすく可鍛しやすくなる。確かに純度が高いと展性をもつこともあるが、異なる元素が入っていると

屈曲し操作しやすくなる。これに倣ってタングステンに展性をもたせた。こうしてタングステン・フィラメント電球は1910年造られた。この作業は研究所の約20人の固い絆で結ばれた化学者と、工場からの機械作業や電気作業に長けたアシスタントとの共同、また白熱電球工場のスタッフらの力の結集によって実現されたと記されている。なお、フィラメントは、1908年10月、フィンクからクーリッジに5枚のダイスを通して径0.25mmの線引きフィラメントが、1910年9月には径0.14mmのリール巻きフィラメントができあがったという[11]。

　後にクーリッジは1912年6月の報告「金属タングステンとその応用について」で、そのフィラメント素材としての長所について調査を行った。これまでプラチナがよく用いられてきたが、タングステンの高い比重（金と同程度の19.3）、高い融点（プラチナ1,755℃、タングステン3,000℃；この数値は今日知られている数値3,400℃より低い）、高い熱伝導性（銅の0.37倍であるもののプラチナの2.2倍）、高温下での低い蒸気圧を考えて、X線管の陽極がターゲットにふさわしいと記している。

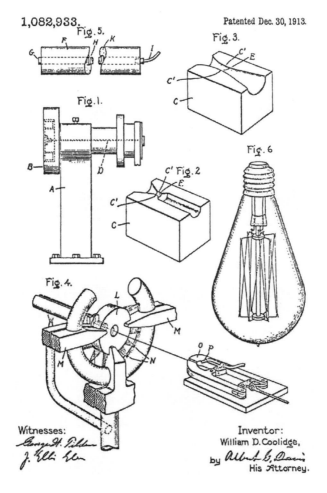

図7-1　タングステンフィラメント製造のダイスの仕組みと白熱電球

（出典：H.A.Liebhafsky, *William David Coolidge*, John Wiley ＆ Sons, 1974）

2）ラングミュアを GE 研究所へと導いた白熱電球の世界

フィラメント素材の作動の探究の始まり　さて、電球の機能性を改善するためには新たなフィラメント素材の電球内での作動を解決することが大きな課題となるのだが、このことに気づいたのがラングミュアである。彼はコロンビア大学で冶金工学を学んだ後、ドイツのゲッティンゲン大学の W.H. ネルンストのもとで、高温・低圧下での熱いプラチナ線あるいはネルンスト・グロー（酸化ジルコニウム）によって生起する気体の解離現象[*4)]を対象に研究したキャリアをもつ若き研究者であった。

　回想記によれば、前述のように研究所はタングステン・ワイアの開発に集中していたが、所長ホイットニーは、訪れたラングミュアに対してもっとも興味を抱いた事柄がどういうものかを知らせるように求めた。これに対して、解決しなければならない当面の課題は、バルブ（電球）内のガスにはワイア内の不純物が加熱によって解離してくることに問題があると考え、さまざまなタイプのワイアを高真空中で加熱し、それぞれのケースで得られるガスの量を調べることを、ラングミュアは提案した。実際これを試したところ、フィラメントの体積の 7,000 倍の量のガスを得たという[13)]。

　GE 研究所は企業内研究所ではあったが、電球問題の核心をつきとめたラングミュアにとって、研究所はこれまでの研究の連続性を保証しえるもので、ホイットニーの提案を受け入れて研究所での仕事に携わることにした。

　ところで、ラングミュアの GE 研究所入所は、タングステン・フィラメントの開発が最終段階にあった 1909 年のことである。所長ホイットニーや主任研究員クーリッジにとって、電球は新製品開発の技術的対象であったけれども、ラングミュアの問題意識としては、電球は格好の基礎的な科学研究の対象を提供する実験装置に見えたのだった。

　前述で触れたように、おびただしいほどのガスが採取されることに限りない謎を見いだしたわけで、そこに直接的な動機が示されている。電球はその内部に出現する原子・分子の解離、蒸発、吸着など、稀少な部品材の元素の特性とそれらが特異な状態でかもし出す、ミクロスコピックな現象の調査、究明を可能とする実験装置手段といえるものであった。

研究所の自由な空気ときめ細かな研究支援　このように同じ対象（電球）とはいえ、研究集団のメンバーのそれぞれの目的意識、価値づけ方によって、互いに関連し合いながらも位置づけは異なっていた。初期の GE 研究所の組織性、研究人材の卓越性が指摘される。ここに自由な空気のあるメンバー間において研究内容面で独自性を保ちつつ多様に絡み合い多彩な成果をつくり出す、企業内研究所の研究・開発の特質を見いだす[14)]。

　なお、ラングミュアが GE 研究所を選んだのには研究所の研究環境にもあった。彼がニュージャージーのスティーブンス工科大学にいた頃は支援者はおらず、自前でやるほかはなかった。けれども GE 研究所ではホイットニーによって特別に支援者をあつらえられた[15)]。前述の実験で支援したのは A.H. バーンズであるが、ラングミュアの実験的研究に欠かせない巧みな器具製作人 S.P. スウィーツァやワイアの製作支援を行ったのは J. ビショップらである。例えばプラチナ・ワイアの製作に

[*4)] 解離現象は、分子がより小さな分子や原子、イオンなどに分解され、反応が可逆的な場合をいう。なお、イオンに解離する場合は電離という。

あたっては純粋なプラチナを径 0.020 インチ、長さ 20 フィートのワイアにしたうえで、それをダイヤモンド・ダイスによって引き出して径 0.10、0.005、0.0027、0.0016 インチのワイアが製作し、あるいは測定では、水素中や水銀蒸気中のタングステン・ワイアからの対流について、例えば絶対温度 273、473、673、873、1,073、1,273、1,500、1,700、1,900K まで約 200 度刻みで、抵抗、ワット、電流などをきめ細かに測定した [16]。

　前述のような情況からいえることは、GE 研究所は、実験装置の細工のみならず精密測定技術や材料加工技術など、高度な技術展開を当時進めていた。つまり、高温・高真空下でのさまざまな希少物質の未知の特異な現象を発見しうる、ほかに類を見ない装備を含む研究基盤と、また研究対象となる実験装置、すなわち電球とそのバルブ内の実験条件を的確に調整する手腕と知恵が提供されうる支援環境があったのである。

3）白熱電球を実験装置と見立てた基礎研究

1911 年発表の研究　入所したラングミュアが取り組んだ研究は、閉じたガラス容器内の高温状態のガスの熱伝導と対流に関するものであった [17]。これは先に触れた、1904 年彼がドイツ留学の際、ネルンストの示唆によって始められた、ネルンスト・フィラメントのグローによって生じる窒素酸化物の形成を取り扱った学位論文を引き継いだものである。

　この GE 研究所で行われた研究成果は 1911 年に発表された。それはフィラメントにタングステンを用いて、空気（窒素、酸素）や水素を取り込んだガラス容器内（直径 4cm）のフィラメント・ワイアの位置やその太さの違いが温度の高低によってどう変化するかを調べたものである。実験結果はワイアの容器内の位置で低温の場合は違いがあるけれども、高温の場合はその効果はほとんどない。これらの観測のうち水素ガスの場合、熱のロスは高温においてワイアの径に依存し、直径 0.069mm 以下の細いワイアの場合、絶対温度 1,200K 以下では熱のロスに対する径の効果はわずかなものだった。他方、2,400K では熱のロスの増し方は半径に一次比例していた。また、温度に対する電力の比は約 1,300K までは比例しているが、温度が高くなると 3,400K まで次第に激しく増えることなどが判明した。翌 1912 年「ガスの対流と熱伝導」の研究を発表し、これまでの研究の到達点を整理したうえで理論的・実験的考察を行った [18]。

物理学的見地と化学的見地とを合わせて　ところで、ここまでのラングミュアの研究は物理学的な見地からのアプローチをとっていた。だが電球をモデル化したバルブ内に示される新たな特異性を垣間見て、化学的な見地からのアプローチを付け加えた。つまり、ここまでの研究はバルブ内のガスの運動が熱のロス等にどのような効果をもたらしているかという課題で、そこで気体運動論などの物理学的な運動のさまざまな形態、例えば対流や伝導、すなわち特徴的な物理量としては熱伝導や粘性、比熱などを調べて各種のガスの熱の変動をとらえようとした。

　しかしながら、水素中のタングステン・ワイアの対流の観測において、電力消費（$W/la = 39.4 (T/1703) 4.74$、ただし l はワイアの長さ、a はその半径）が 2,300K 以上になると気体運動論の計算値から大きく逸脱することがわかった。その逸脱を、ラングミュアは水素の原子への解離によると想定した。

水素原子への解離現象　こうしてラングミュアは化学的な反応が電球をモデル化したバルブ内の状態に大きく関与しているとの認識に立って、ガスのうちでも特異な振る舞いをする水素を対象に取り組んだ。それが 1912 年 5 月の研究報告「水素の原子への解離」[19]である。これは 1911 年の前述の報告「超高温におけるガスの熱伝導と対流」で扱ったもので、水素中のタングステン・ワイアの温度上昇に伴うエネルギー消費の急速増加は、水素が電離し原子に解離するために引き起こされているのではないかとの想定を検証するために計画されたものである。これは マグナーニ&マラニーニ（イタリアの物理学関係の雑誌 *Nuovo Cim.*,1897 年）の窒素の過酸化物の解離現象を参考にしたもので、ラングミュアは解離現象の理論的解析を行う一方、200 度ごとに 1,100K から 3,500K の範囲で温度を測定し、ほかのガスと比較した。例えば、窒素の場合には 3,500K でも多少の解離は引き起こされるものの 5%を超えなかった。これに対して水素の場合は窒素や水銀、二酸化炭素とは異なって、2,100K を超えると急速にエネルギー・ロスを生じ、3,300K ではその値は 4-5 倍増大した（計算値 $W = 2\pi/\ln b/a \int_{T_1}^{T_2} k dT$、ただし、$k$ は熱伝導率、単位は W/cm・degree）。この結果から解離現象が引き起こされていると判断した。この検証にあたって、各種のガスを入れ、これを液体空気で冷却しえるようにした U 管を実験装置のバルブに取り付けて目的通りにコントロールする仕掛けを設けた。

水素の化学的活性修飾　次いで 1912 年 8 月、ラングミュアは研究「水素の化学的活性修飾[*5]」[20]でこの水素の解離現象の謎、急速増加のメカニズムにせまった。具体的には、同様の実験装置を用いて、圧力や温度を調整して水素を反応性の高い状態にし、それが水素原子に変化しほかの気体と化学反応を引き起こし別の物質に転ずる現象を調べた。タングステン・ワイアを 1,300-2,500K に熱すると周りの低圧（0.001-0.020mm）の水素ガスはゆっくりと消滅する。ただし、窒素や一酸化炭素の場合は 2,200 度以下では消滅しない。水素は加熱されたワイアに吸収されて消滅したのではなく、ガラス表面に堆積し、その際にリンをバルブ内に添加すると三水素化リンを形成する。こうした水素の振る舞いから、水素は原子状態に解離し、化学的活性をもったままワイアを放れて、冷却されたバルブ内に拡散するか、ガラスに吸収されることが判明した。

　このように、実験装置のバルブ内に引き起こされる現象、すなわち水素を中心とした基本的な化学的運動形態に関する考察を行い、バルブ内の低圧ガスが活性化しさまざまな状態に変転し、低圧とはいえ大きな影響をもたらしていることを明らかにした。

タングステン電球の窒素の化学的クリーンアップ　ラングミュアは、これまでの基礎研究を基にして直接的に電球内の状態を調べる目的基礎研究を含む応用研究へと進んだ。それが 1913 年 6 月「非常に低い圧力での化学反応、Ⅱ.タングステン電球の窒素の化学的クリーンアップ」で、電球内の少量の低圧水素ガスはフィラメントによって高温に熱せられて、酸素やフィラメントを構成するタングステン・ワイアと反応し消滅する。ところが、窒素ガスの場合、タングステン電球内の固体のタングステンとは反応せず、フィラメントから遊離するタングステン蒸気（単原子）と結合して窒化タングステン（WN_2）となる。つまり窒素は水素や水蒸気と異なってタングステン蒸気と反応する以前

[*5] 化学的活性修飾とは、狭い意味では生体高分子に含まれるアミノ酸残基などの、その高分子の特性を代表する原子団をメチル化あるいはアセチル化などの操作をして反応性、活性を変化させることを指す。広い意味では、金属や電極、樹脂表面に分子などを化学結合させたり、化学吸着や物理吸着によって表面修飾を行うことも化学修飾という。

に解離もしくはイオン化を引き起こさない。こうしてラングミュアは、封入ガスによって電球のバルブ内の状態が異なることを明らかにした。

タングステン電球の黒化とその防御方法　次いでラングミュアは 1913 年 10 月「高性能タングステン電球、I.タングステン電球の黒化とその防御方法」[22]で白熱電球のエネルギー効率の問題について調べた。電気エネルギーの熱エネルギーや機械的エネルギーへの転換はこれまで 90％の効率性を達成していたのに、白熱電球等のランプ光源についていえば非効率であった。最初の炭素白熱電球は平均的な基準で 1 キャンドル[*6)] 当たり 5.6W も消費していた。その後 3.1W に減じ、金属フィラメントの使用によって 2.5W、さらにタングステン電球の登場によって 1 から 1.25W まで減じた。

　タングステン電球はサイズが大きくなるほど効率的に作動するが、原理的に効率はバルブの黒化に依存する。すなわち水蒸気、二酸化炭素、一酸化炭素、水素、窒素、炭化水素ガスなどの電球のバルブ内にあるガスの中でも問題のあるガスは、これまでの研究で明らかなように水蒸気である。水蒸気はタングステンを酸化させ原子水素に還元される。生じたタングステンの酸化物は揮発しバルブに堆積し、そこで原子水素によって還元されて金属タングステンになる。こうして再び水蒸気が生成しふりだしに戻る。この反応はサイクルとなって繰り返し引き起こされ黒化が進む。ラングミュアは、このサイクル反応における水蒸気の役割を確かめるために、電球に見立てたバルブに取り付けた側管に水を入れ、これを固体の二酸化炭素とアセトンで−78℃に冷却し、水蒸気圧 0.0004mmHg でも黒化が引き起こされることを巧みな手法を工夫して検証した[23)]。

　こうした分析から排気が不十分な電球は短命で、よく排気すれば電球黒化の原因は除去される。しかしながら、液体空気にバルブを浸し水蒸気がフィラメントに触れないようにしても黒化は進んだ。要するに電球黒化の真の原因は、温度にも依存するがフィラメントの蒸発にあった。これを防御する方策は、窒素や水銀、アルゴンのようなガスを電球に封入し、そのガスの対流によって堆積する位置を変えバルブを黒ずませないことだと結論づけた。ラングミュアはここに黒化を除去する方策をあみ出し、窒素で満たされたタングステン電球を発明したのだった[24)]。

電球内の蒸気圧のフィラメント材料の違い　次いでラングミュアは、1913 年「金属性タングステンの蒸気圧」と「金属プラチナとモリブデンの蒸気圧」と題する研究報告を相次いで発表し、タングステン材料の特性を分析し、ほかの金属材料よりもすぐれていることを検証した。タングステンの場合、融点近くの 3,540K ではさすがに蒸気圧は 0.080mmHg となったものの、2,400K で 5.0×10^{-8} mmHg、2,700K で 6.9×10^{-6} mmHg であった。また白金は 1,850K ですでに 8.8×10^{-6} mmHg、2,000K で 1.07×10^{-4} mmHg、モリブデンは白金よりは数値はよかったが、2,200K で 3.96×10^{-5} mmHg、2,400K で 1.027×10^{-3} mmHg であった。タングステンの蒸気圧の数値は白金やモリブデンよりもその値が小さく、フィラメント材料としてのタングステンの優位性を示していた[25)]。

　このように、ラングミュアの研究は白熱電球のバルブ内を対象とし、この内部を探る巧妙な実験装置をあつらえここに生起する現象を、当初は物理学的な見地から分析した。だが熱のロスが水素の原子への解離にあるのではないかとの想定、すなわちこの水素の特異な振る舞いを見いだしたこ

[*6)] 1 キャンドルとは、1 本のロウソクの明かりに由来する。1948 年に国際度量衡総会で決められた 1 カンデラはおおすじ 1 キャンドルに等しい。

とを契機にバルブ内の原子・分子のそれぞれの新しい特性を化学的な見地から追跡することへと転じ、効果的な電球の素材構成と内的状態を明らかにした。

このような考察は、白熱電球の製品開発研究としての目的基礎研究を含む応用研究ともいえるが、白熱電球を契機とした新たに開拓された表面化学で基礎研究ともいえる、二面性を備えたものである。

7－3　白熱電球開発を踏まえたクーリッジによるX線管の開発

これまでとは異なる新しいX線管は、電極のフィラメントをタングステン素材としたものでW.D.クーリッジによって開発されたものだが、それはまたラングミュアの白熱電球を対象とした研究成果の基礎に結実したものであった。

X線管のターゲットにふさわしいタングステン　その開発の出発点は、1912年のクーリッジの報告「金属性のタングステンとそのいくつかの応用」に始まる。それによれば、従来X線管は通常プラチナが最適なターゲットとして見なされ、これを水冷したり熱伝導性の大きい銅片で覆う工夫をしたりしていたという。しかしプラチナは、融点1,755℃でX線管の特性に限界を設けるものともいえた。これに対してタングステンの融点は3,000℃を超え、ラングミュアの測定に示されるように金属中でもっとも気化しないこと、またタングステンの融点でのエネルギー放射は1平方cm当たり375W、具体的にはディスク径3cm、厚さ0.2cmのタングステン・エネルギー放射は5kW余りで、これはプラチナのそれの20分の1に過ぎないと記されている。これらのタングステンの優位性を、クーリッジは高比重、高融点、高熱伝導、高温下における低蒸気圧の四つにまとめ、念入りに仕上げられたタングステンはX線管のターゲットとしてふさわしいと結んでいる。

クーリッジX線管の原理：熱電子放出効果　そして翌年、クーリッジはタングステンをターゲットにしたX線管を開発した。それは10kW機械式整流器や変圧器と連携した、陰極と対陰極に精錬されたタングステンを用いた高真空のX線管であった。彼は、この開発の際に上記に加えて次のようなラングミュアの示唆に基づいて設計したと述べている。「高真空中のタングステン製熱陰極は温度に依存した、ある決められた割合で電子を供給すること、また高電圧、少なくとも10万V以上では決してこの放出割合に影響は出ない」と述べている[27]。

この点に関わってラングミュアは同年、研究報告「高真空下の熱イオン電流の空間電荷と残留ガスの効果」[28]で次のような考察と分析結果を示していた。バルブ内のガスを一掃し、高真空状態にしたらフィラメントからの電子放出はどのようになるのか。この研究は、炭素製もしくは金属製のフィラメントが真空中で熱せられ、それが正に荷電された金属シリンダーで囲まれると電子がその熱いフィラメントから放出される、いうならば、エジソン効果のより正確な理解を目指すものであった。

ラングミュアは、電子の相互反発力（空間電荷）は正イオンを奪い、その結果熱い陰極から冷たい陽極への電流の流れが限定されることを示した。バルブ内に低圧ガスが存在すると一般的に白熱金属からの電子放出は大きく減少する。特にその効果は低温では顕著である。だが、高温ではこの

効果は消滅すること、またタングステンからの通常の熱電子流は完全な真空内において熱電子放出の電流密度は温度に依存することを示したリチャードソン式に合致すること、さらにタンタルやモリブデン、プラチナ、カーボンの場合には、ガスの効果が電子放出を大きく妨げること、そしてタングステンからの熱電子流を抑制する窒素ガスの効果は陽極の電圧に依存し、酸素の効果も同様であること、加えて飽和電流を変化させるガスの効果はワイア表面の不安定な複合物の形成によることなどを示した。そのうえで、ラングミュアは適切な事前の対策があれば高真空（10^{-6}mm）下の白熱固体からの電子放出というのはその物質の重要な特性で、その他の二次的な原因によるものではないとの見解を適正とした[*7]。

　ここにクーリッジのX線管の原理が見て取れる。すなわちフィラメントを備えた熱陰極から熱電子ビームを放出させて、これを陽極ターゲットに衝突させX線を生み出す。これは熱電子放出理論という科学的原理を技術として具現化したもので、ラングミュアは電子放出が、高真空下では何の問題もなく実現され、10万V以上の高電圧にいても同様に放出することを示した。従来型の冷陰極型X線管では、封入ガスの放電で生じた気体の陽イオンを陰極へ衝突させて電子を放出させていたのだが、封入ガスは不要なものだったのである。これを機にX線管の高性能化は急速に図られることになった。

　クーリッジによるX線管の開発は、単にタングステンの特性を生かしたターゲットや陰極フィラメントが用いられただけではなかった。それは、前項で示したところのラングミュアが1913年までにGE研究所で白熱電球の改良を目的に、これを装置と見立てた基礎的研究の成果に裏付けられた、高真空下の熱電子放出効果を集約的に応用したものなのである。

クーリッジ管のモリブデン材料による改良　その後、X線管はその機能をより効果的に発揮するために必要な改良が行われた。その最初の一端は以下のようである。1914年2月、クーリッジがGE社の紀要に記載しているところによれば[29]、第一に、放出される熱電子が集束するようにタングステン・フィラメントやフィラメントと同心のモリブデン製の円筒で囲んだ。第二に、結線の仕方を工夫し、熱を逃すためにフィラメントを耐熱性のある熱伝導率のよいモリブデン製のワイアにつないだ。第三に、一方の陽極については重量100gの単一のタングステンで構成し、そのリード線に過剰に熱が流れないようにするために熱伝導率のよいモリブデン製リングを三つ取り付けた。またジャーマン・ガラス製のバルブの排気は真空ポンプとのつなぎを広くかつ隔たりを短くして、タングステン陽極やモリブデン素材を真空炉で焼いた後にゲーデの分子ポンプを用いて排気し、大きな放電電流を1時間バルブにかけて、吸着しているガスを除き、10^{-5}-10^{-6}mmHg以下まで排気した。

　ここにモリブデンが多用されているのは、融点・熱伝導率はタングステンに及ばないが、それでも高融点、高熱伝導、とはいえ比熱は2倍弱、しかもタングステンより廉価、かつ比較的加工しやすい長所があった。これらのモリブデンを用いた過熱対策や上記に示した排気のための一連の周辺機器との連携によって、一応X線ビームを数時間にわたって強度・貫通力において十分な、かつ感知しうるような変動もなく生みだすことが可能になった。そのうえバルブは何のガラス蛍光も示さ

[*7] ブリング&パーカー（*Phil.Mag.*, 23, p.192, 1912）の熱電子流を二次的効果と見なす見解や、リリエンフェルドの正イオンは高真空下の電気伝導に本質的な役割を果たすとの見解を参考にしている。

なかったという。

X 線装置のための電源開発　なお、使用された電源はレントゲン設備社製の 10kW のスヌーク装置である。20 世紀初期の X 線撮影では、誘導コイルと断続器によって、仕組みとしては一次コイルの直流電流をすばやく断続させ、電磁誘導で二次コイルに高電圧を発生させていた。

　というのは、当時、電源は蓄電池か、一部地域で利用された商用電力も直流であった。これを利用して誘導コイルを作動するには、電流を高速に断続させる必要があり、当初は機械的な断続器（電磁石とバネで接点を断続させる）が使われたが、故障の頻度ばかりか騒音問題もあった。そこで、後述の水銀断続器も開発された。これは水銀槽内でモーターの羽根を回転させて断続する装置である。これも水銀の酸化問題があり、取り換えが必要であった。

図7-2　リュームコルフの誘導コイル

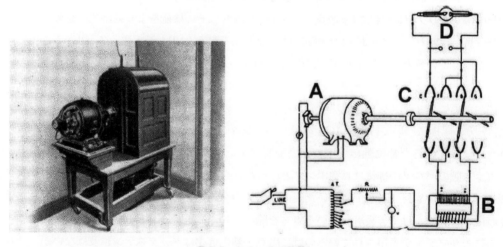

図7-3　スヌークの装置

（左）スヌークの装置の外観：手前は同期モーター、後方は変圧器と整流器を入れたユニット
（右）スヌークの装置の仕組み：交流発電機 A の電流を変圧器 B の 1 次側につなぎ、2 次側を前記 A の回転軸に連結した機械式整流器 C を媒介させて X 線管 D に安定した電気を供給する。
（出典：放射線医学の歴史：http://radiology-history.online/history-generator.html）

　いずれにしても出力や安定性、メンテナンス面で難があった。このスヌークの装置は、アメリカの技術者 H.C.スヌーク(1878-1942)が 1907 年に開発したもので、断続器は不要の変圧器であった。そのうえ、交流電力が普及するなか、交流を一次電源にすることを可能とした。当時は 150V、60 サイクルの交流を用いていた。ただし、交流を直流に変換する際に機械的整流器を用いていたので、依然として騒音は生易しいものではなかったという。この問題の解決は整流管といわれる真空管による電子的整流が実現される 1930 年代以降である。

7 － 4　第一次世界大戦期から戦後にかけての X 線管の発達

　クーリッジ管はおおすじ基本的な原理的改善をしつらえた。だが、なお改善しなくてはならない点があった。クーリッジ以前の類似の熱陰極 X 線管としてはすでにドイツのウェーネルト&トレンクル（1905 年）や、リリエンフェルト&ローゼンタール（1912 年）のものもあった。しかし、例えばリリエンフェルト管は 1915 年頃から商業生産されて 10 年ほど命脈を保ったが、その熱電子放出機構ならびに X 線発生機構は多少複雑なものであった。これに対して、クーリッジ管は次のような改善を図ることでやがて支配的となった [30]。

さらなるクーリッジ管の改良　改善の基本問題は、X 線管の電気系統の管電流や真空の達成度というよりは連続使用の実現にあった。ちなみに管電流について示すと、レントゲン の X 線管は、推定で管内圧 10^{-3}mmHg、80-100kV、管電流 2-3 mmA で、当時の高電圧電源としては起電機とライデン瓶によって 150-200kV、管電流 2-3 mmA を実現していた。ところが管電流は、1910 年代になると転機を迎え、1911 年タングステン板を銅製陰極に埋め込んだ陰極が用いられることで管電流 50mA を実現した [31]。後述するコンプトンが用いた GE 社提供のクーリッジ管は、高圧電源は直流変換の工夫を施した 10kW 段階変圧器のスヌークの X 線装置で、バルブに掛かる最大電流は 30mA であった。これらの管電流の数値を見ると、初期のものは別にして、管電流の数字は 1910 年頃と 1920 年頃とで余り変わりはない。この 10 年間の X 線管の発達は、電流の安定性を含む、一様な X 線を望み通りに提供する X 線管の安定した連続使用の実現にあり、この点をクーリッジ管は成し遂げたのだった。

　さて連続使用の問題は、負荷電圧の安定性もあるが、殊に高温の熱の回避をどうするかにあった。そのためバルブは電極の過剰な熱を回避し高温に耐えるために球状をなすのが普通で、それゆえにまたその径を小さくすることは困難なことであった。クーリッジの報によれば、1913 年開発のものの径は 18cm、1914 年に開発されたものも、この熱を回避するためにリード線にリングをしつらえてあり、この径も 18cm あった [32]。

第一次世界大戦と携帯用 X 線検査装置　この課題克服に応えたのが第一次世界大戦によって必要性が奇しくも生じた軍事携帯用の X 線管の開発であった。クーリッジは 1918 年 1 月、軍事用に開発した携帯可能な熱陰極 X 線管の概要を報告している [33]。ちなみに、1915 年に開発されたものに熱回避に水冷のものがあったが携帯には不向きであった。この 1918 年のものは次のような改良を施すことで解決した。第一は、陽極を先の 1914 年のそれに比してより大きな熱容量、熱伝導性をもつター

ゲットにして熱耐性を高めた点にある。すなわち、純銅製の陽極ターゲットのヘッドにタングステン・ボタンを真空中で鋳込んだ。その重量は 860g、熱容量は 81cal である。この熱容量は既存のモリブデン軸のタングステン・ターゲットの熱容量 10cal 程度に比して数倍であった。第二は、陽極の銅製の軸を熱伝導のよい銅製のラジエーターに結びつけ、輻射熱を逃がす工夫を施した。こうすることでバルブ径を従来のものに比して 9.5cm に絞ることが可能となった。第三に、バルブの排気は三つの段階に分けて行ったが、最初に水素を充満させ、強熱することで以前に比して排気が簡易になった。こうして軍事医療目的に適う携帯用のバルブのコンパクトなものがはからずも開発された。

　GE 社の戦時の成果報告として次のような記述が記されている。1917 年のアメリカによるドイツへの宣戦布告を機に、GE 社、E.W.ライス社長は大統領に社の全設備を戦争遂行のために提供することを即座に電報を打った。実に GE 社は年当たり 25,588 万ドルにのぼるビジネスを展開したが、その 95%は直接的にせよ間接的にせよ戦争に関わるものだったという[34]。GE 社の報告には、ラングミュアの白熱電球に始まる高真空下の電気放電の「純粋な学術的研究」は、クーリッジ管の基礎となる原理を見いだし、「戦争の勝利に役立った」とある[35]。その注目すべき貢献の一つに携帯用のX 線検査装置が以前の重くて、調整がデリケートなうえに X 線光は弱いものと区別されて新たに開発された。すなわち軍事医療サービス、携帯用のコンパクトな X 線管が軍事的に要求され、この目的に応える形で装置の開発研究が進んだ。GE 社の報告には、戦時期のニューヨーク州・スケネクタディにある GE 研究所の仕事は、軍事用外科医療サービスの部門に対して顕著な貢献を成したと記されている[36]。

連続使用を可能にした水冷 X 線管　戦後の 1922 年に、GE 社で開発されたものは連続使用が可能な水冷 X 線管であった。このバルブの陽極は、モリブデンを銅のヘッドに鋳込んだもの（銅の熱伝導率はモリブデンの 2-3 倍で放熱効果が高い）が使われた。同年、物理学者 W.P.デイヴェイ（ペンシルバニア州立大学）は新型の X 線回折装置を開発した[37]。そのクーリッジ X 線管の陽極はモリブデン・ボタンと銅からなるもので、かつ水冷であった。フィラメントの寿命は使用電流 4.75mA で 1000 時間、管電圧は最大 30kV であった[38]。また X 線管の電流の安定性も増した。一つ例をあげると、1921 年 W.K.カースリーはクーリッジ管の電流を一定に保持するための工夫を施し、電圧を変化させても電流をほぼ 2mA（2.0-2.05mA の間）に保った。安定装置がないと 3 分間に電流が 10mA から 7.0mA に変動したが、安定装置を使うと 10mA に保持された[39]。

　こうして X 線管は軍事的要請も受けて、連続使用可能なかつ取り扱いやすいコンパクトな技術として成立した。平時ではなくなぜ戦時に、このような開発が実現できたのか。この主たる要因は民生用製品の開発では採算性を考慮せざるをえないが、戦時には必要とする技術開発に対して政府予算がバックアップし、企業は採算性を考慮しないで済むからである。ここには為政者の意が働いている。為政者の意で可能というならば平時の民生用製品の開発においてもそれ相応のバックアップをすべきである。政府予算の原資の多くは国民の税金に負うている。ご存知のように、こうしたことは 21 世紀の今日では見られることといえる。ただし、「国家競争力」強化に見合うという条件が残念ながら付いている現状である。

7 ― 5 科学実験を一新させた X 線管とコンプトン効果の発見

GE 研究所は企業内研究所ではありながら、大学等の外部の科学研究の側の要請に応えて科学機器を提供する対応能力を備えるに至った。その典型的な例が、1920 年代前半に開発された新しい X 線管であった。

A.H.コンプトンはその実験目的にふさわしい精密な定量測定の方法、高度な X 線散乱実験の手段体系としての各種装置をあつらえていた。鍵となったのはこの新しい X 線管で、これを使用して X 線の粒子性を示すコンプトン効果を発見したことだ。その発見は 1923 年「散乱 X 線のスペクトル」[40] として報告された。用いられた X 線管はモリブデン・ターゲットであった。

実験目的に見合った特別製 X 線管 ここで課題は、散乱線の中に散乱角に依存する波長のより長い二次線があることを確認しなくてはならない。これを可能とするためにはより精密な測定が必要となった。X 線ビームを石墨の散乱体に照射し、これを X 線分光器の結晶へと導く。その際ビームがブレないように X 線管を散乱体の周りで回転させ、散乱角を自由に変化させなくてはならない。X 線強度を高めるためには X 線管のバルブの径を細くして、陽極端からの距離を縮めるほかはない。そのためには陽極の過熱をクリアする必要があった。そこで X 線管は通常の球形のものと異なる細長い形状、径 3.5cm に絞った。そして、この細いバルブが耐えられるように、陽極を水冷する特別な設計とした。この設計によりターゲットと散乱ブロックとの間を可能な限り短く、約 2cm にすることが可能になり、X 線強度は 1.5kW で、通常のモリブデン・ターゲットのクーリッジ管に比べて 125 倍の強度を出したと記している。

この X 線管の電極は GE 社によって提供されたものである。注目すべきは、このような実験目的に見合った強力な X 線管が科学研究の側からの要請を得て、電気工業という産業の側が、金属素材の調達を含め、保有する技術の粋を結実させて製作し提供したことである。

このようにして、以前の 1910 年代前半期の旧い X 線管を用いていた実験も含め、原子物理学面で大きな成果をあげてきた。この辺の事情を比較し、どの程度進歩したのかについて、かつての X 線管の機能を紹介しておきたい。

例えば、M.ラウエ や W.H.ブラッグの X 線による干渉や結晶解析は、その解析された結晶を回折格子として利用することでより発展的な研究領域を切り開く手立てを得させた。すなわち結晶構造を回折格子にすると、以前のアメリカの物理学者の H.A.ローランドが太陽スペクトルの分析（天体分光学）で用いた 1880 年代のものに比して、また A.A.マイケルソンの 1915 年の光波干渉計に用いられた回折格子に比べて、1,000 倍も細かくなり、短波長の X 線解析が可能となり、原子内のより深部の電子の規則性を分析することを可能にした[41]。実際 H.G.J.モーズリィは、ラウエやブラッグの研究に触発されて X 線を用いた研究をスタートさせ、その後、可視領域のスペクトルを用いて原子内の外殻電子ではなくより深部の電子の構造解析を行い、N.ボーアの原子構造論の見解を支持するデータを得た[42]。

しかしながら、これらの X 線散乱の実験に用いられた一次線源の特性、すなわちその強度や波長

は一様にコントロールされ、実験・観測に必ずしも見合うものでなかった。前記のモーズリィ&C.G.ダーウィンの研究で用いられたX線源は、白金ターゲットのミュラー管であった。それはサナックスの水銀断続器（1898年 N.テスラの考案）と連携し、コイル（一次側 6A、二次側 0.3mA）で励起させるものであった。

　だがミュラー管は管内圧が変動するために不安定に作動する、従来型のガスX線管の範疇に属するものであった[43]。つまり、このX線管はX線を発生させるためにガスを封入しこれを電離させることを原理とするもので、バルブ内面に吸着されているガスがX線管の作動に伴い放出され、その結果、管内圧が変動してしまうという問題を抱えていた[44]。

　また、前記のモーズリィが原子内のより深部の電子状態を探るために企てた実験はどのようなものだったのか。バルブの排気は、ゲーデの水銀ポンプ、加えて液体空気で冷却することで吸着効果を増した炭素ゲッターを用いて排気された。そして、高速の陰極線によって生起される特性X線の透過能を調べようとしたものであるが、用いられたX線管について、管種に関わる記述はない。ただしモーズリィが記しているところによれば、陰極線の衝撃によってガスが解離したりターゲットの表面が破壊されたりしてさまざまな問題が引き起こされ、その結果として効果的な放電を得られなかった。とはいえ、随時休みを入れて3分から30分程度X線を対象となる物質に照射したという[45]。この記述からすると、どうみてもX線管の作動はかんばしいものではなく、前記と同様の問題に悩まされていたのではないかと考えられる。

　コンプトンは、このような従来型の旧いX線管の問題性を見抜いていたのだろう。早くも1916年に、従来型の不安定な作動がつきまとうX線管の代わりに、GE社製のタングステン・ターゲットのクーリッジ管を機能性の良さを認識し導入していた[46]。

　やがて、コンプトンをして量子論へと導いた、すなわち光子は電子に衝突し、エネルギーと運動量を交換するという仮説（「コンプトン散乱」と呼ばれている）を構想させ、その検証へと進ませることになった、1922年の二次γ線の発生の散乱メカニズムとその本性についての研究で用いられたX線管は、モリブデン・ターゲットのクーリッジ管であった[47]。ちなみにモリブデンはタングステンほどではないが、プラチナより融点は高く、先にも触れたように耐熱性・熱伝導性にまさり、タングステンより廉価であった。

　それにしても、なぜコンプトンはGE社からX線管を提供されうるような関係にあったのか。彼は2016年にプリンストン大学で「X線反射の強度と原子内電子の分布」で学位を取得した。実はGE社との結びつきは早く、彼はミネソタ大学に職を得てからもGE研究所のホイットニーとの交流を保持し、コンサルタントの役割を担っていた[48]。

　一時期、ミネソタ大学物理学講師（1916-17年）を経て、ウェスティングハウス電灯会社の研究技師の職を受け入れ、ナトリウム灯の開発に関与した。やがてコンプトンはアメリカ研究評議会（NRC : National Research Council）のフェローシップを得て[49]、イギリスのキャベンディッシュ研究所へ1年間ほど（1919-20年）留学する機会を得た。そして、γ線の散乱、吸収について研究した。帰国後、ワシントン大学の物理学の教授の地位に就くことになるが、このイギリス留学の経緯には、ウェスティングハウスに留まっていたのでは、X線機器の貧弱な事態を改善し得ないのでは

ないかとの思いがあったともいわれている[50]。

　こうした展開の一方で、当時 NRC の物理科学部内に X 線スペクトル委員会（委員長：ハーバード大学の放射線と X 線の研究で知られる物理学者 W.デュアン）が設置されていた。コンプトンは GE 研究所の電気工学者 A.W.ハルとともにそのメンバーで、学術界と産業界の研究者とが相まみえた[51]。これは学術行政レベルのことではあるが、GE 社から市販のものとは別に開発された科学研究用に応える X 線管を供与されるような関係にあった[52]。

　以上、見てきたように、1910 年代前半のモーズリィらが使用した X 線管と、1920 年代前半のコンプトンが使用したものとは、技術水準は安定的連続使用と強度の点で異なる。コンプトンには特別に開発・製造されたものが GE から提供されたわけで、学術界と産業界の人的連携のうえで企業の側が科学研究の側の要請に応えたのだった。

　ここで本章で示したことについて整理する。第一は、この X 線管の技術の革新の努力は GE 研究所の取り組みによるが、その技術を押し上げたのは X 線管技術そのものの改良というよりは、炭素フィラメント特許問題を抱えていた白熱電球技術の革新の努力によるところが大きい。第二に、この白熱電球の革新の努力は、すなわちフィラメント素材面はホイットニーやクーリッジらによって、そして白熱電球内部の構成・状態についての分析はこれを科学実験装置と見立てたラングミュアの基礎研究によって、さらにこの成果を生かして熱陰極 X 線管を考案したのはクーリッジの応用研究（製品開発を含む）による。すなわち、それらは確かにそれぞれ固有の領域に集約された研究であるけれども相互に連携しあって成果をあげた。

　第三に、GE 研究所における開発は、まずは民生用の電球・X 線管開発から始まり、その後の X 線装置技術は軍事的要請、また科学研究用の X 線管の開発はコンプトンらの科学者からの要請など、各方面からの意味合いの異なる要請によってその技術レベルを仕上げていった。

　こうして 1920 年代初め X 線の粒子性を示したコンプトンの X 線散乱実験に示されるように、X 線管技術は 1910 年代前半のそれに比してその性能は高度なものになった。

　20 世紀第一四半世紀までは、多くの科学実験は産業から提供された素材や器材を用いていたが、大学の研究室において、実験・観測装置はどちらかといえば「手作り」的な仕方でもってしつらえられていた。しかしながら、以下において示すように、産業からの器材の提供の仕方はおおよそ 1910 年代以降を機に、その性格を次第に転じていった。すなわちハンドメイド的な部面を基本としつつ、科学研究の要請を反映した器材がオーダーメイドにつくられるようになっていった。すなわちハンドメイド的な部面を基本としつつもこうした展開が具現化するには学術界と産業界との両者に所属する研究者が連携しえるように、社会的・制度的なシステムが設置されたことが触媒的な役割をはたした。企業内研究所における科学者と支援スタッフ、生産現場とのつながりもその一つで、学術界の科学者と産業界の実務家をメンバーとして交える政府機関の審議会もその橋渡し役を担った。

第8章　X線の本性を探る科学実験と産業技術
— コンプトン効果の発見とクーリッジX線管の進歩

8－1　コンプトン効果の発見へと導いたもの

　本章では、このコンプトン効果の発見に至る過程を中心に取り上げ、科学的発見を可能にした、その実験的手法・実験装置（手段）、ないしはその実験装置を基礎づける産業技術との連関、等々について述べる。本章の意図としては、こうした科学実験がこの時代の、どのような企業における新技術の開発に関わっていたのか、またどのような社会的（歴史的）事情に規定されていたのかを明らかにし、そのうえで科学の研究と技術の開発とがどのような相互交渉をもっていたのか。なおいえば、アカデミアにおいて構想された科学実験とその手段の設計、一方で関連企業や企業内研究所において開発されている技術の高度化とが、どのように関連しているのかについて考察することにある。

　20世紀初頭の現代物理学の理論発展史、また相対的に数は少ないものの実験的部面を取り上げた歴史研究は、これまでにも記述されてきた。ここでは、こうした理論発展史そのものを取り上げるのではなく、科学実験の歴史展開に見られる、これまでにあまり試みられてこなかった現代科学の実験的研究と、それを物質的に条件づける産業技術との連関を考察することにある。

コンプトンと科学・技術関連の政府の審議機関　前章で触れたように、彼の学位論文のテーマは、X線反射の強度と原子内の電子分布に関する研究であった。それにしても、コンプトン効果発見に至る研究で注目すべき点は、実験に供されたX線管はGE社が特別にあつらえられたものであったこと、そして、それはそれ以前のX線管の性能とは異なる比類のないものだったことは、研究を進めるうえで大きな要素として働いた。これには、彼がGE研究所のホイットニーとつながりをもっていたこと、そしてまたアメリカ研究評議会（NRC）のX線スペクトル委員会のメンバーであった、GE研究所のA.W.ハル[*1]とともに務めてもいた。

　しかもなお、彼のイギリス・キャベンディッシュ研究所への1919年からの留学は上記のNRCからフェローシップを得てのことだった。コンプトンにとってこの研究評議会下の委員会は、この会

[*1] ハルは1921年マグネトロンと呼ばれるマイクロ波を発生させる電子管を開発した。今日の電子レンジはその技術的原理を応用した製品である。

議体の審議活動を超えた意味をもっていたのである。

　留学先のキャベンディッシュ研究所では、J.J.トムソンがケンブリッジ・トリニティカレッジの学長に就任し、所長は E.ラザフォードに代わった。コンプトンは新所長率いる研究者らとの交流のなかで、ガンマー線の散乱と吸収の研究を行った。この時期ラザフォードは α 線を窒素原子に衝突させ、原子核の人工変換をやり遂げていた頃である。このキャベンディッシュのキャリアはアメリカ帰国後のコンプトンの研究に活かされることになったであろう。

　コンプトン効果の発見は、もちろんペランのブラウン運動の実験などもあるが、1918 年ノーベル賞受賞のプランクの「エネルギー量子の発見」に始まる、1921 年ノーベル賞受賞のアインシュタインの光量子論を実験的に検証したことにもなる。コンプトンはこの功績によりノーベル物理学賞を 1927 年に受賞した。

　このようにこの時期、プランクを筆頭に量子論に関わる研究に比類のない成果を上げた科学者にノーベル賞が贈られた。1922 年同賞受賞の N.ボーアの原子構造論も量子仮説を導入し、原子内電子の分布を説明したものであった。

8－2　コンプトン効果の発見以前の X 線の研究について

　さて、コンプトン効果というものは、基本的には X 線の本性に関わる現象である。そこで、本節では、X 線の本性に関する研究を、W.C.レントゲンのX線の発見から M.ラウエのX線の波動性の研究までの、すなわち光と同様の波動ととらえる探究に転機が訪れるまでの、コンプトン効果発見の前史について見る。

X 線の発見　X 線が発見されたのは 1895 年である。その発見は、レントゲン（当時ヴュルツブルク大学物理学教授、学長）が、クルックス管とよばれる放電管の陰極から放出されるビーム（陰極線）の正体を調べようとしていた際に発見されたという、その経緯からすると、副次的、偶然的な出来事であった。

　その際のレントゲンの実験手法、その技術において注目される点は、放電管を極めて低圧にしたこと、および P.E.A.レーナルトが考案した、放電管を形づくるガラス壁の一部を切り取り、その開いた孔に薄い金属箔を貼って封じ、そこからビームを取り出すという方法を採用したことにある。なぜならば、そこにレントゲンは蛍光板（白金シアン化バリウム）をかざし、陰極線ビームを調べていた際に、あるときその反対方向のかなり隔たったところに蛍光板を置いても反応することを発見したからである。つまり、陰極線ビームを取り出そうとして金属箔を貼ったガラス管、いうならば「放電装置のガラス壁内」で、あるいは薄く圧延したアルミニウムで覆っても、陰極線とは別に新たな放射線、すなわち X 線がつくりだされていることを知った[1]。ただし、この段階でのレントゲンの認識は、陰極線ビームのガラス壁との相互作用、金属箔との相互作用、また残留ガスの作用といったことには触れられていない。

放電管の未分化性　確かにそうした経緯からすると、副次的、偶然的であったであろう。だが、次のようにもとらえられる。発見は放電管そのものの未分化性に起因する必然的な結果といえる。

すなわち放電管は、その後、電子発見の装置として利用されたり、また放射能を計数する計数管などとして新たな機能をもった装置として派生したり、あるいは産業的には各種の電子管として分化していったように、さまざまな機能、可能性を未分化な状態で潜在させているものだったのである。そのさまざまな可能性の一つが、レントゲンによる発見として顕在化したのだから、この顕在化は必然的な結果であったのである。その意味で、X 線管のルーツは放電管である。そしてまた、X 線管というものの具体化、その社会化の一歩は科学研究を契機に実現化されたということからすれば、X 線管は科学主導の産物として生まれたといえよう。

X 線の本性：波動か粒子か　さて、レントゲンらによる X 線の本性の初期の研究で明らかになったことは、ひとまず X 線が可視光と同様に直線的に伝播するということだった。しかしながら、X 線の屈折と反射については、それらを検出する実験が行われたけれども、初期においてはその検出はできず、その本性を明確に確定するような実験的証拠は得られなかった。

こうした事態の進展のなかで、X 線がどのような本性をもつものかということが、数少なくない研究者によって取り組まれるようになった。こうした中で一定の成果を上げたものが、M.ヤンマーが記しているところによれば [2]、X 線が可視光と同様に波動性を備えているならば、回折現象が生じるだろうとの仮説のもとに取り組まれた研究である。なぜならば、X 線を極めて短い波長の電磁波とすると、X 線が示す大部分の性質が説明できるように見えたからである。

1899 年、オランダ北部・フローニンゲン大学の物理学者 H.ハガと C.H.ウインドは、数千分の 1 インチ程度のクサビ形スリットによる回折実験を行い、その可能性を調べた。1909 年には、ドイツ・ハンブルクの物理学者 B.ワルターと R.W.ポールがより精度を上げた研究を行い、回折効果は非常に小さいのではないかとの結論を提示した。その後（1912 年）、ミュンヘン大学の理論物理学者 A.ゾンマーフェルトが、ワルターとポールの写真乾板の黒化度を、光電微測計（一種のマイクロフォトメータ）で測光した P.P.コックの結果に基づいて、硬い X 線は有効波長 4Å、軟らかい X 線は測定可能な大きさであると分析した。1913 年にはラウエによる回折実験が行われている [3]。なお、この時期、X 線の本性について「ニュートロン」と称した微粒子説も提起されたが、電磁波動論や高周波放射理論などの波動説に立った説明もされた [4]。

当然のことながら、のちに発見されるコンプトン効果は X 線の粒子性を確証するものであったが、このような定性的な特質は、X 線とは線種が異なるが、すでに γ 線の散乱実験において示されていた [5]。しかも、実際に散乱 X 線も単純ではなく、通常の光学的現象を起こす一方、振動数をあげていくと次第に様子が違って、これまでとは異なった実験結果が示されるようになった。1912 年 D.A.サドラーと P.メシャムが、γ 線と同様に散乱 X 線にも一次線より貫通力が小さいものがあることを実験的に示した [6]。

ところが、1919 年、W.ステンストロームは、砂糖と石膏の結晶から反射されたより長い波長の X 線がブラッグの法則（$n\lambda = 2D\sin\theta$）とはズレること、1920 年にはアメリカ・ハーバード大学の物理学者 W.デュアンが、通常の X 線が反射されるときにも同様にズレることを発見した [7]。ブラッグの法則は X 線の波動性を前提とするもので、これらの発見は X 線散乱が一通りでないことを示していた。

　以上、X 線発見の技術的必然性をはじめとして、X 線の本性の探究の試み、およびγ 線の研究を契機に X 線の本性の研究に転機が訪れてきた経緯などについて示した。

8 – 3　コンプトン効果の発見に至る実験手段の改良と X 線散乱の研究

　コンプトン効果発見に至る実験的研究の展開過程は、もちろん理論的示唆（光量子論）への開眼も大切なことに違いないが、以下に見るように、単に実験テーマを執拗に追求したというものではなく、実験目的にふさわしい X 線管の調達をはじめとして、精密な定量測定の方法・手段の考案など、X 線散乱実験の手段体系としての各種装置の高度化の過程でもあった。

X 線記録分光計による測定　1916 年、コンプトンは「X 線記録分光計とタングステンの高振動スペクトル」と題する研究報告を著した。その冒頭で、これまでの X 線検出方法との違いについて比較している。これまでにしばしば多用されてきた方法は、H.G.モーズリィやフランスの物理学者M.ド・ブロイ（物質波を提起した L.ド・ブロイの兄）が用いた、結晶から反射された X 線を写真撮影で、いってみれば定性的に検出するものであった。これとは別に注目すべき検出法を考案したのは、W.H.ブラッグと W.L.ブラッグの父子であった。彼らは、X 線のさまざまな散乱角での検出を可能にする分光計を開発し、分光されたビームを電離的に計測した。この分光と電離的計測は、測定対象を定量的に検出するという、これまでにはない測定方法であった[8]。

　コンプトンも、電離的方法すなわち電離箱と分光計を用いた検出法でタングステンから放出される X 線スペクトルを調べたのであった。もちろん、W.H.&W.L.ブラッグの方法をただ採用しただけではない。コンプトンは、この測定法の要となる X 線分光計に二つの改良を加えた。一つは、検電器ではなく象限電気計を用いて、感度を高めたこと、もう一つは、方向を転じても散乱 X 線を的確に受けられるように電離箱をセットし、また自動的に写真フィルムに記録する仕掛けを考案したことである。X 線管はもちろんタングステン・ターゲットの GE 社製のクーリッジ管で、その高圧電源は直流に変換する工夫を施した 10kW 段階変圧器を備えたスヌークのレントゲン機器を用いた。バルブに掛かる最大電流は 30mA であった。

　コンプトンが使用した装置は、図 8-1、図 8-2 からどのようなものであったのかがわかる。A は X 線管の対陰極で、その対陰極から輻射された X 線はスリット B、B′を通って、結晶 C で反射し、スリット D′、D を通過して、計測器である電離箱 I に入る。一方、S は分光計テーブルで、電離箱の角速度の半分の速度で動くようにセットされており、その位置はスローモーション・スクリューで変えることができる。すなわち、時計に連動したモーター駆動 MQ は滑車とウォーム歯車で分光計テーブルとロールを一定の速度で動かす。ポインターH は分光計テーブルを操作するシャフトに調子を合わせ、テーブルの回転に伴い回転し、そして電気計 E と E′の鏡はネルンスト・ランプの光のビームを反射し、微細な水平スリット k を通過して臭化カリ紙 P のロール上に当たるようにしつらえてあり、電気計 E の振れが分光計テーブルの回転と連動し、自動的にその強度が記録されるようになっている。一次線の強度は電離箱 I′と抵抗器 R′、電気計 E′で計測する。なお、Rは可変抵抗器である。

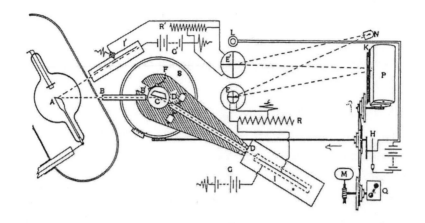

図8-1　コンプトンのX線記録分光装置（水平断面図）

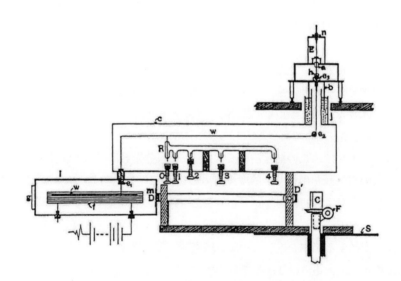

図8-2　コンプトンのX線記録分光装置（垂直断面図）

　その結果、測定の精密度は最高1mの距離で1V当たりの目盛り読み幅25,000mmを実現した。ちなみに、1915年に物理学者D.L.ウェブスター[*2]が[9)]、線源にGE社のW.D.クーリッジが提供したロジウム・ターゲットの熱陰極管を同様に用い、分光のための検出装置としてはブラッグと同じ原理で働く分光計を、そして測定系として電離箱と検電器の電気システム、さらに検電器の箔の開きを観測するための顕微鏡を準備して、特性X線の輻射量を測定した。だが、その際に実現された感度は1V当たり10目盛りでしかなく、上述のコンプトンの測定装置がいかに優れているかがわかる。

[*2] ハーバード大学ジェファーソン物理学研究所のインストラクター、のちにスタンフォード大学教授。

　このようにコンプトンの実験観測のポイントは、自動的に記録するシステムの考案にあるともいえるが、それだけではない。彼は、測定機器として、箔の開きで輻射強度を指示する検電器をやめて、検出装置とうまく連携した、象限の振れによって輻射量を定量的に指示する象限電気計を用いた点にもある。

象限電気計の改良　一例をあげれば、1918 年に A.H.コンプトンが弟 K.T.コンプトンと感度を向上させるべく選択修正の原理を用いた象限電気計がある。通常の感度は 10^{-3}V のところ、彼らが改良した象限電気計の感度は 5×10^{-4}V にまで達した[10]。

　ちなみに、そこで採用された選択修正の原理は次のようなものである（図 8-3）。中空円筒を四分割した形状を成している象限電極のうち、向かい合う一対の電極をほかの一対に対して垂直方向に多少ずらし、そのうえでそれらの中空の象限電極の中に配置されている回転電極を非水平に少し傾ける。すなわち電極配置を非対象にした配置にしておいて、回転電極を中立の位置から回転させる。すると、回転電極は各象限電極の上面から遠ざかり下面に近づく。その結果、回転電極と二つの象限電極対の間の電気容量の和に変化が生じ、通常の象限電気計で働いているトルクのほかに回転角の大きさに比例する付加的トルクが働く。その際、通常のトルクと付加的トルクの向きが同じ場合に、この付加的トルクと回転電極をつるしている糸のねじれ復元力とをつり合うように調整すると、感度が極めて高くなるというものである。

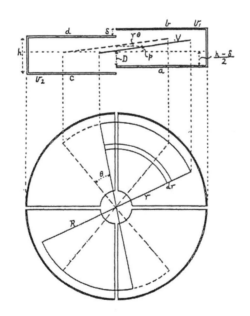

図 8-3　コンプトン兄弟の象限電気計の象限電極の改良

　線源となる X 線管とその周辺機器の発達については次節以降で見る。こうして X 線散乱を精密に測定する実験手段体系が準備され、コンプトンの X 線ビームを対象とした研究はより高度なレベルで展開されることになった。

古典論から量子論への展開　そして、以下に見るように、A.H.コンプトンは光量子論という新たな理論的認識に立つことの必要性を見取っていたのである [11]。

　前節の最後の部分で触れたように、非常に小さい波長領域において実験が示すところは、マクスウェル電気力学に基づく J.J.トムソンの高周波放射理論の理解とは異なることが判明してきた。この点について、コンプトンは「電子の大きさと形」（1918 年）と題する研究報告を著し、「大きい電子」の構想によって試みた。しかし、この古典的電子論では解決しえなかった。

　1921 年、コンプトンは「γ 線エネルギーの散逸」と題する研究報告を発表した。そこで注目されることは、二次 γ 線の本性を単に調べるだけでなく、相対的に軟らかい二次線がどのようにして硬い一次線の照射から出てくるのかという、散乱のメカニズムについて関心を示したことである。翌年、前述の放射線の相互作用を明らかにしようとの意図をもって、二次線のスペクトルについての研究に取り組んだ [12]。その実験の概要は次のようなものであった。モリブデン・ターゲットのクーリッジ管からの X 線を、散乱体のセルロイド、あるいはアルミニウムに当て、その散乱線を方解石（$CaCO_3$）の結晶格子で分光し、それを電離的方法、ならびに写真検出法との二つの方法で検出した。

　その結果、散乱二次線の中に一次線の波長より 0.02Å 長い一種の蛍光線が現れることを見いだした。また、モリブデンの K_α 線を石墨によって散乱させてみたり、銀の K_α 線を種々の散乱体によって散乱させてみたりした。そうした調査研究から、波長は散乱放射体として用いられている物質（元素）の種には依存せず、調査対象の入射一次線の波長と二次線を測る角だけに依存すること、すなわち、ズレの大きさは散乱角に依存し、原子番号が増えるとズレない方の線の強度は増大する一方、ズレる方の線の強度は減少することを見いだした。

　コンプトンは、まずはこの軟化現象を古典的概念で説明すべくドップラー効果で理解しようとした。波動論では、一次線である入射波の電磁場によって原子内の電子が揺り動かされて散乱される。その結果、二次線が放出されることになるが、散乱後の振動数は入射波と同一である。ところが、実験結果は散乱された X 線中に振動数がより長いものがあることを示していた。古典的波動論は X 線散乱の現象を説明するには無力であった。つまり、この波長のズレを説明するには、散乱体の中のすべての電子が入射線の方向に光速の約 2 分の 1 の速度で動いていなければならず、それはとても受け入れられるものではなかった。

　こうして量子論へと導かれたのであるが、コンプトンは後に、この間の古典論から量子論への思考の展開を回想している。"X 線エネルギーの各量子が一個の粒子に集中し、それが一つの単位となって一個の電子に作用したとしたらどういうことが起きるであろうか"[13]。つまり、光量子論によれば、光子は電子に衝突し、その際にエネルギーと運動量を交換する、という理論こそ実験的事実を説明するのではないかと語っている。

特製 X 線管を用いた計測実験　この構想を実現したのが、散乱による X 線の波長の増加を実験的に示した、1923 年の研究報告「散乱 X 線のスペクトル」である [14]。

$$\lambda - \lambda_0 = r(1 - \cos\theta)$$

　　ただし、λ：散乱 X 線の波長　　λ_0：一次 X 線の波長　　　β：散乱角

　$\gamma = h / m c = 0.0242\,\text{Å}$　　h：プランク定数　　　m：電子の質量

　実験装置（図 8-4）は以下の通りである。X 線管のモリブデン・ターゲットからのビームは黒鉛の散乱ブロック R に進み、スリット 1、2 を通って、結晶で反射され、電離箱に入る。X 線管は、通常の球形のものと異なる、特別設計の水冷の細長い形状（径 3.5cm）をしている（図 8-5）。そうすることでターゲット T と散乱ブロック R との間を可能な限り短く、約 2cm にすることが可能になった。X 線の強度は、1.5kW で通常のモリブデン・ターゲットのクーリッジ管に比べて 125 倍であった。もちろんこの X 線管の電極は GE 社によって提供されたものである。そして、スリットは間隙の長さ 2cm、幅 0.01cm、スリット間の距離 18cm に設定し、方解石の結晶、ブラッグの分光計を用いることで高い解像力を実現した。

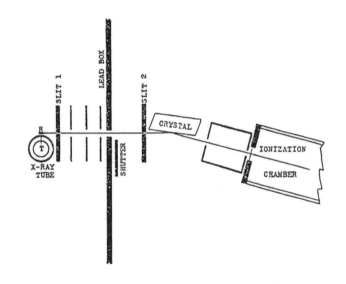

図 8-4　結晶で散乱された X 線の電離測定装置

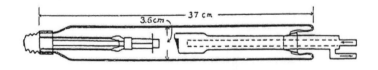

図 8-5　陽極を水冷した径の細い特別製の X 線管

（図 8-4 の左端にある X-RAY TUBE の断面図）

　それにしても、このとき使われたクーリッジの X 線管は注目すべきものである。ちなみに、通常のそれは（詳細は、次節の記述を参照されたい）、陽極の過熱を耐えるために球形にし、しかもリード線に過剰に熱が向かわないように放熱のためのリングをしつらえた。それがために通常のクーリッジ熱陰極管でも、例えば 1913 年に初めて造られたバルブの径は 18cm もあった。1918 年に開発されたものでもバルブの径は半減したものの 9.5cm であった。だが、これでは散乱ブロックへの距離は遠く、X 線強度は弱まってしまう。

　陽極端から距離を縮めるためにはバルブの径を細くする必要があったが、問題は陽極の過熱にあった。そこで、新たに工夫を施した前記の X 線管は陽極の過熱を水冷でのがして、バルブの径を細くしたのだった。

　この実験的研究は、光量子論を前提とした新しい認識に立ってのものであるが、そこで採用された実験の方法ならびに手段は、これまでに述べてきたように、コンプトンが機会あるごとに工夫を凝らしてきたものの最終的に結実したというべきものであった。なかでも特筆すべきことは、前述で紹介した、実に強力な、この実験にふさわしい X 線管が、科学研究の側からの要請に応え、金属素材の調達を含む電気工業の技術の粋を集めて、これを駆使することで提供されたことにある。

8 − 4　クーリッジ X 線管の発達とその周辺機器

　前節ではより、精密な定量的測定のためのコンプトンが採用した科学実験の方法・手段の工夫について見てきたが、本節では、前述のような X 線の散乱実験の基礎を担った X 線管技術と、ならびにその機能をより効果的に発揮するために必要な周辺機器がどのように改良されてきたのかについて示す。

　第 7 章でも見たように、GE 研究所において熱陰極 X 線管が開発されたのは 1913 年のことであるが、これは、これまでの冷陰極型 X 線管の放電で生じた気体の陽イオンを陰極へ衝突させて電子を放出させるのとは異なって、フィラメントを備えた熱陰極から熱電子ビームを放出させて、これを陽極ターゲットに衝突させ X 線を生みだすものである。熱陰極 X 線管は、このように熱電子放出理論という科学的原理を技術として具現化したもので、これを契機に X 線管の高性能化が急速に図られた。ちなみに、こうした X 線管の開発と並行するかのように、ほぼ同じ時期にコダック社は医療用 X 線写真フィルムの発売に至っている。

クーリッジ X 線管の仕様　1914 年 2 月、クーリッジが GE 社の紀要に記載しているところを以下に紹介する（図 8-6、図 8-7）[15]。陰極 25 は、径 0.216mm、長さ 33.4mm のタングステン・フィラメントを外径 3.5mm の平たい形のらせん状にしたもので、モリブデン製のワイア 14、15 に電気溶接され、そのモリブデン製のワイアは銅線 16、17 に溶接され、さらにプラチナ・ワイア 18、19 に溶接されている。モリブデン製ワイアを封じている特殊ガラス 12 は、モリブデンと同じ温度膨張係数である。そして、真空のサポート管 13 はジャーマン・ガラスでつくられ、12 と 13 の間には膨張係数の相違を考慮した、膨張係数が中間に位置するガラスを介在させ、そしてまた、細いガラス管は銅の回路 16、17 を保護している。電流強度 3-5A、電圧 1.8-4.6V で、フィラメントの温度は絶

対温度 1,890–2,540℃である。

　放出される熱電子が絞り込まれるように、フィラメントと同心の内径 6.3mm のモリブデン製の円筒 21 を陰極フィラメントの面を 0.5mm 超えて設定し、焦点について工夫を施してある。

　陽極は、念入りに仕上げられた重量 100g の単一のタングステンでつくられ、陰極に向かう面は径 1.9cm である。陽極方向のガラス管の腕の中には、陽極を適当に支えるために、また長方形状の細長い一片から熱を逃し、かつリード線へあまり熱が流れないようにするために、三つの裂けたモリブデン製のリングが取り付けてある。

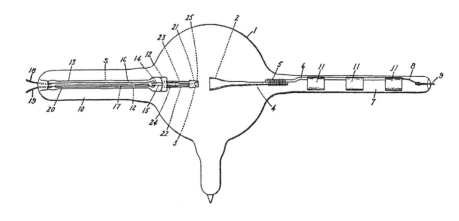

図 8-6　クーリッジ X 線管

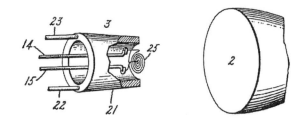

図 8-7　図 8-6 の中心部にある熱陰極（左）と陽極（右）の拡大図

　バルブは径 18cm のジャーマン・ガラスでつくられている。バルブの排気は、かつては数日間かかっていたが、所要時間は二つの方法で縮減された。まず真空炉でタングステン製（融点 3,387℃）の陽極を加熱し、またモリブデン製（融点 2,610℃）の各種パーツについてもいくぶん低温で加熱し、吸着されているものを除去し、そのうえで第二段階としてこれまでの水銀ポンプではなくゲーデの分子ポンプ（ポンプ内の回転体を高速に回転させ、これに接する気体分子が粘性によって一定方向に移送されるのを利用して真空状態に近づける）を使って排気を行った。もちろんバルブとポンプとの間は、径は広く、しかし距離は短く結合した。そして、最終段階としてファンであまり高温にならないよう冷やしながら、極めて大きい放電電流を 1 時間バルブにかけ、最終的には圧力を数百分の 1 ミクロン（10^{-5}–10^{-6}mmHg）以下まで至らしめた。

　電源はレントゲン設備会社製の 10kW のスヌーク・マシン、一次電源は 150V、60 サイクルの交流である。スヌーク・マシンは一次電源を交流電源とすることで、これに変圧器を用いて高電圧を得るものである。ちなみに最初のスヌーク・マシンの負荷電流は 110kV、20mA であった。

　こうした一連の周辺機器との連携によって、望みの X 線ビームを、数時間にわたって強度・貫通力において十分な、かつ容易に感知できるような変動もないビームを生みだすことができた。しかもバルブは何のガラス蛍光も示さなかった。なお、1915 年にはケノトロンとよばれる X 線用整流管（250mA、180,000V）も開発されていることを付記しておく。

　1917 年に、クーリッジは C.N.ムーアとともに、X 線のビームを鮮鋭にするための工夫を試した。スパークの隔たりを違えてみたり、陽極の先端にモリブデン製のフードをつけてみたり、あるいは鉛板のホールから通してみたり、モリブデンかタングステンでつくられた絞りを通してみたり、さらには陽極と陰極を直角方向にセットしたりして、どれだけ鮮鋭になるかを試し、検討を加えた [16]。

その後の改良 X 線管について　クーリッジは 1918 年 1 月、初期のものに取って代わる、軍事用に開発した一方の端にラジエーターを取り付けた携帯可能な熱陰極 X 線管（図 8-8、図 8-9）を発表した [17]。1915 年に水冷のものが開発されていたが、携帯には不向きであった。改良点は次の諸点にある。

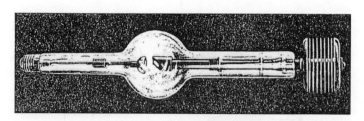

図 8-8　携帯可能な熱陰極 X 線管

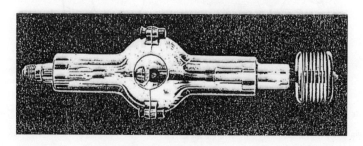

図 8-9　図 8-8 にフードを付けた X 線管

　第一に、それは、陽極を大きな熱容量をもつターゲットにすることで熱伝導度を高くした点にある。その陽極ターゲットのヘッドは純化された銅からなるが、それは真空中でタングステン・ボタン：厚さ 2.5mm、直径 9.5mm と鋳込まれ、陽極の軸に電気溶接されている。その出来上がりの重量は 860g、熱容量は 81cal である。参考までに、この熱容量は、既存のモリブデン軸のタングステン・ターゲットのそれは 10cal 程度であったから、これに比して数倍に値するものだった。

　しかも、第二に、陽極の銅製の軸は銅製のラジエーターに結びつけられている。こうして、輻射熱はラジエーターを通じて逃がされるので、バルブの直径（9.5cm）をこれまでのものに比して小さくすることが可能となり、携帯用にふさわしいものとなったのである。加えて、どのような温度においてもターゲットからの電子放出はなくなった。なお、一様なエネルギー分布にある陰極の焦点部分の直径は、3.2mm であった。

　また、第三に、バルブの排気はガイスラー・グロウ（数 10–数 mmHg 程度）になるまで急速に低下させ、第二段階の数時間にわたる排気を行った後、第三段階でさらに数時間排気を行う。最初に水素を充満させ強熱することで以前に比して、排気が簡易になった。

　なお、携帯用には発電機器や変圧装置等の X 線発生の本体以外の部分をどれだけ軽量にするのかが問われるが、クーリッジは同年 1 月、ムーアとともに X 線発生のための携帯用装置について記している。それによれば[18]、それはデイトンのドメスティック・エンジニアリング会社製のガソリン・エンジンと発電機、シカゴのビクター電気会社製の X 線管用およびフィラメント電流用の変圧器、ワプラー電気会社製のフィラメント電流コントロール装置、ブースター、オペレーティング・スイッチ、等々で構成され、重量は、エンジン・発電機部分で 170kg、管ボックス・シャッター部分で 49kg、テーブル 74kg、変圧器・器具ボックス部分で 110kg、合計 403kg である。電圧は 57,500V、電流 10mA であった。

　戦後の 1922 年、W.P.デイヴェイは新型の X 線回折装置の開発について記している。X 線管は通常のクーリッジ管ではあるが、水冷のモリブデン・ボタンと銅からなる陽極をもった X 線管回折装置を開発した。フィラメントの寿命は、使用電流 4.75A で 1,000 時間、管電圧は最大 30kV であった[19]。

　こうした装置の登場は、医療のみならず科学研究用も含め、X 線管の用途を拡大させた。1922 年、T.S.フーラーは合金の組成を測定するための手段として X 線管を利用した。結晶に留まらず鉄やスチールなどの金属、合金の分析が 1921 年以降しだいに行われるようになった[20]。

　ところで、こうした X 線管において電流をいかに安定させられえるかは、X 線管の本来の機能を発揮させるために極めて肝要なことであった。1921 年、W.K.カースリーは X 線管用の電流安定装置を開発した。70V から 106.5V までで 2.0mA から 2.05mA の間に収れん、また 3 分間で安定装置なしの場合は 10.0mA から 7.0mA に減じ、変動するものの、安定装置のある場合は変動せず、10mA で保たれた[21]。

　1921 年には、A.B.キャンベルは X 線用のタイムコントロール・スイッチ（継電器）を開発した。30 秒間隔の場合は誤差＋2.3%、15 秒間隔の場合は−1.5%、5 秒間隔の場合は 3.2%、1 秒間隔の場合は±3.3%で、誤差は 3%程度に収まった[22]。

　また同年、カースリーはクーリッジ管のための電流を一定、かつ高度に保持するための工夫を施した、新タイプの安定装置を開発した。例えば、電圧を変化させても電流をほぼ 2mA（2.0–2.05mA の間）に保持しえた。また、安定装置のないものは 3 分間に電流が 10mA から 7.0mA に減少したが、安定装置を使うと 10mA に保持された[23]。

　こうして 1910 年代の後半、産業におけるたゆまない製品開発を基盤としつつも、第一次世界大

戦における軍事的要請や、また前節で記したように科学研究の側の要請を契機として、すなわち産業的要請とは異なる高度な要請にも応えることで、結果として X 線の散乱実験に見合う X 線管とその周辺機器がその技術を急速に向上させ、1920 年代初期に至って X 線装置は一定の段階に達したのである。

8－5　コンプトン効果の発見を可能たらしめた実験手法・技術的条件

　コンプトン効果の発見は、単に理論的な研究や実験データの解析・考察が効を奏しただけでなく、実験的手法と実験観測・装置機器（実験手段体系）、またその実験観測・装置の各要素をどのような技術によって基礎づけ、構成するかは、研究を成功に導くために欠かすことのできないものである。

　一つは、X 線管は放電管から分化したもので、科学研究の中で具現化され、発展したものである。また、X 線が発見された以降、その本性についての探究がなされ、波動説が有力視された。また、コンプトン効果の発見に至る新しい実験的現象は、まず γ 線に、その後に X 線に見いだされたが、それらが古典的な電子論では説明できないことが判明し、量子論的解釈の扉を開いた。

　二つは、コンプトン効果を発見しえた実験手法の優れた点は、光学的検出ではなく、電離的方法を導入したこと、また散乱角度の変化に伴い、その散乱二次線を連続的に検出する自動測定機構を工夫したこと、さらにまた、非常に感度のよい電気計を考案したことにある。コンプトンはウェステング・ハウス社に在留したことがあり、時期的に見ても（直接的に裏付ける資料はないが）その在留が実験的手法、装置の考案に対して影響を与えたと察することができる。

　三つは、このように実験的手法にも注目すべき点があるのではあるが、なかでも注目されるものは、1913 年に発明された、新タイプの GE 研究所のクーリッジの熱陰極 X 線管である。十分な強度で X 線ビームを安定して発生することができるクーリッジの X 線管は、第一次世界大戦の軍事的要求を経て高度化した。すなわち第一次世界大戦は前線で使用可能な、携帯用の小型の X 線管、しかも小型ではあるが相対的に出力の大きい X 線管（水冷、陽極の熱容量の大きい、など）の開発を要請した。もちろんまた、X 線管のみならず、それに伴い電流を安定させる装置など、いろいろな X 線技術の周辺装置も高度化した。

　このようなより高度な X 線管の開発は GE 研究所のクーリッジらによって進められたが、GE 社はコンプトンの科学研究の要請に応え、細長い、極めて出力の大きい X 線管を特別にあつらえた。

　四つは、こうした展開の中で、この章で話題として取り上げた研究課題の歴史的契機の問題について指摘しておかなければならないことがある。それは、最先端の科学研究と技術の研究開発との相互交渉（相互連関）の切り結び方の問題である。具体的にいえば、X 線技術は実用としては医療用、各種材料の検定用に使われるのであるが、X 線技術の高度化は、単に民生用の技術として展開されるのではなく、民生用の技術としての要請とは異なった、軍事や科学研究が必要とするそれら固有分野の機能に対する要請に従い、これを取り仕切る企業の新技術開発の努力によって実現される。そして、このような技術の高度化のうえに、最先端の科学研究の成果が生み出される。

　つまり軍事や科学研究の要請は、通常の民生用の技術開発の経済的採算の枠内での高度化を超えて、その技術の構造と機能の高度化を、場合によっては数段引き上げることを直截に要求する指向性をもっている。言い替えれば、企業は、こうした要請を受けてその技術の高度化を実現し、このように実現された技術を民生用の技術に対しても生かし、機能性の高い競争力のある製品として仕上げる。これは今日、企業において行われている技術の研究開発と、軍事的要請に基づく軍事技術開発、工学研究における技術的研究、あるいはまた純粋な自然科学研究との相互連関のあり方（技術移転）の先駆的な事例ともいえよう。

図 8-10　クルックス放電管の一端をアルミニウム箔で封じたレーナルト管

出典：首相官邸在

第9章 電子の波動性の同時発見と実験手法・技術の違い

― 電子散乱の科学実験と電子管技術の進歩

9-1 「同時発見」と研究環境の違い

　1927年、アメリカのベル研究所のC.デビッソン（1881-1958）とL.H.ガーマー（1896-1971）は電子の波動性の実験的検証を行った。そして同年、イギリスのG.P.トムソンも同様に電子の波動性を実験的に確証した。こうして電子の波動性の検証は「同時発見」という希有な歴史的出来事となり、ノーベル賞も前記の英・米双方の研究者に送られた。同時発見というのは、科学的発見が複数の科学者によって同時にそれぞれ独立に発見されることを指すが、あらかじめ英・米の研究所の研究環境・条件について、その概略を示しておく。

　そこには同時発見を可能にした、双方それぞれの歴史的条件がある。その歴史的条件とは、どのようなものであったのだろうか。

　イギリスといえば、産業革命を実現し、この時期は100年有余経過しているものの、新興国に凌駕されたが一定の地位を保持はしていた。またG.P.トムソンは、電子を発見したJ.J.トムソンを輩出した、原子物理学研究では定評のあるケンブリッジのキャベンディッシュ研究所の所属であった。こうした点からすれば、デビッソンとガーマーの母国アメリカは産業的にも急成長を遂げつつある新興国、ベル電話研究所は大学に設置されているキャベンディッシュ研究所とは異なって、ベル電話会社に由来するAT&T社とWE（ウェスタン・エレクトリック）社のエンジニアリング部門をもとに設けられた企業内研究所であった。

　確かに科学研究の課題からすれば、両者は同一ではあるものの、こうした両者の置かれた社会的状況、殊に実験的な技術的基礎に違いがあることを察することができる。実際、後述で見るように、デビッソンとガーマーが使用した電子ビームは、数百Vの前半程度の加電圧に対して、G.P.トムソンのそれは数万Vで、両者ははなはだ異なっている。このことは、たとえ同時発見であったにせよ、両者の培ってきた研究環境の歴史的・社会的条件に大きな違いがあることを示している。

　アメリカのデビッソン＆ガーマーの低速電子線回折（LEED；約1keV以下）とイギリスのG.P.トムソンの高速電子線回折（HEED；約10keV以上）という実験手法の差異もあるが、両者の研究環境、殊に実験的基礎そのものにも差異を見いだすことができる。例えば、前者の電子線は感応コ

イル（電磁誘導により高電圧を生み出す）によって励起された陰極線によるもので、後者の電子線は熱フィラメントから発せられたものであった。ここに見られる両者の実験装備の違いを、端的に評すれば、アメリカの実験科学研究は産業技術に基礎づけられ、新たな技術的基礎を取り込んでいたが、イギリスでは従来型のアカデミアで用いられていたものだった。

［コラム］　先行する独・英の科学とキャッチアップを図るアメリカの科学

　ここで指摘しておきたいことは、デビッソンのベル研究所に入る前のキャリアである。第 3 章で示したように、アメリカの大学の研究は 19 世紀ドイツやイギリスの後塵を拝していた。しかしながら、19 世紀後半から 20 世紀にかけて、ドイツ留学をはじめとする西欧科学の吸収によって立ち上がってきた。この時期の代表的なアメリカの科学者として、光速度測定で知られるマイケルソン（1907 年 N 賞受賞）や先に紹介した GE 研究所のラングミュア（1932 年 N 賞受賞）がいる。また、油滴実験で電気素量を計測した R.A.ミリカン（1868-1953 ; 1923 年 N 賞受賞）もいる。ミリカンはコロンビア大学でオグデン・N.ルードの指導を得て学位を取得している。ルードは エール大学、プリンストン大学で学んだ後、一時渡独し、例のドイツの実験科学研究制度において先駆的成果をあげたリービッヒの下で働いたキャリアをもつ。なお、ミリカンはゲッティンゲン大学の W.ネルンストの物理化学研究室のメンバーになったキャリアを持つ[1]。

　まことにアメリカの研究者は旺盛に科学を吸収していた。こうした科学の粋が大学だけでなく、前述のように GE 研究所やベル研究所において展開されたのだった。とはいえ、アメリカの実験科学の技術的基礎についていえば、ドイツやイギリスとは異なる部面があった。殊にラングミュアやデビッソンらは企業内研究所で研究活動を展開したからである。

　ちなみに G.P.トムソンが電子の波動性を検証した装置は、陽極線の散乱実験用の装備（後述参照）を原型とするものだったという。キャベンディッシュがこうした部面で新たなステージに入るのは、いま少し時を要す。

　J.コッククロフトがラザフォードの指導下で学位を 1928 年取得し、彼は当初はロシアの物理学者 P.カピツァのヘリウム液化装置による低温物理や強磁場発生装置の製作を支援した。やがてダブリン大学出身の E.ウォルトンがケンブリッジ・キャベンディッシュ研究所にやってきて、共同して新しいタイプの高電圧装置と加速管等の規模の大きい実験施設を設けた。彼らは高速陽子を衝突させて原子核変換（1932-33 年 ; 例えばリチウムをホウ素に変換する）を試みた研究あたりからである。なお、コッククロフトはケンブリッジに来る前に、マンチェスター大学、マンチェスター科学技術大学で数学や電気工学の教育を受け、民間の電気会社（メトロポリタン・ビッカース）のキャリアをもつ[2]。

　キャベンディッシュの実験科学は、電気工学（やがてコンピュータ科学）などを包摂することで、実験機器は技術に基礎付けられて新たな段階に立ち至ったといえよう。

　20 世紀の第一四半世紀において、電気技術は、電力機器・電力輸送、照明電力機器を超えてさら

に間口を広げ、無線電信・電子管技術へと展開していた。しかしながらその技術的変貌、その普及には地理的不均等があった。これを先に普及させた国・地域と、いささか後塵を拝した国・地域とでは、科学実験を組織するうえでも事情は異ならざるを得なかった。この電子の波動性を検証する実験的研究は、また原子物理学・量子論領域の実験的研究は、そうした歴史的事情を反映している[1]。

　以下においては、電子の波動性の検証という共通な研究課題に対してどのように取り組まれたのか、すなわち科学実験の成否は、それぞれの地域・企業において固有に発達した技術を、いかに組織するかが鍵となっているわけであるが、その違いについて検討するとともに、こうした実験の技術的基礎となる電子管技術の進歩について考察する。

9－2　初期のベル研究所と電子散乱の科学実験

1）ベル電話研究所と研究者たち

デビッソンがたどった実験科学への道程　デビッソンの実験科学の研究への道程は、シカゴ大学に始まる。彼はシカゴ大学在学中に、後に電子の電荷の精密測定の実験を成し遂げた R.A. ミリカンに学んでいる。彼は学生教育に熱心なミリカンの推薦で、経済的理由から 1904 年にはパデュー大学の物理助手、1905 年にはプリンストン大学のインストラクターの職に就いた。

　そのプリンストンでデビッソンは貴重な機会を得ることになった。ケンブリッジ・キャベンディッシュ研究所の新進気鋭の物理学者で、熱電子放出現象で注目すべき成果をあげたことで知られる O.W. リチャードソン（1879-1959 ; 1928 年 N 賞受賞）が、プリンストン大学に教授として来訪してきた（1906-13 年）。デビッソンは幸いにもリチャードソンの助言を得て、アルカリ土類金属（カルシウム、バリウムなど）からの陽イオン熱放出の研究で、1911 年学位を取得した。デビッソンにとって、このときの経験は実験科学者としての確かな資質を育むものであったといえよう。やがてリチャードソンはイギリスに帰国、ロンドン大学の物理学教授に就いた。ちなみにデビッソンはリチャードソンの妹と結婚している。

　しばらくして、デビッソンの研究者生活にとって一つの転機が訪れた。それは、身体が弱く陸軍への入隊を猶予されたことを機に、講師として勤めていたカーネギー工科大学に休暇をもらい、AT&T 社の製造管理部である WE 社に 1912 年に出向いたことであった。

　そこでの仕事は、後述のアーノルドの下での熱電子高真空管の開発や、また折からの第一次世界大戦の戦争の遂行に関わっての長距離通信回路に関わる軍事研究ではあったが、内容的には電子関連の現象に取り組んできたデビッソンにとって、その研究課題は新たな科学実験の見地を開かせるものであった。それは、プラチナの代わりにニッケルを酸化物で被覆したフィラメントを開発することであった。実に、そこでは、企業内の研究開発部門ならではの新技術の研究開発、それと連携したより実際的な研究が進められていたのである。これが縁となって、第一次世界大戦後、彼をして大学を辞し、WE 社で仕事をすることを決意させた。こうして電子線の回折の発見につながる一連の実験的研究に携わるようになったのである。

　そこでデビッソンは、電子線回折の共同発見者となったガーマーと合流する。ガーマーは、コー

ネル大学卒業後、WE 社に入社したものの、戦争の勃発に彼は軍隊に志願、通信隊航空部に赴いた。除隊後、WE 社に復職し、デビッソンと出会ったのである。

ニュージャージー州ホルムデルのベル研究所・旧本社

　デビッソンとガーマーの電子散乱の研究について検討する前に、ベル電話研究所について触れておこう。ベル電話研究所（Bell Telephone Laboratory ; ベル研究所とも呼ばれる）が、AT&T 社と WE 社との共同出資で創設され、両者の研究開発部門が統合されたのは 1925 年のことである。ちなみにその前身 AT&T 研究所は 1914 年にはや 550 人の技師・科学者をかかえる研究所であった。だが、ベル電話研究所に改組される前年の 1924 年には、所員約 3,000 人を数える、大規模な陣容を備えた研究所となり、最先端の研究開発に取り組む、活力のある研究所に成長しつつあった。

　デビッソンとガーマーはこのような研究所の伸び盛りの時期に WE 社に入社した。デビッソンの研究所での位置づけは、電子の基本的な問題についての調査および真空管の研究を行うことであった[2]。

ベル研究所のこと　さて、ベル研究所の主要な業務は、AT&T 社向けの基礎研究と WE 社向けの市場性のある製品開発であった。ベル研究所の初代研究ディレクターは、通信システムに長けた電子工学者 H.D.アーノルド（1883-1933）であった。

　ベル研究所の研究内容は、音と電気システムとのエネルギーの転換や情報の電気通信、磁気、電子物理学、電磁輻射、光学、化学、等々、最先端研究領域を取り扱っていた。それらの研究領域の中で、まさに研究所の中核となる真空管と無線電信の連合領域としての研究領域は W.ウィルソンが監督していた。彼自身は、酸化物で被覆されたフィラメントからの電子放出の現象の研究に携わっていたが、やがてフィラメントの研究開発・製造の責任者となった。真空管の開発、設計、製造は M.J.ケリーが担当し、そして、陰極線オシログラフを含め特殊な真空管の研究は J.B.ジョンソン（1887-1970）が担当した。

　なお、初代ベル研究所所長 F.B.ジュエット（1879-1949）はスロープ大学（現・カリフォルニア工科大学）卒業後、1902 年シカゴ大学で学位を取得した。しばらくしてボストンの AT&T 社に入り、WE 社の一部が合併し、ニューヨークに移った。前記のアーノルドはシカゴ大学でマイケルソンに師事したが、ミリカンの指導を得て学位を取得している。ケリーはミズーリ鉱山冶金学校（現・ミズーリ科学技術大学）を卒業後、ケンタッキー大学を経て、シカゴ大学でミリカンの指導で学位を取得している。ジョンソンはエール大学で学位を取得している。

　注視すべきことは、ジュエットはシカゴ大学のミリカンに近づいて緊密な友好関係を築いたこと、そして 1912 年当時 AT&T の真空管と遠距離通信の開発等のために、ミリカンは前記のアーノルドをはじめとした若き研究者をジュエットにつないだことが記されている[*1]。

デビッソンの研究課題と真空管　さて、第一次世界大戦後の数年間、デビッソンの研究課題は、真空管内の酸化物で被覆された陰極からの電子放出の理解にあった。というのは、当時、データ通信のための熱電子真空管の信頼性は解決されるべき課題であったからである。すなわち、陰極と陽極間に網状の電極（グリッド）を置くことで加速電界を増強したり抑制したりして、陰極からの熱電子を制御する三極管（アメリカの電気工学者 L. ド・フォレスト：1906 年発明、WE 社入社後まもなく無線電信会社を起業）や四極管（ドイツの物理学者ヴァルター・ショットキー：1916 年発明、電機会社ジーメンス・ハルスケ研究所所属）、五極管（オランダの物理学者 G.ホルストの下で B.D.H.テレゲン：1926 年発明、電機会社フィリップス所属）などのマルチ・グリッド構造を備えた多極管の開発が構想されるようになった。

　こうして、真空管内は複雑な反応をもつグリッドの一種の回路を取り込むことになり、その格子構造からの二次電子放出物が問題となった[*2]。この課題は、こうした電子工業が抱える産業的なバックグラウンドをもつもので、デビッソンらの研究はこれにつき動かされた基礎研究であった。実に欧米各国の電機工業では例外なく研究所をもち、いずれも探索していた。この点では、先のラングミュアが白熱電球のバルブ内に表面化学領域の未知の自然現象を見いだし、探索した事情と共通しているといってよいだろう。

　新たな技術の開発が未解明の技術課題を提起したわけである。その技術課題は当初は応用研究を背景とした目的基礎研究であったが、後述するように、デビッソンらの研究は偶然のトラブルを契機として自然科学領域の基礎的な究明へと転回した。その意味で、それは技術を対象とするものではあったが潜在的に基礎研究的性格を内包した課題で、これに携わる研究者に要求された資質は、科学的原理を工学的に応用する技術者のそれというより、新たな技術的構造物が示している未知の自然現象を探索する科学者のそれであった。なお、先にあげた多極管の開発は産業的な利用を目途とした応用・開発研究である。

　事態としては、こうした状況下の中で、真空管内の二次電子放出の問題はデビッソンの研究課題

[*1]　「米国科学アカデミーの伝記回顧録」の O.E. バックレーによる F.B.ジュエットの項：
　http://www.nasonline.org/publications/biographical-memoirs/memoir-pdfs/jewett-frank.pdf
　「フランク・B・ジュエットの IEEE 歴史伝記」：https://ethw.org/Frank_B._Jewett
[*2]　「米国科学アカデミーの伝記回顧録」の M.J.ケリーによる C.デビッソンの項：
　http://www.nasonline.org/publications/biographical-memoirs/memoir-pdfs/davisson-clinton.pdf

となった。これは、端的にいえば、好奇心を刺激するニッケルの単結晶の表面からの二次放出物に関するものであったが、この放出物のパターンの調査が、デビッソンのリーダーシップの下で行われ、のちに電子回折による電子の波動性という新発見につながった。

　電子の波動性の発見後、ガーマーが技術を開発して電子回折分光計を観測装置として仕上げ、デビッソンは、ベル研究所の研究開発プロジェクトに対して分析面でのサポート、すなわち異なる種類の表面の回折パターンが示す結晶構造を解いた。このパターンの解釈と結晶構造の決定は熟練を必要とするものであった。鋭い集束電子ビームを用いて構造解析を行う電子光学分野が拓かれた。また、デビッソンはのちに研究所に入所することになる、半導体開発で知られる W.ショックリーや統計プログラミング言語を開発した R.ベッカーなどの有望な若い物理学者をつなぎ、サポートしたという。

2）電子の弾性散乱の実験と原子内構造

　デビッソンとガーマーが 1919 年に共同で最初に取り組んだ研究は、陽イオン（その一部分は再結合による高速中性分子）の衝突によって、酸化物で被覆された陰極フィラメントから電子がどの程度放出されるのかということについて調べるものであった。その調査の結果は、陽イオンの効果によって放出される電子は極めて少量（0.01%）であった。ちなみにその実験で使用された管圧は 5×10^{-5} mm であった [3]。

　この陽イオン衝突の効果に関する調査研究の後で、デビッソンは、後にノーベル賞受賞の対象となった、電子衝突による二次電子放出を調べる電子散乱の研究に取り組んだ。デビッソンは、新たに配属されたカリフォルニア大学出身の C.H.クンズマンを助手に取り掛かった。

　彼らは 1920 年、ゲローグ・ライターの助力を得て陽イオン装置を電子線装置へ改造し、ニッケルによる電子散乱、すなわち、グリッドや陽極からの電子衝突による二次電子放射の特性を調べた。そこで用いられた実験装置は、電子銃、ニッケル標的、ファラデー・ボックス・コレクター（荷電粒子などの電気量を測る導体でつくられた中空の箱）などで構成されたもので、真空度は 10^{-8} mmHg 以下に保った。その結果、入射電子の一部、わずか 1% ではあるが、弾性散乱を引き起こすこと、すなわち、エネルギー損失のないまま電子銃の方へ戻ることを見いだした。これは実に予期せぬ現象であった。ラザフォードが α 粒子を金箔に衝突させ、戻ってくる α 粒子があることから原子核を発見したように、彼らは、この電子の散乱を調べれば、原子内の電子の核外構造が究明できるのではないかと考えた [4]。

　デビッソンとクンズマンは 1922 年、そうした着想のもとにアルミニウムによる散乱実験を行い、原子内の核外電子と原子核との距離についての一定の見解を示した [5]。そしてまた、彼らはニッケルからの二次電子放出をミリカンとバーバーが用いた方法で調べた。放出係数は、350V で 1.08、15V で 0.32、0V で 0.30 であった。より低電位における放出は、一次電子がターゲットの表面近くのかなりの数の原子との弾性的衝突によって引き起こされているとし、高電位の場合には、原子との単一の衝突によって高スピードの電子が生起していると思われた [6]。

　さらに 1923 年、デビッソンとクンズマンは、同様の着想に基づく、より発展した実験を企てた。

1,000V までの加速されたタングステン・フィラメントからの電子ビームを、入射角 45 度でプラチナ・ターゲットに向け、そのエネルギーをファラデー箱で受け、電気的に計測した。ファラデー・ボックスはターゲットの面に対して 15 度以内の範囲の一次ビームを捕捉するように回転された。その結果、判明したことは、プラチナ・ターゲットがマグネシウムの沈着物で覆われた場合の見いだされたパターンは、150V 以下では小さなわん曲を除けばシンプルであった。500V までは最大の強度の方向角度 0 度、より高い電圧では方向は 90 度シフトしていた。こうした実験結果から、低速度電子は原子核だけなく構成電子などによってより簡単に散乱されうるのだと考えた[7]。

　実際、これらの 2 年間にわたる 5 種の金属を使った追加実験の結果は、あまり一般性のあるものではなかった。だが、デビッドソンとクンズマンは原子内の電子軌道の構成を示す殻モデルと式を提案した。

　彼らは、この段階では電子を粒子としてとらえ、ラザフォードによる原子核発見の際のα粒子のビームになぞらえ、電子ビームを原子内電子の構造を明らかにする探り針と考えていた。つまり、ここまでは原子内構造の探求を課題として研究を進めていた。

　とはいえ、ここに示された結果、すなわち散乱強度の散乱角への依存性、あるいはその極大の位置と大きさの電子速度への依存性などこそ、電子の回折現象の証拠であった。だが、この段階では、彼らは散乱二次電子の特性に電子の波動性が反映されているのだとの認識には至らなかった。

3）電子の波動性の現出の指摘とその確証実験

デビッソンの実験と意外なトラブル　1924 年、デビッソンはガーマー電子散乱の研究を行った。その研究は、あるトラブルから意外な展開を遂げることになった。そのトラブルというのは、ターゲットが高温のときに液体空気のボトルが破裂し、その結果入り込んだ空気によって散乱標的はひどく酸化してしまった。そこで、その酸化物を除去するために排気しては焼くという操作を何度も繰り返すことで元に戻そうとした（1925 年）。その操作のために、後から知ることになるのだが、結果として散乱標的の金属の結晶構造は多結晶から単結晶へと転じていた。彼らは、よもやそうした変化が起きているとは知らず、実験を進め、これまでにない結果を得たのだった。彼らはその原因について考察し、そうした結果が得られたのは原子構造にあるのではなく、結晶としての原子の配列の仕方によるものと考えた。

　このトラブルを契機とした研究の展開は、彼らをして実験結果が示すところを的確に解釈する仕方を気づかせることになった。これまでは電子散乱を原子内構造との関わりで分析していたが、これを契機に結晶構造との関わりで見るようになったのである。

　こうした矢先に、彼らをして、なお一層つき動かす情報が舞い込んだ。それは、次のような量子論に取り組んでいた研究者たちによる指摘であった。それらは学術研究の自由な交流（情報交換）を基礎とするものであった。

ド・ブロイの物質波の理論　1925 年、ドイツの若き物理学者 W.エルザッサー（フランスで働いたのち渡米）は、1924 年に提示された L.ド・ブロイの〈物質波の理論〉を基礎に、遅い電子波長の長さ（10^{-8}cm）を計算し、デビッソンらが 1923 年に示した実験結果こそは〈物質波〉の新理論、すなわち

電子の波動性の兆候を実証するものとの見解を指摘した[8]。翌1926年、デビッソンはオックスフォードでの英国科学振興協会を訪れる機会を得て、ドイツの理論物理学者 M.ボルンらとこの件について議論したことが伝えられている。

　また、I.ラングミュアは、熱陰極で加速された電子が気体分子と大変小さな散乱角で弾性的もしくは非弾性的衝突を引き起こしているのではないかとの見解を明らかにした。その実験は、電子を加速させるための装置として、熱タングステン陰極と円盤形の陽極を備えた球面状のバルブ（もしくは円筒状の容器）を製作し、電流 10mA、電圧 50V から 250V で電子を加速させるというものだった。バルブ内に封入された気体種は水銀、ヘリウム、窒素、水素などであった[9]。

デビッソンとガーマーの実験　このような指摘や検証を受けて、デビッソンとガーマーは、電子の回折現象を的確にとらえようと改めて綿密な実験計画を策定し、電子の波動性を検出する本格的な研究を、電気技師チェスター・カルビックを助手に取り掛かった[10]。

　実験装置の概要は以下の通りである（図 9-1〜図 9-4）。ターゲット T の大きさは 8×5×3mm、ターゲットの結晶のカッティングは宝石商ののこぎりを使って行われた。なお、ファラデー・ボックス C はターゲットを中心に 20 度から 90 度まで回転することができる。

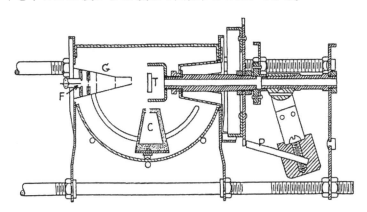

図 9-1　電子散乱実験の装置の断面図

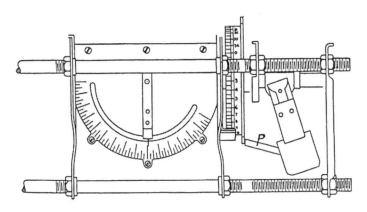

図 9-2　電子散乱実験の装置の外観

　電子銃Gは、フィラメントのタングステン・リボンF、フィラメントよりわずかに低く電圧を設定したニッケル・プレートP_1、フィラメントより高く設定したP_2、電子ビームの出る開口の直径は1mm、さらに3枚のプレート、最初の2枚の開口は直径1mm、最後のものはいくぶん大きくしてある。こうした仕組みをもつことで、フィラメントから発する電子ビームは適切にコントロールされた。まさに電子銃というべきものである。

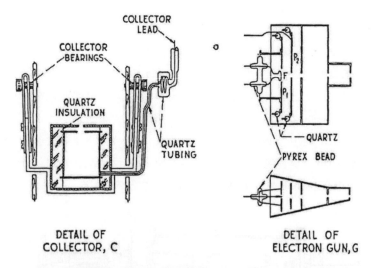

図9-3　散乱電子線を受けとめる捕集器（左）と電子銃（右）の詳細図

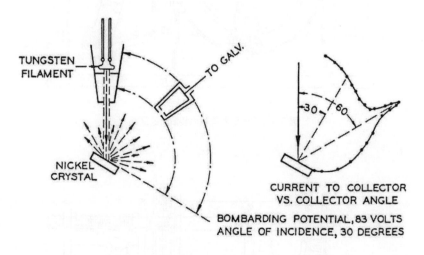

図9-4　（左）電子ビームをニッケル結晶に照射し、散乱電子線を捕集して電気計で測る様子
　　　　（右）捕集器の角度変化によって電流の強さが変化する模様

　電子エネルギーは、通常のラジオ真空管レベルとあまり違わない370Vまでの範囲であった。管の金属部分は吸着等のガスを除去するために真空オープンであらかじめ1,000℃まで加熱され、そのうえで組み立てられ、可能な限り遅滞なくバルブの中に密封された。バルブはパイレックス製で、

二つの補助管につながっている。一つはココナッツの木炭を含むもの、もう一つはミッシュ・メタル（希土類鉱石を還元して得られるセリウム・ランタン・ネオジミウムなどの希土類金属からなる合金で、反応性が高く脱酸剤、水素吸蔵剤、発火合金などに利用される）気化器である。管は、まず高い温度で、そして木炭は400℃ないし500℃で排気され、冷やされる。管圧は2.3×10^{-6}mmHg、ただちに木炭を含む管は液体空気に浸されて充分に冷やされる。その結果、管圧は10^{-8}mmHg以下となる。排気は二段の油ポンプをバックにしたゲーデの拡散ポンプ（水銀や油などの作動液をポンプ本体の底部に仕込み、これを加熱して蒸気噴流をつくり、外部から冷却すると噴流は壁にぶつかって液化して降下し、空気も下部にたまる。これを補助ポンプで排気する、この一連のプロセスを連続的に繰り返して真空にする）で行われた。こうして実験装置内は十分な真空圧を得ることができた。

　デビッソンとガーマーは、このような装置を用いて、電子の波動性の存在を物語る確かな実験結果を示した。

9－3　G. P. トムソンによる電子の波動性の検証

　トムソンも1927年、A.リードと共同で電子の波動性を検証した。その実験は次のようなものであった。厚さ3×10^{-6}cmの薄いセルロイド・フィルムに電子線（3,900-16,500Vのエネルギー）を向け、そのフィルムを透過した線を写真乾板で検出するものだった。25,000Vの電子線でその波長の理論的数値は0.75×10^{-9}cmであるが、確かに電子が回折現象を引き起こすことを見いだした。電子線のエネルギーのもっとも適当な強度は、およそ13,000Vであった[11]。

　さらに、同年、プラチナの薄い金属フィルムを使って回折現象を検出した。電子線のエネルギーは30,000-60,000Vであった[12]。その実験装置は次のようなものであった（図9-5）[13]。

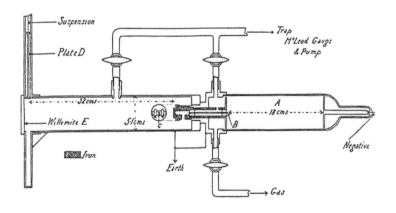

図9-5　G.P.トムソンによる電子の波動性の実験装置

　電子線は感応コイルによって励起された管Aの中で発生し、細い管B（口径0.23mm、長さ6cm）を通過して、Cにすえつけられたフィルムに当たる。Bは鉄のパイプで磁性の影響から防護されて

いる。フィルムとプレート D との距離は 32.5cm、E はケイ酸亜鉛鉱（willemite）のスクリーンである。管は三段の水銀蒸気ポンプで排気された。なお、この装置は、もともとアバディーン大学（スコットランド北東部にある）で陽極線の散乱問題について勉強していた学生が保有していた装置を原型とするもので、放電の極性を変更した以外は新しい改造を施していない。

　電子エネルギーは 30,000V、試料となるフィルムはアルミニウム、金、セルロイド、プラチナなどで、それらの厚さはおよそ 10^{-6}cm 程度、検出は X 線におけるデバイ=シェラー回折法に基づくもので、それを写真乾板に撮った。

　トムソンは主に金属を試料として電子の回折現象を試みたが、A.リードはこれとは別に、1927 年セルロイド（厚さ 5×10^{-6}cm）を試料として試みた[14]。使用された装置（図 9-6）と検出法は、前記とほぼ同様のものである。電子ビームを生みだす放電管 A、そして、陽極の細い管 B、フィルム F とそこから 20cm 隔たったところに写真乾板 P を設置する。これまでと異なるところは、陽極の細い管 B とフィルム F との間にコンデンサーC を置いた点である。電子ビームがこのコンデンサーを通過すると、その電場によってビームは上向きに屈折することになる。屈折した電子ビームは、光が分光器でスペクトルに分解されるようになる。こうして分解された電子ビームは、コンデンサーの隣に置かれた真鍮製の絞り D（小孔径 0.25mm）によってその部分（スペクトルの一部）をセレクトし、その結果としてより鮮明な像が得ることができるというのである。なお、用いられた電子のエネルギーは 10,000-40,000V であった。

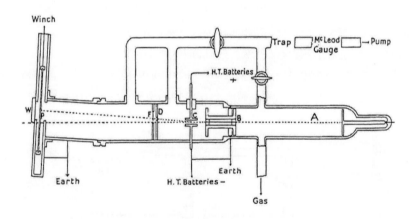

図 9-6　電子の回折現象に使用された装置

　ところで、トムソンの電子の波動性検証の契機はどこにあったのか。この点での科学史的事実関係は次のようなことであったとされている。トムソンが 1927 年に報じた論文に「陰極線は、ド・ブロイの波動力学理論にしたがい波長 h/mv のようにふるまう」と記し、ド・ブロイの物質波の理論をすでに（いつであるかを特定できないが）知っていて、検証実験を構想していたと指摘されている[15]。なお、そして 1926 年には、シュレーディンガーは波動関数による量子力学理論を提唱している。

デビッソン&ガーマーの実験とトムソンの実験　以上、デビッソンとガーマーらの実験とその技術的基礎について、また G.P.トムソンの実験の概要ならびにその技術的基礎について述べてきた。

　デビッソンとガーマーの実験は、数百 V 程度の低速における反射電子線の回折現象をラウエ法（単結晶の試料に照射する）に準じて検出するものである。一方のトムソンらの実験は、数万 V に達する高速における透過電子線の回折現象をデバイ＝シュラー法（粉末や多結晶の試料に照射する）に準じて検出するものである。両者には実験的手法、その技術的基礎において共通性をもちつつも、対照的な違いをもつ。

　デビッソンとガーマーの実験技術の核心は、高真空技術とフィラメント技術を利用した低強度の安定した電子ビームにある。すなわち、ラジオ真空管の延長線上にある電子管技術を基礎としたもので、低強度であるがゆえに高真空を要し、かつ結晶によって反射された散乱線をファラデー・ボックスで受けとめ、電気的に計測しうるところにある。これに対して、トムソンらのそれは、高エネルギー電子ビームでもって試料のフィルムを透過させ、その散乱線を光学的に写真乾板でもって検出するところにある。

　デビッソンやガーマーの実験手法は、ヨーロッパの科学者たちの間でも似たような実験が行われたが、成功しなかったといわれる。それらも広い意味での電子技術によるものに違いないのであろうが、彼らがベル研究所という企業内研究所において製品の研究開発とともに電子散乱の科学研究を行うことができるという、すなわち、最新鋭の真空管で培われた技術を科学実験用に利用することができたという技術的条件がここに見て取れる。すなわち低速電子線（1keV 以下）による結晶の比較的浅い表面層による回折によるものであった。これに対して、トムソンは従来型のバルブや電源を駆使して、その検証を成功裏に導いた。それは高速電子線（10keV 以上）によるものである。

9 － 4　電子線回折の科学研究とフィラメントの熱電子仕事の工学的計測

　それにしても、デビッソンらの実験技術の要の一つは、電子ビームを発するフィラメントであるが、彼らはフィラメントの熱電子仕事関数（表面から 1 個の電子を外部に取り出すのに必要な最小エネルギー）に関する工学的研究を行っていたのである。

　これまでにも石灰で被覆されたフィラメントを測定したドイツの A.ヴェーネルトと F.イェンツシュ（1909 年）をはじめとして、タングステン、炭素、モリブデンとタンタルを測定したアメリカの H.H.レスター（1916 年）、ほかにもオスミウムやタングステンのフィラメント、さらにはさまざまな酸化物フィラメントなどの金属を対象とした測定が行われた。

　こうしたフィラメントに関する研究に、1922 年デビッソンはガーマーと共同して、タングステンや酸化物で被覆されたプラチナなどでつくられているフィラメントの熱電子仕事関数について、熱量測定と温度変化との二つの測定方法による実験的研究を行っている。ちなみに、用いられた極めて純粋なタングステンは、GE 社のラングミュアによって特別にあつらえられたものであった[16]。

　彼らのこのようなフィラメントの熱特性に関する研究は、これだけではなかった。1924 年、バリウムやストロンチウムの酸化物で被覆されたプラチナのフィラメントの熱電子仕事関数に関する研究を発表している。それは以前に純粋なタングステンを対象とした測定で使用した装置と同じものを用いて行った。測定方法は、前述と同様に熱量測定と温度変化による測定との二つで、静電シー

ルドはモリブデンの代わりにニッケル、排気は連続して 3 日間、繰り返し 410℃でベイキングされ、圧力は 10^{-7}–10^{-8}mmHg まで落とされた[17]。

　デビッソンは同年、J.R.ウィークスと共同で、化学的に純粋なプラチナについて金属の総熱放射力とその電気抵抗との関係についての調査研究を行った[18]。1927 年には、彼らはタングステンの熱電子仕事関数について考察を加えている。

　ところで、ここに記した熱電子の特性の研究は、直接的には電子散乱の実験とは、その研究目的からしても直ちに関係あるといえるものではない。より具体的にいえば、電子散乱の実験が、原子の内部構造の究明に端を発し、電子の波動性という電子そのものの性質を調べようとの、つまり自然そのものの仕組み・法則を明らかにしようとの意図をもった自然科学の基礎科学的研究であった。これに対して、このフィラメントの熱電子特性の研究は、フィラメントという電子管材料、すなわち新たな素材技術の特性を調べる、基礎的ではあるがより実際的な応用科学領域に属する研究である。

　こうしてみると、確かに研究の展開としては、両者は相対的に区分され、進められているが、デビッソンらにとって電子散乱の実験科学の研究を行う際に、後者の工学的な研究がまったく参考になっていないどころか、おおいに関係がある。先に述べたように、マルチ・グリッドを取り込んだ多極真空管の開発という点では、工学的な応用研究であった。しかしながら、グリッドという人工的構造物に潜在化されている未知の自然現象の問題は、純粋科学的な基礎研究なしに解決しえない事柄であったのである。

　G.P.トムソンの実験機器は、感応（誘導）コイルの数万Vの高電圧で励起する装置であったけれども、デビッソン&ガーマーの電子散乱の実験装置の電子銃には、フィラメント技術が供されており、加電圧が数百Vであったことからも、明らかに彼らの実験が低電圧の真空管技術を基礎に設計され、実現されていることは間違いない事実といえるものだからである。回折実験の技術的基礎と熱電子仕事関数の実験的研究のそれとは共通する部分が多い。

9－5　電子管技術の進展

　これまで、電子散乱において電子の波動性をとらえるに至った実験科学の進展について記してきたが、これらの実験研究を支える電子管技術の進展、すなわち電子管の機構・特性、電子管材料などの技術的基礎の水準が、1910-20 年代に急速に高まってきたことについて示す。

1）真空管の特性・機構の解明

　電子管はもともと電球や放電管に起源を由来するものであるが、それが電子技術として具体的に利用されるようになったのは、マルコーニ社顧問 J.A.フレミングによって二極管（1904 年）が、また L.ド・フォレストによって三極管（1906 年）が発明されたのに始まる。

　しかしながら、初期の真空管は、作動中にフィラメントの吸蔵ガスが放出される軟真空管のために、感度が悪かった。つまり、当時の真空管の真空度は 10^{-3}mmHg であったために、真空管の作用

は熱電子によるものか、残留ガスとの相互作用によるものか、グレイゾーンを残していた。この問題について明解な解答を与えたのがほかならぬラングミュアであった。第 7 章で見たように、彼は1913 年、真空管内の残留ガスを徹底的に排気して、真空管の作用を調べ、その本質は熱電子によることを明らかにしたのだった。

　こうして、真空管の動作安定の技術的根拠が明らかとなり、これまでの減衰波によって持続性を失う問題を抱えた、電極間に高電圧を加えて火花を発生させて電波を生み出す火花間隙式の無線機に代わって、真空管式の無線機が普及していったのである。

　GE 研では、1913 年に、ラングミュアによって三極管の陰極と制御格子の間に正電位の格子を介在させ陽極電圧が低くても機能する四極管が開発され、携帯用の受信機への利用や電位真空管として利用されるようになり、そして翌 1914 年には H.アーノルドによって長距離電話中継機用の酸化物陰極を備えた高真空三極管が開発された。この酸化物陰極は白金イリジウムや白金ニッケル心線とするものだが、タングステンより低温で働いた。

　また、周波数変調技術の開発で知られるアメリカの電気工学者 E.H.アームストロングによって、三極管の検波、増幅、発振作用の特性が調べられ、その特性は向上していった。FM 放送はアームストロングによるところが大きいといわれる。先に紹介したように、1926 年五極管がオランダ・フィリップ社の B.D.H.テレゲンによって発明され、さらにまた六極管、七極管、八極管などの多極管が開発されるのは、1933-34 年を待たねばならないが、真空管の動作が安定し、普及していく。これらの電子管技術は、前述に示した 1910-20 年代にかけての努力によるところが大きいといわねばならない。

2）高真空技術の達成

　真空管の動作の安定は、真空技術の発達抜きには語り得ない。真空管に必要な真空度は10^{-6}-10^{-10}mmHg である。

　だが、ドイツの W.ゲーデによって 1905 年に発明された水銀封止回転式ポンプ（水銀を大気と真空との間の封止液で封じたもの）や 1909 年に発明されたモーター駆動の油回転ポンプ（基本的に渦巻き状の羽根を回転させて排気、油は気密性を保つため。その後アメリカ・センコ社、キニー社によって異なる構造のものも開発された）の能力は 10^{-3}mmHg 程度といわれる。もちろん、これらの真空ポンプを二段で使用すれば、10^{-5}mmHg 程度にはなるが、安定したより高真空を簡便に得ることはできない。

　そこでより安定した高真空を得るための真空ポンプが、1910 年代に開発されたのだった。1913年には前述のゲーデによって分子ポンプが、同じく 1915 年に拡散ポンプ（機械的に動く部分のない、水銀蒸気のジェット流に残留ガスが拡散して排気する）が、また、1916 年にはラングミュアによって凝結ポンプ（水銀蒸気流を壁で凝縮させて排気するもので、排気速度が大きい）が開発された。これらの真空ポンプは、それだけでは 10^{-3}-10^{-5}mmHg 程度にしか排気できないが、液体空気を用いたトラップを補助的に利用したり、組み合わしたりすることで、10^{-7}-10^{-8}mmHg 程度の高真空を得ることが可能となり、真空技術の高度化は一定の段階に達した。

3）陰極フィラメント材料の開発

　1910年代から1920年代は、高真空技術を基礎に電子管の機構・特性が研究されただけでなく、電子管材料の開発も盛んに行われ、電子管が急速に進歩していった時代である。

　タングステン材料の開発の経緯については第7章でふれたが、GE社W.D.クーリッジがタングステン電球を開発したのは1910年のことであるが、X線管に多用されたタングステンの動作温度は2,400℃という高温で、管内残留ガスの吸着も起こりにくいという特性をもっている。その寿命はタングステンそのものの蒸発による消耗・断線で決まる。しかしながら、タングステンは長所をもちつつも、前記のように動作温度が高く、陰極加熱電力が掛かり、効率性は必ずしもよくない。またタングステン・フィラメントは硬くてもろく結晶生成において生じる断線の危険性もあった。

　そこで、ほかの材料によるフィラメント開発が試行された。こうして1913年、ラングミュアらによってトリウムを取り込んだトリウム・タングステンが開発された。トリウム・タングステンの動作温度は1,600-1,700℃で、熱電子放出がタングステンより数桁優れている。しかし、トリウム単原子層が残留ガスによって酸化や物理的衝撃によって破壊され、真空度の劣化が起きやすい。あるいはトリウムが蒸発し、周囲の格子に付着、格子電子放出が起きることもあった。こうした問題を取り除くために、炭化タングステン層を表面に形成する方法がしばらくして編みだされた。これは新しい分野としての表面化学に関する事柄であるが、トリウム・タングステン・フィラメントは、加熱電流が少なく、電池式受信管（1922年、RCA社［Radio Corporation of America］のUV-199、UV-201A）にも対応できる優れた特性をもっている。

　もう一つのタイプは酸化物陰極である。これが最初に発明されたのは1904年のことである。ドイツのA.ヴェーネルトが、プラチナ製陰極を使って放電の陰極電位降下の実験をしていた際に、たまたま800-900℃で陰極の一部が明るい放電を発していることに気がついた。調べたところアルカリ土類金属酸化物が付着していたのだった。

　酸化物陰極の起源はここに由来するが、この低消費電力・長寿命の酸化物陰極の実用化には、いくぶん時を要した。真空技術の進歩を受け、第一次大戦中にアメリカで実用化が始まったが、今日のものに近い本格的な酸化物陰極は1920年代を待たねばならない。1922年直熱型のものがウェスティングハウス・エレクトリック（WH）社によって、また1924年には傍熱型の受信管用のものがオランダ・フィリップ社（Royal Philips Electronics）によって開発された。

4）陽極材料の開発

　ところで、陽極材料としては、通常、ニッケル、モリブデン、鋼などが使われる。だが、温度の過剰な上昇によって吸蔵ガスが放出され、陽極をつくる金属が蒸発し、陰極その他に付着して悪影響を与えたり、場合によっては陽極そのものの伸縮により陽極の特性が変化したり、また破壊されたりもする。

　モリブデンはタングステンより硬く、溶融温度が2,620℃と高く、吸蔵ガスを排除するときに2,000℃程度まで加熱可能である。ただし、タングステン同様に粉末焼結法の発達を要した。ちなみにモリブデン陽極が電子管に用いられたのは1920年のことである。

　銅は溶融温度 1,083℃で水冷する必要がある。また、熱膨張係数が大きくガラスとなじみにくい。1927 年、水冷の銅陽極が実用化されている。

　ニッケルは溶融温度 1,452℃、排気の際にガス放出性が高く、1,000℃程度までは安定し、加工性も富み、引っ張り強さもある。すなわちニッケルは電子放出物質や残留ガスと化学的に反応がしにくい特性をもつ。電熱線で間接的に陰極を加熱する、傍熱型酸化物陰極のベースメタルがほとんどニッケルというのも、そしてまた、デビッソン&ガーマーの電子散乱の標的としてニッケルが使われたのも、こうした特性を生かしたものと考えられる。

　このほかにも各種の電子管材料、製造技術が開発された。金属銅とガラスとの接合、すなわち封着部については、今日ではニッケル・コバルトを含有する鉄合金のコバール (kovar) が使われるが、1923 年にはハウスキーパー封着法が水冷式送信管陽極のガラス封着部に用いられた。導入線はガラスの膨張係数との適合性が問題であるが、当初はプラチナが用いられた。しかし、高価なために新材料が望まれた。この代用材料となる鉄−ニッケル合金を銅で被覆したジュメット線は 1912 年 GE 社の C.G.フィンクによって開発された。

5）軍事通信および戦後ラジオ放送等を背景とした各種電子管の開発

　さて、1910 年頃より、アメリカやドイツなどで高周波発電機が開発され、実用化された。そして戦時の通信政策を背景にイギリスの海底電線網とは別のチャンネルの実現が望まれ、長距離無線が実現されることになった。また、1917 年、アメリカは参戦、当初はフランスの技術に依存していたが、しばらくして WE 社が軍事用真空管（VT-1、VT-2）を開発した。

　第一次世界大戦後、各種の真空管が開発された。1919 年にはマルコーニ社が真空管式無線送信機を発売、また、ラジオ放送の開始（アメリカ：1920 年）に伴い、GE 社はタングステン・フィラメントの三極管 UV-200（検波用のアルゴンを封入した軟真空管）、UV-201（増幅用の高真空の硬真空管）を開発し、RCA 社から発売した。1922 年には WE 社によって酸化物フィラメントの乾電池用受信管 WD-11 が、1925 年には RCA 社から電力増幅用の直熱型酸化物フィラメントのものやトリウム・タングステン・フィラメントのものが発表された。ちなみに、マイクロ波を発振するマグネトロン（磁電管：陰極と円筒形の陽極を有する二極管で管軸方向に磁界をかける装置）が、アメリカ・GE 社の A.W.ハルによって発明されたのもこの頃である。

　以上、電子管の機構・特性の研究、電子管製造技術・材料について記した[19]。

　本章で示したように、電子管技術の実用化は、第一次世界大戦前後を契機にスタートし、1920 年代になって急速に展開する時代を迎えた。

　こうしてみると、電子の波動性を検出する電子散乱の科学実験がこの 1920 年代になって実現された。これは、偶然の出来事ではなく、もちろんデビッソンらの研究はトラブルからの復旧作業が効を奏して、意識的に単結晶化を行ったわけではないが、電子散乱の実験装置における電子ビーム・コントロール、高真空技術など、その装置の機構をどのように独自に工夫するかということ、そしてまた、要素技術としては、端的にはタングステン・フィラメント技術や、到達真空度 10^{-7}-10^{-8}mmHg 程度の真空技術などが整備され、1920 年代の実験科学はこれらの電子管技術に基礎づけられている

ことを示している。

図 9-7　送信用真空管に見入るラングミュア(左)、J.J.トムソン(中央)、クーリッジ(右)：1923 年

　もう一つ、ここに指摘しておきたい点は、本章で取り上げたベル研究所に見られるように、アメリカの企業内研究所には、技術の研究開発と基礎科学の科学的研究を研究組織として相互に結びつける、科学と技術の新しい結びつきがここに添加されたことである。そして、端的には 9-5 節の「電子管技術の進展」で示したように、20 世紀のこの時期に急速に進展した、装置系技術をつくりあげてきた電機・電子技術領域、そしてそれら装置系技術の素材を提供した金属精錬・化学工業領域などの新技術の応用・開発を可能にするとともに、これらの新技術の粋を科学研究のために特別にあつらえ、最先端の原子物理学・量子論領域の基礎科学研究の礎として機能した点にある。それはまぎれもなく、20 世紀における科学と技術の先進的到達点を示すものといえる。

第4部　結

第10章　揺籃の実験科学から見えてくること

最後に、本書が提起したテーマとの関連でいくつかコメントを付しておきたい。

10 − 1　理論的認識レベルと実践的認識レベルの相互交渉について

本書の科学史的テーマは、物質の描像がどのような理論的認識によって把握されたのか、その点に留意しつつも、それらの理論的認識がどのような実験・観測手段に基礎づけられていたのかを、基軸に示すことにある。

第1部では、科学的認識の理論的レベルと実践的レベルとの相互交渉の歴史展開とはどのようなものだったのか、その道筋を示すための、筆者の基本的な科学史的考察の立場について、これまでの先駆的な科学史的見解を踏まえつつ、本書の科学史的テーマである科学観測・実験という実験科学の歴史展開、また学術研究制度、科学者のあり方などについて示してきた。

1-4節で「科学的認識の発展を基本にすえて科学発展の歴史的道筋を考える」との提起をしたが、第2部では、ラザフォードらの放射線を「探り針」とした原子構造の探究過程を取りあげ、考察した。それは以下のように要約されうるであろう。すなわち、当初の放射性変換説に代表される化学的（chemical）な把握から物理学的（physical）な構造をもつ原子の描像がどのように認識されるようになったのかという、研究過程について分析した。端的には、ラザフォードは装置系（ガイガー計数管）の科学実験手段に生起する現象の理論的解析を含む分析を契機として、α 粒子を探り針とした実験的分析に導かれて、原子内構造への運動学的な視点から構造的把握へと転ずることで原子の有核構造へと到達した。

こうした研究展開は、ミクロスコピックな物質の描像がそれぞれの研究目的に即して設定された実験・観測手段によって明らかにされた観測結果に基礎づけられながら、理論的にも解明されていったプロセスでもある。これらの実験・観測手段は高温・高真空・高電圧に象徴される生産技術を基礎としながらも、それぞれの実験目的を実現すべく生産技術から相対的に自立した形で構成されたものである。そして、それらは実験装置の内部の状態を純化、特定化することにより原子・分子レベルの物質のミクロスコピックな内的過程を、もちろん実現されたものは限定的であったが、その実態をあらわにするものであった。

続く第3部では、物質の量子論的描像を明らかにした科学実験について、具体的には、GE研究

所の白熱電球およびX線管の開発過程、コンプトンのX線散乱研究とその実験の技術的基礎、ならびに電子の波動性の英米での同時発見を取り上げた。

　20 世紀の物質科学は 19 世紀までのマクロスコピックな運動形態を超えてより広く深くミクロスコピックな自然の階層を探究したところに特徴をもつ。それにしてもそれがなぜゆえに可能になったのかといえば、その探究を可能にした理論と実験の手法が新たに生み出されたからである。第 2 部では、筆者が第 1 章で特徴づけた 20 世紀初頭の第二段階・前期のアカデミア（大学研究室）を中心とした従来型のラザフォードらの探究のあり方について示した。第 3 部では学術界と産業界とがより緊密な形で連携することで可能となった新タイプのラングミュアやクーリッジ、コンプトン、デビッソンらの探究のあり方の特徴や、なぜそのようなあり方が可能となったのか、科学と技術の相互交渉のバックグラウンドについて明らかにした。

　その特徴は、端的には、19 世紀末から 20 世紀にかけて登場した現代的な成長期の産業技術に基礎づけられていることにある。しかしながら、次の点でラザフォードらの手法とは異なる。もちろん 1930 年代の加速器などに代表されるような装置設計に比すれば、その点で隔たりをもつ。確かにハンドメイド的な部分を残してはいるものの、線源にしても、例えばX線管に見られるように、洗練された産業技術を保有する企業によって特別に科学実験用にあつらえたものが提供されている。要するに、より高度な形で産業技術に基礎づけられて科学実験は進められたのだった。その先駆的なものとしてラングミュアやクーリッジの企業内研究所での白熱電球やX線管の製品開発と連動した研究が展開された。偶然性の点では前段階と異なることはないが、それだけ高度な技術に基礎づけられることで、研究対象としてのミクロスコピックな現象は条件次第で未知の新たな現象を一層顕在化しうる段階へと高まっていたといえよう。

10 － 2　科学実験手段の現代的特質をどう見るか
― 原子物理学実験の現代的基礎をめぐって

　さて、科学実験手段の現代的特質をどう見るかに関わって、天野清の科学実験をとらえる視点について第 1 部の序でも取り上げたが、天野清の論考には原子物理学実験に関連して先に紹介した議論を一歩抜きんでたものがあり、ここでこの点に関わってコメントしておこう。

　その論考は「物理学の現実的基礎」[1]で、端的には原子物理学の話題を事例にして、より進んだ、すなわちミクロスコピックな実体が明確となる実験の現代的展開をとらえたもので、筆者が第 8 章で話題にした、コンプトン効果に関する実験にかかるものである。

　天野は上記の論稿の「現実の実験の認識論的構造」の節で、その「実験装置」について、"X 線発生装置と霧箱と立体写真機、それに入れる乾板、霧箱内を照射するタングステン爆発装置があり、X 線を均質な束にする鉛板や管が目につくのである"と述べたうえで、"これらすべてはそれぞれ通常の意味での器械であるが、この実験の目的に従って統一され、X 線束や二次電子の直観的な空間配置を予想して適当な幾何学的配置にある。実験を遂行するにはX 線の交流電源やその他のスイッチを入れればよい"と記している。

　この天野の記述は、殊に"実験の目的に従って統一され"の記述に示されるように、基本的に筆者の特徴づける実験手段の発達のとらえ方に近い認識が見られる。すなわち、筆者が指摘する、実験手段そのものの目的が実現できるようにそれ自身を一つの系として成立させる、実験手段そのものの技術性、またその現代的実験手段の特質としての装置＝測定系の電気的つながりを想定しているようにも見えるが、天野の記述はその視覚的視野に入った限りにおいて直観的にとらえたものでその域を出ていない。

　本書第 1 部の 1-2 節で論じたように、19 世紀の実験、その手段の発展について概括すれば、次のように特徴づけられよう。熱・電気・磁気・光といった物理学的諸運動形態の相互転化を検出・測定する原理、および装置＝測定手段の要素が産業革命期を画期として登場し、力学的・光学的対象を超えた、より広範な対象をとらえるに至った。しかし、それはまだマクロスコピックなレベルの熱や電気、磁気、化学反応をとらえたにすぎなかった。

　新しい段階を築いたのは、19 世紀末の電気的につながれた装置＝測定手段の体系化であった。殊にミクロスコピックな対象を捕捉しえるように特別にあつらえた各種の装置機器、および変換器＝電気回路＝指示器の高精密な測定機器が出現した。自然に対して能動的にふるまう実験手段体系としての技術性は、ここに至って明確な姿を取って登場してきたのである。

　しばしば電子は放電管の真空の中に見いだされたといわれる。確かに放電管の存在は重要ではある。だが、それがほかの実験手段要素と連携して電子を検出できるような段階へと高められなければ、電子は発見できなかったのである。その意味で電気的にコントロールされた装置＝測定手段の体系化がここに成立したことが重要である。ここに、なぜ 19 世紀末から 20 世紀初頭にかけて新しい物理学を生みだすような実験的諸発見が可能となったのか、その事情を見いだすことができる。

　なお、ここで留意しなければならないことは次の点である。確かに測定手段による一定の形式・標準に照らした観察や観測なしに自然から情報を得ることはできないが、科学実験とは単にそのような観察や観測による定量化、精密化といったことだけで特徴づけられるものではない。しかるべき装置手段を自然との間に介在させ、観測の対象となる実験装置内に出現する自然現象の物理的・化学的状態を人為的に改変もしくは設定するということなしに、殊に人間の感覚的能力を超えた自然界、すなわちミクロスコピックな対象を捕捉することはできない。

　原子物理学実験の要はミクロスコピックな物質の相互作用を、観測しえるようにいかにマクロスコピックにうきたたせるかにあり、電気的に結びつけられた装置＝測定手段はこれを実現した。電子発見の装置となった放電管のみならず、本書で分析したコンプトン効果発見の要としての X 線管も同様である。また、放射線の測定のためにラザフォードとガイガーが製作した計数管は、α 粒子の作用をそれによって引き起こされる気体の電離作用を測定することで、すなわちミクロスコピックな物質の運動形態をマクロスコピックな電気的運動形態、すなわち電離倍増効果という相対的に新しい運動形態を介してとらえるものであった。

　科学は技術を介して自然につながるということは、技術が提起する、あるいは技術によって捕捉された問題を解くことによって自然の構造なり法則を明らかにしえるのだという原則的理解を指している。とはいえ、本書が問うているその理解は、科学実験が科学（理論）の提起する課題を解き

明かすために、実験手段を一つの緊密な系としてしつらえることで、目的とする自然をとらえられるということなのである。言い替えれば、科学は生産的（社会的）実践を基礎とし、それを媒介として自然と結びつくのであるが、科学は独自に科学的実践であるところの、理論活動の一環としての実験を媒介として自然を捕捉するのである。ここに理論物理、実験物理といわれている、理論科学部門に対する実験科学部門の独自の役割、その分化の問題が横たわっている。

10 － 3　科学実験手段の能動性・独自性　— 実験装置系の登場と生産技術との関連

　筆者は、本書を貫くテーマの一つとして、科学的認識における実験手段の設定の意味について第1部のみならず、各章の個別話題に関連させて論じた。この点について、実験手段の 20 世紀展開ともいうべき装置系の登場やこれら実験手段の生産技術との関係について、このような科学実験手段が示す能動性・独自性についてコメントしておきたい。

　かつて宮下晋吉は、"一般に自然科学は技術を通して自然を反映し、一方で技術が社会と連なるのであるが、実験は特に物質の運動形態を反映し、一方で、生産技術との相互関連の中で、実験技術が社会と連なる" [2] ものだとして、科学と実験、実験技術、生産技術を位置づけた。このような実験と実験技術との位置づけに賛同するとしても、こうした議論だけで実験と実験技術の科学史が尽くされるものではない。なお論ずべきは「科学史と技術史の統一」を視野に、科学実験をどのように具体的場面としてとらえ、より一層踏み込んで叙述するかにある。

　ここでの宮下の見解は、上記の実験技術といった用語にも見られるように、実験と実験技術を技術史・技術論の枠組みに引きつけて分析している。確かに実験手段を基礎づける真空技術、電気計測技術などが独占資本主義期の電力技術の発展を契機に一新される。しかし、これは生産技術における技術の発展を特徴づけたものであって、それがそのまま科学実験における実験手段の発展を特徴づけたものにはならない。

　実験手段は、生産技術に基礎づけられながらも科学の枠組みの中で理解されるべきものである。第2章で論じたように、例えば原子物理学における実験手段の技術は、マクロスコピックな物質の運動形態を媒介にして、ミクロスコピックな自然の運動形態の特異性をもつ実験対象たる実体を直接的にとらえる。すなわち、先に指摘したように、それらの実験手段の技術は実験機器のうちの装置内の環境状態を能動的に設定する装置手段（本書の事例としては、放電管、電離箱、X 線管など）と、そしてまた、それらのミクロスコピックな自然の運動形態の特異性を検出するために電気的運動形態を媒介にして、これを視覚的に感知しえる機械的に表示する計測手段（変換器＝回路＝指示器）とで主に構成されるが、これらの二つの実験手段が新たに開発されたさまざまな生産技術を駆使して、実験目的に応じて独自の科学実験機器として製作できるようになり、原子物理学は多くの成果を生み出すことができた [3]。

　もう一点、留意しなければならないのは、第7章、第8章で話題にした、X 線管技術はいつどのように成立したのかという問題である。少なくともレントゲンが最初に X 線を発見したとき、X 線を発生する装置は放電管（真空管）であっていわゆる X 線管ではない。従って放電管は当時の生産

技術を基礎として製作されたものであるものの、前記のいきさつを考えるとX線管の成立、起源は科学実験にあるといえよう。またレントゲンの発見を受けて、企業内研究所を設けた電気メーカーによって、当時めざましく成長してきた支配的製品技術としての白熱電球を媒介に、高真空下のX線管内部の状態が科学的に分析され、性能のすぐれた、いわゆるX線管がつくられた。そして、これがコンプトン効果の発見では科学実験用に転用された固有のものが用いられたことに注目すべきである。

　従って、この場合において生産技術の後押しを受けてX線管がどのように発達していったのかということと、一方でまた、それがX線発生装置として科学実験固有の目的・設計に即してどのようにしつらえられていったかということとを区別し、見定める必要があろう。実験手段の生産技術からの相対的独自性を的確に理解しなくてはならない。

　すなわち、科学実験はその固有の目的・設計に従い、生産技術から実験装置・観測機器、もしくはその装置・機器要素（部品）を供与され、これを一つの実験手段の系としてしつらえるのである。後者の観測機器（例えば、科学観測用の電子顕微鏡、電波望遠鏡など）を供与される場合は、それ自体についていえば、加工・組立も含め生産技術に依存しているが、多くの場合、その他のいくつかの周辺機器との連携なしに科学観測を完遂することはできない。また、これらを稼動させるには、運転のみならず補修も不可欠である。さらには対象となる観察試料の加工も必要であろう。天文観測において目的の対象をとらえるには、季節・時間、望遠鏡自体の設置場所（宇宙空間での捕捉のためにはロケット、衛星などの運搬系も不可欠である）も含め考慮しなくてはならない。

　ところで、前者の装置要素が供与される場合は、科学実験の側において加工・組立、もしくは生産技術から提供された材料をもとにして加工・組立が行われており、科学実験の側において装置が自前で開発される。この場合にしても、装置製作の契約に伴いメーカーへの装置設計の指示（装置開発における科学実験の側からの働きかけ）が行われるのが一般的であろう。要するに、科学実験装置は生産技術の側の加工・組立技術の水準、材料技術の水準に依存するが、科学実験はみずからの目的・設計に従い、その装置をわがものとし、ときにはより高度な水準のものを生み出し提供することもある。

　なお、電子管もほぼ同時期（1910年代半ば以降）に確かな機能をもったものとして成立し、本書で分析課題としたベル研究所における電子の波動性の検証は電子管そのものの技術のみならず、その電子管技術の粋を結集したもので、ベル研究所などの研究機関なしにあり得なかったことを付記しておきたい。

10－4　科学研究の進展と、学術界・産業界との連携について

　第3部で取り扱った学術界と産業界の連携は、単に研究者の連携や科学情報のフォーマルな交換のみならず、実験手段の技術的要請・提供、科学研究のノウハウの交流、さらにはまた政府・アカデミーレベルでの審議会での議論など、そのチャンネルは多様である。そういう連携が20世紀の第一四半世紀に確かな形をもって登場した。

　また、科学研究の対象（課題）は学術研究機関のみで取り扱えるような段階を超えて、産業界の課題や産業界が保有するより高度化する技術の支援、等々もあって、解決しうる段階に入ったといえよう。これまでの技術と違って、高電圧、高真空、高温下での装置のコントロール、また検出・測定は企業の錬成された確かな技術があって実現しうるものになった。

　産業界にしても、単に研究を外部の研究者に委託するだけでは、対象となっている課題の新しい局面は見えてこない。専門的知見を備えた科学者が日常的に現場で立ち向かうことで、課題が科学的にとらえられるのである。ラングミュアは自著の論文で過去の研究者の論説をしばしば引き合いにして、課題を解く手掛かりを得ている。そしてまた、ラングミュアにとって当時の GE 研究所の工場現場と企業内研究所、スタッフの連携・サポートは効果的なものであったといえよう。基礎研究であれ、目的基礎研究であれ、目前においてハードルとなっている課題にフィードバックするから事柄の本質が見えてくるのだといってよい。こうした基盤があるからこそ、学術研究機関の科学者と産業技術をバックにした企業内研究所の科学者とが連携することが可能となり、適切な協調ができるのである。

　そしてなお、研究活動の水平的展開は研究者間の交流によって、あるいは共同・協力連携によって展開されるが、GE 社の研究所やベル研究所に見られる連携は、単なる研究交流や共同・協力連携ではなく、企業組織に組み込まれたプロジェクト型の協力・共同の研究ともいうべきものである。ここでプロジェクト型というのは、課題に即して有効に組織された集団的組織が一定の目的のもとに具体的成果の達成を目指して取り組むような研究組織のことを指す。これはラザフォードらに見られる大学研究室での個別的協力・共同の研究とは異なる。もちろん、今日の国内外に開かれた共同研究所などは個別研究室レベルを超えたものである。

　このプロジェクト型の研究・開発は、企業だけでなく研究所や大学等においても見られる。その基本的なあり方は、組織的であるがゆえに、そこでの研究・開発活動はミッション・オリエンテッド的部面が色濃く、それがゆえに研究・開発のプロセスの進捗管理を不可欠とする。というのも、これらの研究・開発活動は、その多くは研究施設・機器の大規模化、そしてこれに関わる研究者の人員・資質の組織的管理、研究資金の調達・経理が不可欠で、統括的マネジメントが行われる。

　プロジェクト型の研究・開発は、こうした特性をもつがゆえに統制的になり、研究活動が場合によっては業務的になり、またマネジメント業務に拘束され、創意性から遠ざかる。第 7 章で初期 GE 研究所の研究活動には自由な気風が確保されていたことを指摘したが、研究・開発活動の各部門、すなわち、基礎科学的なのか応用科学的なのか、それとも製品化研究なのか、それぞれの特性に応じた研究・開発の管理が行われなければ、確かな成果も生み出されないことを示している。

　確かに学術研究本体もしくは科学・技術の研究開発本体は、それらの中心的課題としての研究内容そのものに規定される。そして、なお確認すべき点は研究内容は真理性の検証によって確定される。もちろん、これらの学術研究、科学・技術の研究開発は、社会的活動として展開され、その活動は研究組織や財政なしに展開されず、また研究組織の研究計画・指針の内的枠組みにおいて実際には行われる。そしてまた、政府等の政策・提供される資金はもちろん、また義務付けられている進捗管理などによる外的規制を受ける。社会的規定性は二重になっている。

　学術研究、科学・技術の研究開発を担う研究者は社会的存在であり、課題とする研究課題の対象
自体は、自然的な部面をもつものの社会的な部面をもつ。したがって、学術研究、科学・技術の研
究開発は、そうした性格をもっており、そもそも社会的規定性を無視しては成り立ちえないことは
言をまたない。とはいえ、この社会的規定性いかんによっては学術研究、科学・技術の研究開発の
その方向性がゆがみ、真理性から遠ざかり研究本来の姿から遠ざかることもある。研究内容にかか
る政策的統制や資金提供によってどうなるのかということである。

　旧・科学技術基本法が法制化されて25年有余、第3期科学技術基本計画以降、イノベーション政
策が導入された。ことに、第4期基本計画以降、イノベーションを出口とする産官学連携が一層強
化され、近年イノベーション・オリエンテッド、デュアルユース・オリエンテッドな政策、法規制
が施行され、これにもとづく研究・開発活動が展開され、国家競争力に結びつく科学・技術開発が
重視されようとしている。

　だが、ご存知のように、日本の研究力は相対的に劣位の地位に落ちている。日本の科学・技術系
の公的研究機関は技術学研究所の規模が十分ではなく、この点は拙稿[4]を参照していただきたいが、
日本の政策的措置はその不足を「日本学術会議」の科学的助言活動の質の転換を求め、「大学改革」
で凌ごうとしている。しかしながら大学の研究機能は、その一部は適合的であるとしても、大学の
教育・研究活動のラインは広く包摂するもので、重点分野への集約、しかも実用化指向、デュアル
ユース（軍事研究）指向は大学の性格に合うのだろうか。しかも、大学は教育機関の役割を基本と
するものである。政策面、マネジメント面での課題があるにもかかわらず、政策的措置は根本的な
見直しを行うには至っていない。

学術研究と工業研究のはざま　─イノベーション論との関連で　学術研究と工業研究では両者には距離
がある。工業研究一辺倒で企業活動としての製品化、それによってイノベーションを引き起こし、
市場の誕生、拡大を実現しえたとしても、自然そのものの原理（自然の諸力）の究明はおろそかに
なる。また製品化を担う根本的な原理は自然そのものの原理をとらえないではどうにもならない。
確かに製品化から派生する、目的基礎研究といわれる基礎的な研究もあろうが、それは製品化（工
業化）を意図したもので、いわゆる基礎研究とは性格を異にする。

　次のような点にも留意すべきであろう。今日の科学と技術の相互交渉が示しているところでは、
かえって自然そのものの原理を明らかにしようとすることで、要素技術が革新され、自律的に機能
しうる新たな技術装備さえ誕生させてもいる。ニュートリノ研究のカミオカンデの光電管技術の改
良開発は、基礎科学が技術を引っ張り上げ技術を革新させたと指摘されている。事例をあげれば、
カミオカンデ用の特別製の光電管が、宇宙線研究の科学の側から光電管製造に携わる民間企業に要
請され、これに応えることでその機能の高度化を実現し、世界有数の企業に成長したことだ。また、
小惑星探査機ハヤブサは宇宙科学領域の基礎研究であるが、その探査の実現には、燃費性に優れた
イオンエンジン、光学航法による自律誘導制御などが装備されなければならないが、これらの要素
技術の小型軽量化・信頼性の確保など、地球からの制御はあるにしても極限状態が連続する宇宙空
間で自律的に制御しうるように、さまざまな技術が関連企業と連携して開発され結実したものだ。

　ラングミュアの白熱電球内部に展開される自然現象（表面科学領域の解離、吸着などの現象）を明らかにした研究は、実利的な開発研究からの要請で行われたといってよいのだろうか。ラングミュアがそこに見いだしたもの、彼の動機づけは製品化ということではなく、白熱電球内部に現出する自然現象の謎を解き明かしたいということであった。これは、経済市場での売上・利益の拡大をはかる資本の論理に誘導されたものではなく、人間が対象（自然ないしは社会）に対峙して発見される自然の原理（科学の論理の範疇）の探究によるものである。

　ときにイノベーションを出口としたリニアモデルや連鎖モデルなどといった研究開発モデル観でこれらの事柄を議論することがある。こうした議論の限界は、生産システムや作業組織・社会システムといった「社会技術システム」[*1] の枠組みはとらえられているにせよ、そこでは学術研究システムは副次的な位置づけとなって、学術研究をまっとうに位置づけることはできていない。

　また、今日、とかく産学連携が説かれるが、こうした枠組みで学術研究の枠組みをとらえるのに成功しているのだろうか。この連携は産業界と学術界をコーディネートしようということで説かれるのだろうが、そもそも両者のスタンツ、すなわち目的とするところが、一方は産業経済的利益を目指し、他方は科学的真理、技術的原理の進化を目途としており、従ってまたそのための組織哲学も異なる。近年では学術界に対して、経営体を志向することさえ説かれるが、これでは学術のミッションは不完全なものに終わるだろう。

　GE 研究所のことについて、第 3 部の冒頭で示したが、研究所では個別研究者のスタンツ・意思を確認し配慮している。日本で説かれる産学連携は、イノベーションを出口として経済的成果を求める、得てして性急な議論が多いように見受けられる。

　これは、今日の経営学分野の研究で提起される議論ではあるが、その議論において産業界と学術界の相関について留意すべき論点が指摘されている。アメリカのオープンイノベーション論で知られる経営学者 H.W.チェスブロウは、製品化を含むビジネスを担う事業部門と研究開発部門との相関について、前述のような見地があることを踏まえ、企業は次のような対応を行う必要性を説いている[5]。

　一つには、企業は研究員の採用にあたって大学のそれとの競合を考えて、研究テーマの選択が自由にできることを約束し、その一方で研究開発プロセスとビジネスモデルとの連携を意図的に緩やかにする仕組みを施している。つまり、アイデアやテクノロジーが利用されず事業化率が低くなるとはいえ、研究開発プロセスは非集中的でも構わない、すなわち研究員はビジネスとの関連性を考慮しなくてもよいという。また、予算管理面でも、事業部門は損益を考えているのとは対照的に、研究開発部門は多くのプロジェクトを実施するという、必ずしも連携は取れていない。いうならば、

[*1] イノベーション・スタイルについて議論した書（S.クライン［鴫原文七訳］『イノベーション・スタイル─日米の社会技術システム変革の相違』、アグネ承風社、1992 年）にある概念を紹介しておこう。「社会技術システムの特徴は何であろうか。それは社会と技術が密接に関連しており、技術的要素だけでなく、社会組織の経済的、政治的、制度的な諸要素を包含しているところにある。」。
　なお、神田良「社会・技術システム論に関する一考察」（『一橋研究』6-1、pp.1-16、1981 年）の解釈を付記しておく。クラインの社会技術システムそのものを指しているのではないが、「社会・技術システム論の概念的枠組は、これを次のように要約することができるであろう。生産システムは設備とレイアウトという技術システムと、作業組織と社会的および心理的特性の二者から成る社会システムという二つの下位システムから成る」としている。

研究開発部門と事業部門との間に追加投資を行えるまで緩衝域を置いて調整する手立てを行い、「予算連携欠如」の棚上げを行う措置を設ける、ないしは社内の事業部門との研究活動の契約を結んで調整するということもあろうと指摘している。

このチェスブロウの指摘は、企業内においても主に研究開発を担当する部門と損益勘定が主となる事業部門との間に矛盾が生ずるという、これは、企業における学術的な部面とビジネスとしてのイノベーションの部面とは一般的に矛盾することを指摘していることにほかならない。

なおいえば、チェスブロウは学術界（大学・公的研究所）と産業界（企業）との矛盾は、実は企業内においても学術的部面を担う研究部門とビジネスを担う事業部門との間に基本的に矛盾があり、そのことを了解のうえマネジメントすることを留意するよう指摘しているのである。企業内の製品化指向の研究開発であっても、製造部門や事業部門のようにはいかず、研究の生産性は計画的にあげられるものではなく試行錯誤のプロセスを許容しないことには成果があげられないことに留意すべきであるとしている。

もう一つ、紹介しておこう。森俊治 [6] は、「企業の研究」と「大学の研究」を区別してとらえる視座の必要性を説く。一般に企業の研究開発には「製品研究開発」「製法研究開発」があるが、同書に紹介されているマグローヒル経済研究部が調べた研究計画の主要目標は、新製品の開発 48％、現在製品の改良 41％、新製造方法の発明 11％が紹介され、前者二つで 90％になり、企業の重点は製品開発にあるということで、製品化の基礎づけとなる基礎研究は眼中にはない。企業は「便益生産型」で「研究、生産、販売」が循環過程をなし、その枠組みにおいて機能し都合よく利益をあげることに腐心している。したがって、その「核心的機能」は調達、生産、販売にある。つまり「企業における研究」と「大学における研究」は、双方共に「頭脳的・探索的・創造的行為」であるものの目的、動機、出発点が根本的に違っている。

このように学術研究とイノベーションとの関係性は、それぞれの両者に相当する企業内の研究開発部門と事業部門でもそれぞれ固有の性格・機能をもっており、両者をどう相互作用させて繋いでいくかについて、留意すべき論点があることが指摘されている。そうした点からすれば、日本の科学技術・イノベーション基本計画で説かれる「科学技術・イノベーション政策」という、科学技術とイノベーションを一体化して学術の側のシーズをイノベーションへとつなげる仕組みは、学術研究とイノベーションの双方の固有の性格・機能に配慮しているのか、どれだけ双方の合理性を理解しているのか、なおこの政策化には考慮のうえの見直しが必要であろう。

ラザフォードやラングミュア、コンプトンらの実験科学研究が示すところは何か。研究のアカデミズム的な性格、その実験的装備の基礎を産業技術が支援する。しかしながら、研究そのものはアカデミズム的であって、製品化ということではない。ラングミュアの電球内部に展開したミクロスコピックな自然現象の探査研究と、進化途上段階にある電球やX線管の製品化を遂げようとする産業活動とは、相対的に独立したテーマである。前者は表面科学領域を対象とした自然科学研究プロセスであった、後者は白熱電球やX線管の製品化を指向する技術開発プロセスであって、双方は連関しつつも相互に自立していた。だからこそ双方とも成果をあげたというべきであろう。

10 － 5　20 世紀における科学研究の国際的なパワーシフトに関して

　第 1 章でこの問題について指摘したように、20 世紀の物理科学の展開は、当初イギリスやドイツを中心に展開していたが、やがてこの研究拠点はアメリカへと重点を移し拡がった。この研究拠点の移行は、産業技術の新展開をアメリカならびにドイツが主導する形で進んでいったからにほかならないけれども、だからといって科学の面でも単純にアメリカが主導するようになったというのは早計である。それを説明するものはやはり基礎科学の進展を、主として科学実験の部面から、すなわち科学実験装置を構成する実験手段構成要素を提供する、例えば X 線管は製品開発を目的として医療用（軍事を含む）・科学研究用、その他の社会的要請に応える形でその研究開発が重層的に組織的に進められ、科学と技術が一新されたことにある。特に実験手段そのものを構成する技術的要素を科学との相互交渉を通して造り上げて再構成したのである。

　本書では、例えば、その事例として GE 研究所を中心に展開された X 線管の開発や、そしてまたこれに隣接する、ある意味では X 線管の開発の根幹的問題を解き明かした白熱電球の研究開発が組織的に展開されたことを取り上げた。

　また、電子の波動性の同時検証においては、その双方の実験手段、すなわちイギリスの G.P. トムソンとアメリカのデビッソン&ガーマーとがそれぞれがあつらえた実験手段には大きな差異があったことを見たが、それを基礎づける技術の違いに英米の社会的・歴史的土壌の違いを見ることができる。

　これらの事例は科学研究に見られるパワーシフトを示すものといえよう。それにしても、今日の 21 世紀の科学研究のパワーシフトはどういう状況にあるだろうか。この点に想いを馳せながら筆を置くことにする。

参考文献と注

[まえがき]
1) 拙稿「科学実験の現代的展開を語る本を読む」、『物理学史』No. 6、pp. 27-33、1992 年。
2) 菅野礼司「量子論的自然観」、『物理教育』46-1、pp. 31-38、1998 年。

[第 1 章]
1) J. D. Bernal（菅原仰訳）、『科学と産業』、岩波書店、1956 年；（原著）*Science and Industry in the Nineteenth Century*, 1953.
2) J. D. Bernal, *ibid.*, pp. 6-7, 145-147.
3) J. D. Bernal, *ibid.*, p. 151.
4) J. D. Bernal（鎮目恭夫訳）『歴史における科学』、みすず書房、1967 年；（原著）*Science in History*, 1954.
5) J. D. Bernal, *ibid.*, pp. 414-419.
6) J. D. Bernal, *ibid.*, pp. 434-436.
7) Mari E. W. Williams、『科学機器製造業者から精密機器メーカーへ―1870-1939 年における英仏両国の機器産業史』、大阪経済法科大学出版部、1998 年；（原著）：Mari E. W. Williams, *The Precision Makers : A History of the instruments industry in Britain and France*, 1870-1939, London and New York, Routledge, 1994.
8) 天野清、『量子力学史』（改訂増補版）、中央公論社、p. 29、1973 年；（初版）日本科学社、1948 年。
9) 天野清、「熱輻射論と量子論の起源」、『科学史論』、日本科学社、pp. 13-15、1948 年。
10) 拙稿、「熱輻射論史の実験的側面からの検討 (1)」、『19 世紀物理学史研究』No. 3、1988 年。
11) 天野清、「量子論誕生の技術史的背景」、『科学史論』、日本科学社、1948 年。
12) 坂田昌一他、「原子核物理学の形成過程」、『物理学と方法』岩波書店、pp. 155、158、1972 年。
13) J. D. Bernal『科学の社会的機能』勁草書房、1981 年；（原著）*The Social Function of Science*, 1939 の「第 3 章イギリスの現在に於ける研究組織」や Mari E. W. Williams の前掲書(7)等を参照されたい。
　　なお、田中浩朗は、「帝国物理技術研究所設立期におけるドイツ物理学の制度的問題」（『科学史・科学哲学』9 号、1990 年）で、次のような記述をしている。例えば、"もちろん標準や検定に関するものであったのだが、しかし科学制度の大きな構造転換へとつながるようなより根本的な問題も含まれていた"と述べる一方、"当時の物理学制度の根本的問題は、物理学研究を職務とする科学者がいないことであった"と指摘する。これは、PTR がいわゆる度量衡を取り扱う試験研究機関というだけでなく、科学研究活動の分業化（分化）を制度の発展のうえにとらえ、一つの研究機関が科学研究機関としてどのように変容していたのかという観点から歴史をとらえなくてはならないとした点で興味あるものである。
14) R. Buderi、『世界最強企業の研究戦略』、日本経済新聞社、2001 年；（原著）*Engines of Tomorrow*, 2000.
15) R. S. Rosenbloom & W. J. Spencer 編、『中央研究所時代の終焉』、日経 BP 社、1998 年；（原著）*Engines of Innovation*, 1996.
16) R. S. Rosenbloom & W. J. Spencer, *ibid.*, p. 67.
17) E. Segre、『X 線からクォークまで』、みすず書房、1982 年；（原著）*Personaggi e Scoperte Nera Fisica Contemporanea*, 1976.
18) E. Segre, *ibid.*, pp. 3-7, 16-19.
19) この点についての子細は、宮下晋吉「J. J. Thomson と気体放電研究」「J. J. Thomson の陰極線研究」、『科学史研究』No. 137-140、1981-1982 を参照されたい。それらの論考について筆者の批判的考察は、拙著「物理学の現代的展開をとらえる視点―実験的側面からの検討を中心にして―」『物理学史』No. 5、pp. 14-21、1991 年を参照されたい。
20) 宮下晋吉、「炉産業と高温の科学」、『科学史その課題と方法』、青木書店、1987 年。

21）宮下晋吉、『模倣から「科学大国」へ——19 世紀ドイツにおける科学と技術の社会史』、世界思想社、2008 年。
　　19 世紀の純粋科学の部面で成果を上げたドイツ人科学者には、例えば、エネルギー保存則ではマイアー、クラウジウス、気体分子運動論ではボルツマン、電磁気学・電気化学ではウェーバー、ヒットルフ、ヘルムホルツ、オストワルド、ヘルツ、ネルンストの名が挙げられよう。

22）ブルーノ・ラトール著（川崎勝・平川秀幸訳）『科学論の実在』、産業図書、2007。
　　Bruno Latour & Steve Woolgar, *Laboratory life : the construction of scientific facts*, Princeton University Press, 1986.

23）Karin D. Knorr-Cetina, *The manufacture of knowledge : an essay on the constructivist and contextual nature of science*, Pergamon Press, 1981.
　　金森修・中島秀人編著、『科学論の現在』、到草書房、2002。

24）P. Galison, *image & logic*, The University of Chicago Press, 1997.
　　I. Hacking, "The Self-Vindication of the Laboratory Science", A. Pickering, *Science as Practice and Culture*, The University of Chicago Press, 1992.

25）M. Jammer, *The Conceptual Development of quantum Mechanics*, McGraw-Hill, 1966 ;（邦訳書）小出昭一郎訳、量子力学史 1、2、東京図書、1974 年。

26）Jagdish Mehra & Helmut Rechenberg, *The Historical Development of Quantum Theory*, Springer-Verlag, 1982-1987.

27）L. M. Brown, A. Pais, B. Pippard (ed. by), *Twentieth Century Physics*, 1995 ;（邦訳）『20 世紀の物理学』丸善、pp. 1-46、47-109、1999 年。

28）ヘリガ・カーオ（岡本拓司監訳）『20 世紀物理学史』上・下、名古屋大学出版会、2015 年（原著 ; *QUANTUM GENERATIONS A History of Physics in the Twentieth Century*, 1999, Princeton University Press.）
　　なお、ミヒャエル・エッケルトの『量子理論の社会史』（金子昌嗣訳：海鳴社、2012 年 ; 原著、*Die Atomphysiker Eine Geschichte der theoretischen Physik am Beispiel der Sommerfeldschule*、Braunschweig; Wiesbaden: Vieweg, 1993）も類似する視点を持つ。ただし、コメントは割愛した。

［第 2 章］

1）「技術の哲学」『戸坂潤全集』一巻、勁草書房、pp. 249-250、1966 年。
2）岩崎允胤・宮原将平『科学的認識の理論』大月書店、pp. 224-225、pp. 342-345、1976 年。
3）大沼正則『日本のマルクス主義科学論』大月書店、p. 137、1974 年。
4）山崎正勝「科学と技術の関係についての科学論的研究ノート(1)」『三重大学教育学部研究紀要』28 巻 1 号、1977 年。
5）高田誠二『単位の進化』講談社、1970 年。
6）豊田利幸編『ガリレオ』中央公論社、pp. 74-75、1973 年。
7）S. ドレイク『ガリレオの生涯 1』共立出版、pp. 114-120、1984 年。
　　S. ドレイク（赤木昭夫訳）『ガリレオの思考をたどる』産業図書、p. 135、1993 年。
8）ティモシェンコ『材料力学史』鹿島出版会、1974 年。
9）ダンネマン『大自然科学史』三省堂、6 巻、pp. 114-122。
10）高木純一『電気の歴史』オーム社、p. 5、1967 年。
11）ダンネマン、7 巻、pp. 266-270。
12）ダンネマン、8 巻、pp. 54-62。
13）宮下晋吉「J. J. Thomson と気体放電研究」『科学史研究』No. 137、1981 年。
14）拙稿「熱輻射論史の実験的側面からの検討(1)－電気炉の採用－」『19 世紀物理学史研究』No. 3、1988 年。
15）*Philosophical Transactions of the Royal Society of London*, vol. 156, 1866.
16）Lummer u. Kurlbaum, *Verhandlungen der Physikalischen Gesellschaft zu Berlin*, 17, 1898.
17）上田良二『真空技術』岩波書店、1955 年。
18）*Physical Review*, 21, 1923.
19）本書「放射線と原子構造(II)」を参照されたい。

20）ザイマン『社会における科学（下）』草思社、pp. 245-269、1982 年。

21）その他、本章の執筆にあたって参考にした文献を掲げておく。
　　高木純一「人間の歴史と計測技術」『計測と制御』15 巻 1 号、1976 年。
　　シンガー他編『技術の歴史』筑摩書房、5 巻、6 巻、1978 年。
　　本間三郎『素粒子の謎を追う』朝日新聞社、1986 年。
　　海部宣男『電波望遠鏡をつくる』大月書店、1986 年。

［第 3 章］

1）潮木守一『アメリカの大学』、講談社学術文庫、1993 年。

2）梅根悟監修『世界教育史体系 26　大学史 I』、講談社、p. 170、1974 年。

3）潮木守一、*op. cit.* 1）。
　　潮木守一「フンボルト理念は神話だったのか」、『広島大学高等教育研究開発センター 大学論集』第 38 集、pp. 171-187、2007 年。

4）秦由美子『イギリスの大学』、東信堂、2014 年。

5）潮木守一、*op. cit.* 1）。

6）アシュビー（島田雄次郎訳）『科学革命と大学』中央公論社、1977 年。

7）V. H. H. グリーン『イギリスの大学』法政大学出版局、pp. 131、147、345-351、1994 年。

8）キャベンディッシュはケンブリッジに学んだものの学位は取得しなかった。王立協会会員として活躍している。

9）W. ハーシェルは王立協会会員で王付きの天文官で、息子の J. ハーシェルはケンブリッジ大学に学び、王立天文協会の設立に加わった。

10）田中実『化学者リービッヒ』、岩名書店、1951 年、59-62。
　　島尾永康「リービッヒの薬学・化学教室」『和光純薬時報』Vol. 66、 No. 4、pp. 2-3、1998 年。

11）田中実、*op. cit.* 10）、pp. 60-61。

12）田中実、*op. cit.* 10）、pp. 60-61。

13）成定薫・安原義仁「英国における科学の制度化」『大学論叢』第 6 集、pp. 73-98、1978 年。

14）その後、マイケルソンは、1882 年オハイオ州のケース応用科学大学、1889 年マサチューセッツ州のクラーク大学、1893 年シカゴ大学の物理学教授を歴任した。

15）ヘルムホルツは、ボン大学で生理学 J. ミュラーに師事、学位を取得している。ミュラーの博士課程指導学生には他に白血病の発見で知られる R. フィルヒョーがいる。

16）理論物理学者で気体分子運動論を研究し統計力学を創始した L. ボルツマンは、1869 年ハイデルブルク大学でブンゼン、1871 年にはベルリン大学でキルヒホッフ、ヘルムホルツの知己を得ている。

17）湯浅光朝編著『コンサイス科学年表』（三省堂、1988 年）記載の科学的業績を国籍ごとに集計した。このような自然科学の研究状況の集計の試みは、高橋智子「19 世紀欧米主要国における自然科学の展開と科学史の方法」『国際文化研究科論集』4（1996 年）でも行われていることを執筆途上で知った。また、ヘリガ・カーオ（岡本拓司監訳）『20 世紀物理学史』（名古屋大学出版会、2015 年）の第 2 章、第 10 章には 20 世紀初期や前半期の物理学界の状況が記されている。

18）梅根悟、*op. cit.* 2）、pp. 224-233。

19）河野眞「ドイツにおける近代的大学の設立」『愛知大学史研究』2 号、pp. 47-52、2008 年。

20）湯浅光朝、*op. cit.* 17）。

21）アーリアとはインド・ヨーロッパ語系諸族のことだが、ここではドイツ民族はアーリア民族の中でも他のすべての人種に優れていることを意味する。参考：拙稿「ナチズムと科学－ファシズムと対峙する物理学者たち－」『物理学史』No. 8、pp. 20-27、1995 年。

22）バイエルヘン（常石敬一訳）『ヒトラー政権と科学者たち』、岩波書店、1980 年；山本尤『ナチズムと大学』、中央公論社、1985 年。

23）梅根悟、*op. cit.* 2）、pp. 242-251；参考、J. B. ビオベッタ『フランスの大学』白水社、pp. 26-52、1963 年。
　　フランスの大学の近年の動きについて示しておく。2007 年大学の自由と責任に関する法律（LRU）が制定された。これは国家統制されてきた大学の裁量を拡大するものである。他にも執行部の権限拡大、合議機関の縮小、利害関係者（地域・学生）の大学運営参加などの組織運営全般にかかるもの

といわれる；大場淳「フランスにおける大学ガバナンスの改革　─大学の自由と責任に関する法律（LRU）の制定とその影響─」『大学論集』45、pp. 1-16、2014 年。

24) G. M. キャロー（山科俊郎・紀子訳）『ウイリアム・ヘンリー・ブラッグ』アグネ、1985 年。

25) 水嶋正路訳（サンリオ、1978 年）；（原著）*THE WORLD SET FREE*（1914 年）。

26) 『シャーロックホームズ』シリーズが有名であるが、『失われた世界』（1912 年）、『毒ガス帯』（1913年）などの SF 小説でも知られる。

27) アインシュタイン『平和書簡　1』みすず書房、1974 年。

28) 拙稿「原爆計画への科学者の動員とその対応」；山崎正勝・日野川静枝編『増補　原爆はこうして開発された』青木書店、pp. 199-213、2004 年所収。

29) 科学者の社会的あり方を整理した書として、高橋智子・日野川静枝『科学者の現代史』（青木書店、1995 年）は参考になる。

30) J. R. ラベッツ（中山茂訳）『批判的科学』秀潤社、1977 年。

31) 『ナチス狂気の内幕　シュペール回想録』読売新聞社、1970 年；（原著）*Albert Speer Spandaur Tagebücher*, Verlag Ullstein GmbH, 1975。

32) 拙稿「ファシズム戦争と科学者」『物理学史』No. 8、pp. 28-33、1995 年。
参考、フィリップ・ボール（池内了・小畑史哉訳）『ヒトラーと物理学者たち』岩波書店、p. 252、2016 年。

33) サムエル・A. ハウトスミット（山崎和夫・小沼通二訳）『ナチと原爆：アルソス：科学情報調査団の報告』海鳴社、1977 年。

34) 日本の 20 世紀のこの時期の研究開発政策はどうだったのか。本格的な展開は、第一次世界大戦後の1920 年に万国学術研究会議の呼びかけを受けて設立された学術研究会議、やがて 1930 年代になると国家主義的な科学動員が企図された。「国家総動員法」（1938 年）に基づいて、1939 年には勅令「総動員試験研究令」、閣令「総動員試験研究令施行規則」ならびに 1940 年の省令「陸海軍総動員試験研究令 施行規則」によって、科学・技術の戦争への動員が具体化されるようになった。とはいえ、これに先行する 1927 年に資源局の報告「資源の統制運用準備と資源局」に、いくつかの統制運用が求められたが、その他の領域として「教育、訓練、学術、技芸を、戦時の要求に応ぜしめ、国防の目的に有効に貢献せしめる」と書き込まれたと指摘されている（河村豊『旧日本海軍の電波兵器開発過程を事例とした第 2 次大戦期日本の科学技術動員に関する分析』（学位論文／東京工業大学））。これらは 1930 年代までの日本における科学技術動員の政策的措置の一部面である。

[第 4 章]
コラム

1) The Cavendish Laboratory ; http://www.cambridgephysics.org/laboratory/laboratory8_1.htm.

本文

1) J. L. Heilbron, "The Scattering of α and β Particles and Rutherford's Atom", *Arch. Hist. Exact Sci.*, 4, pp. 247-307, 1968.

2) 西尾成子、"α 線と原子核"、『科学史研究』、No. 76、pp. 145-155、1965 年。

3) H. Becquerel, *Comptes Rendus*, 122, p. 420, 1896.

4) E. Rutherford, "Uranium Radiation and the Electrical Conduction Produced by It", *Phil. Mag.*, (5) 47, pp. 109-163, Jan. 1899.

5) 兵藤友博、道家達将、"「有核模型」形成への原子構造論の発展"、『東京工業大学人文論叢』、No. 5、p. 216、1979 年。
そこでの記述の概要は、以下のようなものである。その際の実験測定で、放射線が α 線と β 線の複合したものであることを見いだした。すなわちウランからの放射線をアルミニウム箔（厚さ0.0005cm）に通過させたとき、箔が 4 枚までは一定の割合で（等比数列的に）強度が減少していくが、その後は箔を重ねていっても以前のように（等比数列的に）減少せず強度の現象の割合は大変小さくなった。このことは α 線が放射線のうちにまず吸収され、その後は β 線だけが残ることを示していた。
さらにまた、その後の 1902 年の測定実験（E. Rutherford and A. G. Grier, "Deviable Rays of Radioactive Substances", *Phil. Mag.*, (6)4, pp. 315-330, 1902.）では、α 線と β 線の磁場によ

る屈曲の違いを利用して、β 線専用の特殊電離箱を製作したり、またウランの 19,000 倍の活性をもつラジウムの α 線のビームを 30kW の Edison Dynamo の磁極端を利用して屈曲させ、その正体をあばきだす実験を試みている。

6) E. Rutherford, *op. cit.* (4). 特に「§1. 調査方法の比較」参照。

7) J. J. Thomson and E. Rutherford, "On the Passage of Electricity through Gases Exposed to Röntgen Rays", *Phil. Mag.*, (5) 42, pp. 392-407, 1896.

8) P. Curie, M. Curie, *Comtes Rendus*, 130, p. 647 ; H. Becquerel, *ibid.*, p. 647, 1900.

9) E. Rutherford, "The Magnetic Electric Deviation of the Easily Absorbed Rays from Radium", *Phil. Mag.*, (6) 5, pp. 177-187, Feb. 1903.

10) 山崎俊雄、木本忠昭、『電気の技術史』オーム社、p. 81、1976 年。

11) E. Rutherford and A. G. Grier, "Deviable Rays of Radioactive Substances", *Phil. Mag.*, (6) 4, pp. 315-330, Sep. 1902. 「§1」参照。

12) *ibid.*.

13) *ibid.*.

14) *ibid.*.

15) *ibid.*.

16) E. Rutherford, *op. cit.*, (4). "α 線は放射性物質に生じる変化においてもっとも重要な役割を果たしている"とも記している。

17) E. Rutherford and F. Soddy, "Radioactive Change", *Phil. Mag.*, (6) 5, pp. 576-591, 1903.

18) E. Rutherford and F. Soddy, "Radioactivity of Thorium Compounds II. The Cause and Nature of Radioactivity", *Trans. Chem. Soc.*, 81, pp. 837-860, 1902.

19) E. Rutherford, *op. cit.*, (9). 「一般的考察」参照。

20) E. Rutherford, Bakerrian Lecture "The Succession of Change in Radioactive Bodies", *Phil. Trans. Roy. Soc.*, (A) 204, p. 208, 1904.

21) 山崎正勝、"科学と技術の関係についての科学論的研究ノート (1)"、『三重大学教育学部研究紀要・自然科学』、第 28 巻第 1 号、1977 年。

22) J. Perrin, *Revue Scientifique*, 15, pp. 459-461, 1901.

23) 長岡半太郎、*Phil. Mag.*, (6) 7, pp. 445-455、1904 年。

24) 西尾成子、"放射性変換理論"、『科学史研究』No. 72, pp. 169-181、1964 年。

25) E. Rutherford, "Some Properties of the α-Rays from Radium", *Phil. Mag.*, (6) 11, pp. 166-176, 1906.

26) *ibid*, p. 174.

27) *ibid*, p. 174.

28) *ibid*, p. 168.

29) *ibid*, p. 171. 電流の変動については、ラジウム生成物からの α 線が複合物かどうか確かめるために、強い電流と弱い電流とをそれぞれ 2 時間の間 0.5% 以下に抑えたとある。

30) E. Rutherford, "Retardation of the α-Particle from Radium in passing through Matter", *Phil. Mag.*, (6) 12, p. 144, 1906.

31) *ibid*, pp. 143-145.

32) *ibid*, p. 144.

33) *ibid*, Rutherford は W. H. Bragg の吸収理論を紹介している ; "Stopping power" については, W. H. Bragg and R. D. Kleeman, "On the α Particles of Radium, and their Loss of Range in passing through various Atoms and Molecules", *Phil. Mag.*, (6) 10, pp. 318-340, 1905. 特に、p. 333。

34) E. Rutherford, "Retardation of the Velocity of the α Particles passing through Matter", *Phil. Mag.*, (6) 11, pp. 553-554, 1906. : *op. cit.*, (30), p. 146.

35) E. Rutherford, *op. cit.*, (30).

36) W. H. Bragg and R. D. Kleeman, *op. cit.*, (33), p. 333. ここに、"the stopping power of individual atoms" とあり、個々の原子に "stopping power" を考えていたのは明らかである。

37) E. Rutherford, "Some Properties of the α Rays from Radium", *Phil. Mag.*, (6) 10, pp. 163-176, 1905. Rutherford は α 線に注目し、本論文に、power of penetrating (透過能) の記述がみられる。

これに対して W.H.Bragg らは、α 線だけでなく照射される物質にも注目し、吸収のメカニズムを考察した。ちなみに、Rutherford のこの論文は 1905 年 5 月に読み上げられ、一方、Bragg らが "stopping power" を記述した論文〔*op. cit.,* (33)〕は 1905 年 9 月に発表された。というわけで、Rutherford が Bragg らの論文を知り、"stopping power" について記述するのは、Rutherford が Becquerel の実験を追試し、α 線の散乱現象を発見したとき（論文が書かれたのは 1905 年 11 月、発表されたのは 1906 年 1 月であった）まで待たねばならないことになる。このような経過に注意しなければならない。

38) W.H.Bragg, "On the Properties and Natures of various Electric Radiation", *Phil. Mag.*, (6) 14, pp. 429-449, 1907. 特に pp. 436、440 参照。

39) *ibid.*, pp. 436-437.

[第 5 章]
本文

1) E.Rutherford and H.Geiger, "An Electrical Method of Counting the Number of α-Particles from Radio-active Substances", *Proc. Roy. Soc. Lon.*, (A) 81, pp. 141-161, 1908. 特に p. 141 参照。

2) *ibid.*, p. 150；兵藤友博、道家達将 "α 粒子の本性の探究から原子構造の解明へ"、『東京工業大学人文論叢』No. 6、1980 年。p. 132 を参照されたい。

3) E.Rutherford and H.Geiger, *ibid.*, pp. 144-155.

4) *ibid.*, p. 151.

5) H.Geiger, "On the Scattering of the α-Particles by Matter", *Proc. Roy. Soc. Lon.*, (A) 81, pp. 174-176, 1908.

6) E.Rutherford and H.Geiger, *op. cit.*, (1), p. 150.

7) *ibid.*, pp. 150-151.

8) *ibid.*, p. 151.

9) *ibid.*, p. 150.

10) H.Geiger, *op. cit.*, (5). 特に p. 177。

11) *ibid.*, p. 177.

12) *ibid,*, p. 177.

13) 兵藤友博ほか、*op. cit.*, (2) を参照されたい。

14) E.Rutherford and F.Soddy, "Radio-active Change", *Phil. Mag.*, (6) 5, p. 590, 1903.

15) E.Rutherford and H.Geiger, *op. cit.*, (1), p. 142.

16) E.Rutherford, *RADIO-ACTIVITY* (2nd ed., Cambridge U. P.), p. 94, 1905.

17) F.Dorezalek, "Über ein einfaches und empfindliches Quadrantenelektrometer", *Zeitschrift für Instrumentenkunde*, 21, pp. 345-350 (Dez. 1901).

18) E.Rutherford and H.Geiger, *op. cit.*, (1), p. 145.

19) Hermann Hahn-Machenheimer in Berlin-Grunewald, "Die Geryk-Luftpumpe. Patent Freuss. ", *Zeitschrift für Instrumentenkunde*, 21, pp. 205-207 (Nov. 1901).

20) J.Dewar, "Liquid Air and Charcoal at Low Temperature", *Engineering*, 81, pp. 796-797 (Jun. 1906)；"The Production of High Vacua", *ibid.*, pp. 88-89 (Jan. 1906).

21) "The Liquefaction of Gases", *Engineering*, 61, p. 421 (Mar. 1896). 空気の液化に成功したのは、London の Westminster にある Brin 酸素商会の Dr. Hampson である。

22) H.Geiger and E.Marsden, "On a Diffuse Reflection of the α-Particles", *Proc. Roy. Soc. Lon.*, (A) 82, pp. 495-500, 1909.

23) E.Rutherford and H.Geiger, *op. cit.*, (1).

24) H.Geiger and E.Marsden, *op. cit.*, (22), p. 499.

25) 西尾成子、"α 線と原子核"、『科学史研究』No. 76、p. 151、1965。

26) E.Marsden, "Rutherford Memorial Lecture (1948) ", *Proc. Phys. Soc.*, 63 pt. 4, p. 317, 1950.

27) E.Rutherford, *The Development of the Theory of Atomic Structure* (1936), contained in "Back Ground to Modern Science" (ed. by J. Needham and W. Pagel, Cambridge, 1938).

28) H.Geiger and E.Marsden, *op. cit.*, (22), p. 495.

29) *ibid.*, p. 495.

30) E. Rutherford to B. Boltwood (24, Nov. 1907)；edited by L. Badash, *Rutherford and Boltwood-Letters on Radioactivity* — (Yale, 1969).

31) H. W. Schmidt, "Bericht über den Durchgang der β-Strahlen durch fest Materie", *Jahrb. d. Radioaktivität u. Elektronik*, 5, p. 453, 1908.

32) H. W. Schmidt, *ibid.*, pp. 457-458.
　兵藤友博、道家達将、"「有核模型」形成への原子構造論の発展"、『東京工業大学人文論叢』No. 5、1979年、p. 222 を参照されたい。

33) H. W. Schmid, *ibid.*, p. 474.

34) *ibid.*.

35) *ibid.*, p. 477.

36) *ibid.*, p. 479.

37) H. Geiger and E. Marsden, *op. cit.*, (22), p. 498.
　コメント

1) ガイガーは1912年ベルリンの国立物理工学研究所に戻る。1914年から1918年の第一次世界大戦期、ドイツ軍の砲兵隊に所属し、研究は中断された。

2) 参考、奥野久輝「放射能分析の歴史(II)」、『分析化学』(JAPAN ANALYST) Vol. 16、pp. 1395-1401、1967年。

［第6章］
　本文

1) 兵藤友博、『科学史研究』No. 154、pp. 76-83、1985年；No. 155、pp. 141-148、1985年。

2) E. Rutherford, "The Scattering of α-and β-particles by Matter and the Structure of the Atom", *Phil. Mag.*, (6) 21, p. 686, 1911.
　D. Wilson は、従来の Rutherford 研究および関係者の回想、書簡などを材料に著わした Rutherford (MIT Pr., 1983) をまとめた。この著作の The Atom の章で、Wilson は、Rutherford の人柄（よきパパとしての指導性）と活力に満ちた自由な優れた研究組織、続いて α 粒子の本性の探究、原子の有核構造の発見などのトピックを重ねていく仕方で、殊に Rutherford を中心とした科学者の交流（科学者社会の営み）に留意しつつ、その概略を描いている。
　このなかで T. S. Kuhn の *BLACK BODY THEORY AND THE QUANTUM DISCONTINUITY* 1894-1912 (Oxford, 1978) にヒントを得て、放射能と熱輻射の研究の類似性を検討し、有核構造の発見と量子仮説の不連続性の概念（原子論）の承認との関連に注目しているところは興味深い（Kuhn は discontinuity が研究者の間で承認されたのは1911年とした）。
　また、Wilson は、有核構造の発見に至る過程の最終段階における飛躍を別として、この過程にはいくつかの mystery があるといい、その第一段階（1906年の散乱現象の発見）の puzzlement、第二段階（1908年の計数装置内での散乱の発生による計数の困難）の irritation、計数の解析・補正などの理論的問題の解決に発した第三段階（1909）の H. Lamb 教授の確率論の聴講をあげ、その後に散乱の解析に入っていったとする。
　確かに、この記述は興味ある指摘ではあるが、Wilson は結局のところ、α 粒子が原子構造究明の探り針になるのだという Rutherford による認知は、α 粒子の本性の解明が主要な契機となってそうなったという分析にとどまる。この点で、筆者がすでに注(1)に記載した論文ならびに"α 粒子の本性の探究から原子構造の解明へ"、『東京工業大学人文論叢』No. 6 (1980) で指摘したように、なぜ α 粒子が探り針となったのかといえば、それは放射線と物質との相互作用が同時平行的に進められ、その相互作用の分析から power 概念をとらえることによって初めて構造解析の見通しが得られたからである。

3) 武谷三男、『量子力学の形成と論理 I . 原子模型の形成』、（初版、銀座出版社、1948年；復刻版、勁草書房、1972年）。

4) 西尾成子、"α 線と原子核"、『科学史研究』、No. 76、p. 148、pp. 150-154、1965年。
　この点で、E. N. da C. Andrade も *Rutherford and the Nature of the Atom* (Doubleday & Company, Inc., 1964；邦訳『ラザフォード』、河出書房新社) の Ch. V. Manchester にみられるように類似した

見解を取る。すなわち、有核構造に言及しつつも複合散乱から単一散乱へと展開したことに注目して、"この最初の論文で Rutherford は便宜上中心電荷が正であるかもしれないと言いつつも、しかし原子内の電子のことについては一言も触れていない。彼はもっぱら散乱に関心をもっていた"と述べている。

なお、T. J. Trenn, "The Geiger－Marsden Scattering Results and Rutherford's Atom, July 1912 to July 1913 The Shifting Significance of Scientific Evidence," *ISIS*, 65, No. 226, 1974. も参照されたい。

Rutherford の放射能研究については A. Romer, *The Restless Atom* (Doubleday & Company, Inc., 1960；邦訳『原子の探究』、河出書房新社)：T. J. Trenn, *The Self-Splitting Atom* (Taylor&Francis Ltd., 1977)；'Rutherford and Recoil Atoms', *Historical in the Physical Sciences*, 6 (1975)：*Rutherford and Physics at the Turn of the Century* (Dawson and Science History Pub., 1979), etc. がある。

5) E. Rutherford, *ibid.*, p. 669.

6) E. Rutherford, *Nature,* 8(26 Aug. 1909) p. 258；*ibid.*, p. 263.
　"α 粒子ないしは β 粒子が物質を通過する際に引き起こされる効果の注意深い研究は、究極的に原子そのものの構造にもっと一層の光を投ずるであろうことは、ほとんど疑いないように思われる"とも述べている。

7) E. Rutherford, *ibid.*, p. 263.

8) E. Rutherford, *ibid.*, p. 258.

9) E. Rutherford, *ibid.*, p. 258-259.

10) E. Rutherford, *ibid.*, p. 261.

11) E. Rutherford, *ibid.*, p. 262.

12) E. Rutherford, *ibid.*, p. 262.

13) E. Rutherford, *ibid.*, p. 262.

14) E. Rutherford and T. Royds, "The Nature of the α Particle from Radioactive Substances", *Phil. Mag.*, (6) 17, pp. 281-286, 1909.

15) E. Rutherford, *RADIO-ACTIVITY* (2nd ed., Cambridge U. P. 1905), p. 157.

16) E. Rutherford, *ibid.*, p. 263.

17) E. Rutherford, *ibid.*, p. 263.

18) E. Rutherford, *ibid.*, p. 263.

19) E. Rutherford, *ibid.*, p. 263.

20) 兵藤友博、*ibid.* No. 154、"放射線と原子構造(1)"、p. 81 参照。

21) E. Rutherford, *ibid.*, p. 262.

22) E. Rutherford, *op. cit.*, (2), p. 687.

23) J. J. Thomson, "On the Scattering of rapidly movlng Electrified Particles", *Proc. Cambridge Phil. Soc.*, 15, p. 466, 1910.

24) H. Geiger, "The Scattering of the α-Particles by Matter", *Proc. Roy. Soc. Lon.*, A83, p. 499, 1910.

25) H. Geiger, *ibid.*, pp. 499-500.

26) H. Geiger, *ibid.*, p. 500.

27) H. Geiger, "Neuere Forschungen über die α-Strahlen", *Physik. Zeitschr.*, 11, pp. 676-695, 1910.

28) E. Riecke, "Über die Bewegung der α-Ionen", *Ann. d. Phys.*, (4) 27, pp. 797-818, 1908.

29) W. H. Bragg, "The Consequence of the Corpuscular Hypothesis of the γ and X Ray, and the Range of β Rays", *Phil. Mag.,* (6) 20, p. 414 (Sep. 1910).

30) J. J. Thomson, *ibid.*.

31) H. Geiger, *op. cit.*, (24).

32) J. J. Thomson, *ibid.*, pp. 465-468.

33) J. J. Thomson, *ibid.*, p. 466.

34) E. Rutherford, *op. cit.*, (2), p. 673.

35）J. P. V. Madsen, "The Scattering of the β Rays of Radium", *Phil. Mag.*, (6) 18, pp. 909-915, 1909.

36）W. H. Bragg, *op. cit.*, (29), p. 414.

37）J. L. Heilbron, "The Scattering of α and β Particles and Rutherford's Atom", *Arch. Hist. Exact Sci.*, 4, pp. 247-307, 1968.

38）W. H. Bragg to E. Rutherford, 5 Jan. 1911.
　　J. L. Heilbron, *ibid,* p. 291 を参照されたい。

39）W. H. Bragg, "Radio-activity as a Kinetic Theory of a Fourth State of Matter", *Nature* (9 Feb. 1911), p. 491.

40）W. H. Bragg, *ibid,* p. 493.

41）W. H. Bragg, *ibid,* p. 491.

42）川合葉子、"X線の粒子理論と結晶構造"、『科学史研究』No. 149、pp. 1-11、1984 年の Rutherford と Bragg の関係についての記述を参照されたい。

43）E. Rutherford to B. Boltwood (1 Feb. 1911), *RUTHERFORD AND BOLTWOOD—Letters on Radioactivity* —, (ed. by L. Badash, Yale 1969).

44）E. Rutherford to W. H. Bragg, 8, Feb. 1911.
　　J. L. Heibron, *ibid,* p. 293 を参照されたい。

45）J. L. Heilbron, *ibid,* pp. 293-294 を参照されたい。

46）E. Rutherford, "The Scatterlng of the α and β Rays and the Structure of the Atom", *Proc. Manchester lit. Phil. Soc.*, 4, p. 55, 1911.

47）E. Rutherford, *op. cit.*, (2), p. 670.

48）E. Rutherford, *ibid.*, p. 671.

49）E. Rutherford, *ibid.*, p. 673.

50）E. Rutherford, *ibid.*, pp. 677-686.

51）E. Rutherford, *ibid.*, p. 687.

52）E. Rutherford, *ibid.*, p. 687.

53）E. Rutherford, *ibid.*, p. 687.

54）E. Rutherford, *ibid.*, pp. 676-677.

55）H. Geiger and E. Marsden, "The Laws of Deflexion of α Particles through Large Angles", *Phil. Mag.*, (6) 25, pp. 605-606, 1913.

56）E. Rutherford, "The Origin of β and γ Rays from Radioactive Substances", *Phil. Mag.*, (6) 24, pp. 453-462, 1912.
　　ここで、Rutherford は、"原子は、高速で運動をしている電子の配列、恐らく一平面で回転する電子のリングによって囲まれた、大変小さな容積の正に帯電した核（nucleus）から構成される‥‥原子の崩壊に導く原子の不安定性は二つの原因、‥‥すなわち中心核の不安定性と電子配列のそれとによると考えるのが都合がよいであろう。
　　不安定性の前者のタイプは α 粒子の放逐を導き、後者は β 線と γ 線の放逐を導く。β 線の放逐を導く不安定性は主に同じ円の電子リングの一つに限られているであろう。そしてこのリングから大きな速度をもつ一つの β 粒子の放逐を導く。原子から脱出するこの β 粒子はこのリングより外部にある電子配列を通過し、そして各リングを横切る際に、一定のエネルギーをもつ一つないしはさらに多くの γ 線を励起させて、そのエネルギーの一部を失うであろう。"と述べている。

57）E. Rutherford, *RADIOACTIVE SUBSTANCES AND THEIR RADIATION* (Cambridge U. P. 1913), pp. 616-23.

58）E. Rutherford, *ibid.*, p. 621.
　　ここに、"原子のすべての〔正〕荷電と質量は中心に凝縮している"とある。そしてまた、"原子の正に帯電した中心部は明らかに、ある程度帯電ヘリウム原子や水素原子から構成される、動的な複雑な系である"とも記されている。

59）E. Rutherford, *op. cit.*, (2), p. 688.

60）E. Rutherford, *ibid.*, (2), p. 671.

61）N. Bohr, "On the Constitution of Aoms and Molecules", *Phil. Mag.*, (6)26, pp. 1-2, 1913.

62）N. Bohr, *ibid.*, p. 2.

63) N. Bohr, *ibid.*, p. 2.

64) N. Bohr, *ibid.*, p. 500.

65) N. Bohr, *ibid.*, p. 501.

コメント

1) 参考文献を示す。

J. ローランド（中村誠太郎ほか訳）『ラザフォード』鱒書房、1956 年。

E. N. da C. アンドレード（三輪光雄訳）『ラザフォード』河出書房、1967 年。

G. P. トムソン（伏見康治訳）『J・J・トムソン』河出書房、1969 年。

G. M. キャロー（山科俊郎・山科紀子共訳）『ブラッグ』アグネ、1985 年。

J. L. Heilbron, *H. G. J. Moseley The Life and Letters of an English Physicist*, 1887-1915, University of California Press 1974.

M. Oliphant, *Rutherford Recollections of the Cambridge Days*, Elsevier Pub., 1972.

Mari E. W. Williams, *The Precision Makers: A History of the Instruments Industry in Britain and France, 1870-1939*. Routledge, 1993；マリ・ウィリアムズ（永平幸雄訳）『科学機器製造業者から精密機器メーカーへ 1870 年～1939 年における英仏両国の機器産業史』、大阪経済法科大学出版部、1998 年。

A. D. Morrison-Low, *Making Scientific Instruments in the Industrial Revolution*, Routledge, 2007.

P. R. Clercq, *Nineteenth-century Scientific Istruments and Their Makers*, MuseumBoerhaaven, 1985.

2) E. N. アンドレード（三輪光雄訳）『ラザフォード』河出書房新社、1967 年。

G. P. トムソン（伏見康治訳）『J. J. トムソン』河出書房新社、1969 年。

3) 上田良二、『真空技術』、岩波書店、1955 年。

4) 「ウランおよびトリウムの化合物から出る放射線」『放射能』物理学史研究刊行会編、東海大学出版会、1970 年；*Comptes Rendus de l Academie des Sciences, Paris*, 126, pp. 1101-1108, 1898.

5) 『化学と工業』51-10、pp. 1604-09、1998 年；ならびに浜地忠男「世界のウラン資源」（『地質ニュース』No. 119、1964 年 7 月。

[第 7 章]

コラム

1) 参考文献

A. ローゼンフェルド（兵藤申一／兵藤雅子共訳）『ラングミュア伝 ある企業研究者の生き方』アグネ、1978 年。

W. オストワルド（都築洋次郎訳）『オストワルド自伝』東京図書、1979 年。

五十嵐廉「延性タングステンの発明 ―William D. Coolidge の業績とその周辺 ―」『まてりあ』第 40 巻第 4 号、2001 年。

L. A. Hawkins, *Adventure into the Unknown The First Fifty Years of the General Electric Research Laboratory,* William Morrow Co., 1950.

H. A. Liebhafsky, *William David Coolidge A Centenarian and his work*, A Wiley-Interscience Publication, 1974.

John Anderson Miller, *Yankee scientist: William David Coolidge*, Mohawk Development Service, 1963.

J. T. Broderick and K. T. Compton, *Wiillis Rodney Whitney:Pioneer Of Industrial Research*, Fort Orange Press, 1945.

鈴木良治「アメリカにおける工業研究（研究開発）の成立：デュポン, GE, AT&T を中心にして」(1), (2), (3)、『經濟學研究』32(1)；pp. 227-275、1982 年、32(2)；pp. 185-217、1982 年、32(4)；pp. 173-231、1983 年。

2) ローゼンフェルド、*op. cit.,* 1)。

3) 調べてみると電球内に生じる気体は、二日程度で常圧化に換算するとフィラメントの体積の 7 千倍に達する。それは電球内部表面のガラス表面から水蒸気が出て、これがタングステンと反応して水素を発生させる。また、真空装置のガラスの擦り合わせ接合部のワセリンから炭化水素ガスが出て、

これが水素と一酸化炭素となる；ローゼンフェルド、*ibid.*, 1）。

4）ローゼンフェルド、*op. cit.*, 1）。

5）ローゼンフェルド、*op. cit.*, 1）。

6）窒素ガスを封入してフィラメントの蒸発速度を抑える。

7）ローゼンフェルド、*op. cit.*, 1）。

8）（都築洋次郎訳）岩波書店、1952 年；（原著）*Die schule der chemie, Erste Einführung in die Chemie für Jedermann* 、1903。

本文

1）G. Wise, *Willis R. Whitney, General Electric, and the Origins of U. S. Industrial Research,* Columbia University Press, 1985. 特に pp. 154-156、176、179 を参照されたい。

2）Leonard S. Reich, *The Making of American Industrial Research,* Cambridge University Press, 1985. 特に pp. 122-124 を参照されたい。Reich と類似した評価はこれに先行する P. W. Bridgman に見いだされる。Bridgman は、Langmuir の仕事は物理学、化学、工学に渡っているけれども、Langmuir は技術者ではなく化学者もしくは産業的研究者であると、Reich とは多少異なるが組織指導性や研究能力の部面から分析している。; P. W. Bridgman, Some of the Physical Aspects of the Work of Langmuir, *Collected Works of Irving Langmuir* (ed. C, G. Suits), 1962.

3）V. Bush, *Science-the endless frontier,* United States Government Printed Office, 1945.

4）R. Buderi『世界最強企業の研究戦略』、日本経済新聞社、2001 年；（原著）*Engines of Tomorrow,* 2000. R. S. Rosenbloom & W. J. Spencer 編、『中央研究所時代の終焉』、日経 BP 社、1998；（原著）*Engines of Innovation,* 1996. 特に pp. 32-40 を参照されたい。
これら二書は次のような考察も加えている。GE 研究所における経営と研究に的確な配慮や対応ができる研究リーダーの役割や、研究・開発組織を企業内に内部化することでマーケティングと同様に研究・開発投資を行うようになってきたと述べている。
なお、X 線管等の歴史的考察としては日本電子機械工業会電子管史研究会編『電子管の歴史』（オーム社、1987 年）や、青柳泰司の『医用 X 線装置発達史』（恒星社厚生閣、2001 年）がある。これらは X 線管の X 線発生の機構を順次記しているにすぎなく、フィラメント素材の開発や X 線管の白熱電球開発を基盤にした、構造的な研究・開発の歴史叙述とはなっていない。

5）今日クーリッジ管とよばれる。

6）G. F. Morrison, The Electric Lamp Industry, *General Electrical Review,* 18, pp. 497-503, 1915.

7）G. Wise, *op. cit.*,（1), pp. 122-123. なお、タングステン・フィラメントの開発の試みは他にもある；本城巖「白熱電灯の歴史」『照明学会雑誌』40 巻 1 号、pp. 17-18、1956 年；西村成弘「戦前における GE の国際特許管理」『経営史学』37 巻 3 号、pp. 33-39、2002 年。
染谷彰、「エジソン発明以降 100 年の電球の発達」『照明学会雑誌』第 63 巻 第 10 号、pp. 21-25、1979 年。

8）W. D. Coolidge, The Development of Modern X-ray Generating Apparatus, *General Electric Review,* 33, No. 11, Part. Ⅰ, pp. 608-614；Part, Ⅱ, pp. 723-726, 1930.

9）W. R. Whitney, Metal Filament Lamps, *General Electric Review* , 9, pp. 55-58, 1907. Whitney は、効率は 15 倍もよいと述べている（W. R. Whitney, Some Chemistry of Light, *General Electric Review* , 13, 105, 1910)。

10）C. G. Fink, Dutile Tungsten and Molybdenum, *General Electric Review* , 13, pp. 323-324, 1910.

11）W. D. Coolidge, Ductile Tungsten, *Transaction of American Institute of Electrical Engineers,* 29, pp. 961-965, 1910. 五十嵐廉、「延性タングステンの発明—William. D. Coolidge の業績とその周辺—」『まてりあ』40 巻 4 号、pp. 390-394、2001 年。

12）W. D. Coolidge, Metallic Tungsten and Some of its Applications, *Transaction of American Institute of Electrical Engineers,* 31, pp. 961-965, 1912. なおタングステン・ワイアの量産的製造法については J. W. Howel が記している。; The Manufacture of Drawn Wire Tungsten Lamps, *General Electric Review,* 17, pp. 276-281, 1914.

13）Atomic Hydrogen as an Aid to Industrial Research, *Science,* 67, No. 1730, pp. 201-208, 1928.

14）先行研究での GE 社研究所の評価は、例えば、ホイットニーは研究所を「科学研究指向の組織」としたとか（Rosenbloom & Spencer, *op. cit.*,（3), p. 38)、あるいは彼は「研究所の精神」の重要性を説

き、「有能な研究者を導く役割」を果たすことで、研究所の中に「少数の才能ある人材の働きが基盤」としてつくられたのだと述べている。(Buderi, *op. cit.*, (3), pp. 94-96)。

15) G. Wise, *op. cit.*, (1), pp. 151-152.

16) I. Langmuir, Convection and Conduction of Heat in Gases, *Physical Review*, 34, pp. 401-422, 1912.

17) I. Langmuir, Thermal Conduction and Convection in Gases at Extremely High Temperatures, *Transactions of the American Electrochemical Society*, 20, 1911, 12, pp. 225-242, 特に pp. 232-236.

18) I. Langmuir, *op. cit.*, (34), pp. 401-422.

19) I. Langmuir, The Dissociation of Hydrogen into Atoms, *Journal of the American Chemical Society*, 34, pp. 860-877, 1912. 温度や熱損失は、タングステン線を一種の抵抗温度計として見立て、それに電圧計と電流計をつないで、抵抗と温度との関係から温度を、その上で熱損失を割り出したという。

20) I. Langmuir, A Chemically Active modification of Hydrogen, *Journal of the American Chemical Society*, 34, pp. 1310-1325, 1912. 実験装置の工作はS. P. Sweetser による。

21) I. Langmuir, Chemical Reactions at Very Low Pressure. Ⅱ. The chemical Clean-up of Nitrogen in a Tungsten Lamp, *Journal of the American Chemical Society*, 35, pp. 931-945, 1913. Langmuir はこの現象の理解にあたって、Soddy が 1907 年（*Proc. Roy. Soc.*, 78, 429）にカルシウム蒸気が不活性ガス以外のガスと反応することを示したことを同論文中で照会している。またこのように低圧下でタングステン電球内のガスがクリーン・アップされることは、その場合は窒素ガスだったが、G. M. J. Mackay によってすでに明らかにされていた。なお温度測定は数度刻みで測定、圧力は 1000 分の数 mm 刻みで測定している。

22) I. Langmuir, Tungsten Lamps of High Efficiency －Ⅰ. Blackening of Tungsten Lamps and Methods of Preventing It, *Transactions of the American Institute of Electrical Engineers*, 32-2, pp. 1913-1933, 1913.

23) I. Langmuir, *ibid.*, pp. 1913-1933.

24) I. Langmuir, Tungsten Lamps of High Efficiency －Ⅱ. Nitrogen-Filled Lamps, *Transactions of the American Institute of Electrical Engineers*, 32-2, pp. 1935-1946, 1913.

25) I. Langmuir, The Vapor Pressure of Metallic Tungsten, *Physical Review, Second Series*, 2, No. 5, pp. 327-342, 1913 ; The Vapor Pressure of the Metals Platinum and Molybdenum, *Physical Review, Second Series*, 4, No. 4, pp. 377-386, 1914.

26) W. D. Coolidge, Metallic Tungsten and some of its Applications, *Transactions of the American Institute of Electrical Engineers*, 31-1, pp. 1219-1228, 1912.

27) W. D. Coolidge, A Powerful Röntgen Ray Tube with a Pure Electron Discharge, *Physical Review, Second Series*, 2, No. 6, pp. 409-430, 1913.

28) I. Langmuir, The Effect of Space Charge and Residual Gases on Thermionic Currents in High Vacuum, *Physical Review, Second Series*, 2, No. 6, pp. 450-486, 1913.

29) W. D. Coolidge, A Powerful Röntgen Ray Tube With a Pure Electron Discharge, *General Electric Review*, 17, pp. 104-111, 1914.

30) W. D. Coolidge, The Development of Modern X-ray Generating Apparatus Part Ⅰ, *General Electric Review*, 33, No. 11, pp. 608-614, 1930.
X 線管の発達を系統的に整理されたものに、神戸邦治「X 線管装置の技術の系統化調査」、『国立科学博物館技術の系統化調査報告』Vol. 24、2017 年 ; http://sts.kahaku.go.jp/diversity/document/system/pdf/100.pdf が参考になる。

31) 青柳泰司, *op. cit.*, (4), 10-11, 18. ただし、青柳によれば、高電圧測定は針端ギャップで空気のイオン化のため正確な測定が難しく、これが正確なものになるのは 1815 年以降、球ギャップになってからである（*ibid.*, 29）。
バルブを排気する真空ポンプについて述べると 1905 年頃にはかなりの水準に達した。W. Gaede は研究用真空管を排気するのを目的として水銀封止回転型ポンプ（ポンプ内の回転ドラム吸い込み口を水銀に浸すことで封止して排気する）を開発し、0.00005mmHg を達成した[*1]。また後に油回転型（1909 年）や水銀拡散型のポンプ（1915 年）を開発した。Langmuir は Gaede のそれをドイツから輸

入し利用したが、やがてこれを、水銀蒸気を冷やし凝結させて排気する効果的な凝縮ポンプを開発した [*2]。なお S. Dushman によれば、達成真空度は、スプレンゲル・ポンプは 15 分で 0.000165mmHg、30 分で 0.000069mmHg、ガイスラー・テプラーポンプは 24 分で 0.0254mmHg、300 分で 0.000025mmHg の真空を実現し、そしてこれら手動式に対して Gaede の水銀封止回転型ポンプは、15 分で 0.00023mmHg、30 分で 0.00007mmHg の排気能力を備えていると述べている [*3]。; [*1] W. Gaede, Demonstration einer Rotierenden Queck-silber luftpump, *Physikalische Zeitschrift*, 6, pp. 758-760, 1905 ; [*2] S. Dushman, The Production and Measurement of High Vacua. PartⅢ Methods for the Production of Low Pressures, *General Electric Review*, 23, 1920, pp. 672-683; [*3] S. Dushman, The Production and Measurement of High Vacua. PartⅡ Methods for the Production of Low Pressures, *General Electric Review*, 23, pp. 605-614, 1920.

32) W. D. Coolidge, A Powerful Röntgen Ray Tube with a pure Electron Discharge, *General Electric Review*, 17, pp. 104-111, 1914.

33) W. D. Coolidge, A New Radiator Type of Hot-cathode Röntgen-ray Tube, *General Electric Review*, 21, pp. 56-60, 1918.

34) J. R. Hewett, The General Electric Company in the Great World War, *General Electric Review*, 22, No. 7, pp. 493-516, 1919.

35) J. R. Hewett, The General Electric Company in the Great World War PartⅡ. RESEARCH WORK, *General Electric Review*, 22, No. 8, pp. 601-607, 1919.

36) J. R. Hewett, *ibid.*, PartⅡ, pp. 601-607, 1919.

37) Wheeler P. Davy, A New X-ray Diffraction Apparatus, *General Electric Review*, 25, pp. 565-580, 1922.

38) Wheeler P. Davey, A New X-ray Diffraction Apparatus, *General Electric Review*, 25, pp. 565-580, 1922.

39) W. K. Kearsley, Jr., A New Type of Stabilizer for Use With the Coolidge Tube, *General Electric Review*, 21, pp. 56-60, 1921. 青柳によれば、例えば 1920 年頃の医療用の X 線管で、空冷の場合は 4mA で 8 分、水冷の場合は 5mA で連続使用を実現するに至ったという（*op. cit.,* (4), 72）。

40) A. H. Compton, The Spectrum of Scattered X-Rays, *Physical Review*, 22, pp. 409-413, 1923. A. H. Compton による X 線の粒子性の確証を行ったコンプトン効果を中心とした研究過程については、R. H. Stuewer, *The Compton Effect*, Science History Publications, NewYork, 1975. を参照されたい。

41) E. Segré, 『X 線からクォークまで』pp. 174-179 の「X 線が本領を発揮する」と題した項の記述を参照されたい。

42) H. G. J. Moseley & C. G. Darwin, The Reflexion of the Xrays, *Philosophical Magazine*, 26, pp. 210-232, 1913.
    H. G. J. Moseley, The High- Frequency Spectra of the Elements PartⅠ, PartⅡ, *Philosophical Magazine*, 26, pp. 1024-1034, 1913; 27, pp. 703-712, 1914.

43) The Reflexions of the X-rays, H. G. J. Moseley and C. G. Darwin, *Philosophical Magazine*, 26, pp. 210-232, 1913.

44) 舘野之男『放射線医学史』岩波書店、pp. 53-54、1973。

45) The High-Frequency Spectra of the Elements PartⅠ, PartⅡ, H. G. J. Moseley, *Philosophical Magazine*, 26, pp. 1024-1034, 1913 ; 27, pp. 703-712, 1914.

46) A. H. Compton, A Recording X-Ray Spectrometer, And the High Frequency Spectrum of Tungsten. *Physical Review*, 7, pp. 646-659, 1916. なおその高圧電源は直流に変換する工夫をほどこした 10kW 段階変圧器を備えた Snook- Röntgen machine であった。

47) A. H. Compton, The Spectrum of Secondary Rays, *Physical Review*, 19, pp. 267-268, 1922.

48) 蛍光ランプの開発に関与した。; G. Wise, *op. cit.,* (1), p. 168.

49) G. Wise, *ibid,* p. 206.

50) R. H. Stuewer, *op. cit.,* (15), p. 103.

51) M. ヤンマー、『量子力学史Ⅰ』、東京図書、p. 194、1974 年。

52) D. L. Webster (Jefferson Physical Laboratory, Cambridge, Mass.) も 1915 年特性 X 線の輻射量の測定用に GE 社の Coolidge からロジウム・ターゲットの熱陰極管を提供されている ; D. L. Webster,

Experiments on the Emission Quanta of Characteristic X-Rays, *Physical Review*, 7, pp. 599–613, 1915.

[第 8 章]

1) W. C. Röntgen, Ueber eine neue Art von Strahlen Ⅰ, *Ann. Physik.*, 64, 1898；『放射能』物理学史研究刊行会編、東海大学出版会、1970 年。
   大槻義彦、『エックス線』、大月書店、pp. 13-23、1982 年。
2) M. ヤンマー、『量子力学史』、東京図書、1974 年。
3) H. Haga & C. H. Wind, *Wiedemann's Ann.* 68, p. 884, 1899.
   B. Walter & R. W. Pohl, *Ann. Physik.*, 29, p. 331, 1909.
   P. P. Koch, *Ann. Physik.*, 38. p. 507, 1912.
   A. Sommerfeld, *Ann. Physik.*, 38. p. 473, 1912.
4) C. G. Barkla, *Phil. Mag.*, 22, p. 396, 1911.
   C. G. Barkla & T. Ayres, The Distribution of Secondary X-Rays and the Electromagnetic Pulse Theory. *Phil. Mag.*, 21, p. 275, 1911.
5) A. S. Eve, *Phil. Mag.*, 8. p. 669, 1904.
   R. D. Kleeman, *Phil. Mag.*, 15, p. 638, 1908.
   D. C. H. Florance, *Phil. Mag.*, 20, p. 921, 1910.
6) D. A. Sadler & P. Mesham, *Phil. Mag.*, 24, p. 138, 1912.
7) W. Stenstrom, *Thesis Lund.* 1919.
   W. Duane & R. A. Patterson, *Phys. Rev.*, 16, p. 532, 1920.
   M. S. Siegbahn, *Compt. Rend.* 173, p. 1350, 1921.
8) A. H. Compton, A Recording X-Ray Spectrometer, And the High Frequency Spectrum of Tungsten. *Phys. Rev.*, 7, pp. 646–659, 1916.
   H. G. Moseley, *Phil. Mag.*, 26, p. 1024, 1913.
   M. de Broglie, *Compt. Rend.*, 157, p. 924, p. 1413, 1913.
   W. H. Bragg and W. L. Bragg, *X-rays and Crystal Structure*, p. 66, 1915.
9) D. L. Webster, Experiments on the Emission Quanta of Characteristic X-Rays, *Phys. Rev.*, 7, pp. 599–613, 1915.
10) A. H. Compton and X. T. Compton, A Sensitive Modification of the Quadrant Electrometer : Its Theory and Use, *Phys. Rev.*, 14. pp. 85–98, 1919.
11) M. ヤンマー、『量子力学史』、東京図書、1974 年。
    A. H. Compton, The Size and Shape or the Electron, *Phys. Rev.*, 11, pp. 330–331, 1918.
    A. H. Compton, The Degradation or Gamma-Ray Energy. *Phil. Mag.*, 41, pp. 749–769, 1921.
    A. H. Compton, Secondary High Frequency Radiation, *Phys. Rev.*, 18. pp. 96–97, 1921.
12) A. H. Compton, The Spectrum or Secondary Rays, *Phys. Rev.*, 19, pp. 267–268, 1922.
13) The Scattering of X-rays as Particles, *Amer. Jour. Phys.*, 29. pp. 817–820, 1961.
14) A. H. Compton. Wave-length Measurements or Scattered X-rays, *Phys. Rev.*, 21, 1923.
    A. H. Compton, The Spectrum or Scattered X-Rays, *Phys. Rev.*, 22, pp. 409–413, 1923.
15) W. D. Coolidge, A Powerful Röntgen Ray Tube With a Pure Electron Discharge, *Gen. Elec. Rev.*, 17. pp. 104–111, 1914.
16) W. D. Coolidge & C. N. Moore, Röntgen Rays from Sources Other than the Focal Spot in Tubes of the Pure Electron, *Gen. Elec. Rev.*, 20. pp. 272–281, 1917.
17) W. D. Coolidge, A New Radiator Type of Hot-cathode Röntgen-ray Tube, *Gen. Elec. Rev.*, 21, pp. 56–60, 1918.
18) W. D. Coolidge and C. N. Moore, A Portable Röntgen-ray Generating Outfit, *Gen. Elec. Rev.*, 21, pp. 60–67, 1918.
19) Wheeler P. Davey, A New X-ray Diffraction Apparatus, *Gen. Elec. Rev.*, 25, pp. 565–580, 1922.
20) T. S. Fuller, X-rays as a Means of Determining the Composition of Alloys. *Gen. Elec. Rev.*, 25. p. 746, 1922.

21) W.K.Kearsley,　A New Type of Stabilizer for Use With the Coolidge Tube, *Gen. Elec. Rev.,* 24, pp.864–866, 1921.

22) A.B.Campbell, A New Type of Definite Time Control Relay. *Gen. Elec. Rev.,* 24, pp.964–967. 1921.

23) W.K.Kearsley, Jr., A New Type of Stabilizer for Use With the Coolidge Tube. *Gen. Elec. Rev.,* 21, pp.56–60. 1921.

[第9章]
コラム

1) R.H.Kargon, *The Rise of Robert Millikan: Portrait of a Life in American Science,* Cornell University Press, 1982.
R.A.Millikan, "Walther Nernst, a great physicist, passes", *The Scientific Monthly* 54(1):pp.84–86, 1942 : http://www.nernst.de/nernst.millikan1942.htm.

2) J.G.Crowther, *THE CAVENDISH LABORATORY 1874-1974,* MACMILLAN PRESS, 1974.

本文

1) リチャード. K. ゲーレンベック、電子線回折の発見から 50 年、*Physics Today,* 1978. Jan., 『歴史をつくった科学者たち II』、丸善、1989 年。
Jaume Navarro, A History of the Electron J.J. and G.P.Thomson, Cambridge University Press, 2012.

2) P.B.Findley, The. Research Department, *Bell Laboratories Record,* 2, pp.164–170, 1926.
F.B.Jewett, Leadership in Industrial Research, *Bell Laboratories Record,* 7, pp.261–264, 1929.
J.S.Hartnett, The General Staff Department, *Bell Laboratories Record,* 2, pp.21–27, 1926.

3) C.Davisson and L.H.Germer, The Emission of Electrons from Oxide-coated Filaments under Positive Bombardment, *Phys. Rev.,* 15, pp.330–332, 1920.

4) C.Davisson and C.H.Kunsman, The Scattering of Electrons by Nickel, *Science,* 54, pp.522–524, 1921.
C.Davisson and C.H.Kunsman, The Scattering of Electrons by Nickel, *Phys. Rev.,* 19, pp.253–255, 1922.

5) C.Davisson and C.H.Kunsman, The Scattering of Electrons by Aluminum, *Phys. Rev.,* 19, pp.534–535, 1922.

6) C.Davisson and C.H.Kunsman, The Secondary Electron Emission from Nickel, *Phys. Rev.,* 20, p.110, 1922.

7) C.Davisson and C.H.Kunsman, The Scattering of Low Speed Electrons By Platinum and Magnesium, *Phys. Rev.,* 22, pp.242–258, 1923.

8) W.EIsasser, *Naturwiss.* 13, p.711, 1925.
E.G.Dymond, *Nature,* June13, p.910, 1925.
E.G.Dymond, Scattering of Electrons in Helium, *Nature.* 118, pp.336–337, 1926.
M.Born, Physical Aspects of Quantum Mechanics, *Nature,* 119. p.356, 1927.

9) I.Langmuir, Collisions between Electrons and Gas Molecules, *Phys. Rev.,* 27, p.806, 1926.
I.Langmuir, Scattering of Electrons in Ionized Gases, *Phys. Rev.,* 26, pp.585–613, 1925.

10) C.Davisson and L.H.Germer, The Scattering of Electrons by a Single Crystal of Nickel, *Nature.* 119, pp.558–560, 1927.
C.Davisson and L.H.Germer, Diffraction of Electrons by a Crystal of Nickel, *Phys. Rev.,* 30, pp.705–740, 1927.
C.Davisson, Are Electrons Wave?, *Journal of the Franklin Institute,* 206, pp.597–623, 1928.
C.Davisson, The Diffraction of Electrons by a Crystal of Nickel, *The Bell System Technical Journal,* 7, pp.90–105, 1928.
C.Davisson, Electrons and Quanta, *The Bell System Technical Journal,* 8, pp.217–224, 1929.
C.Davisson, Electrons and Quanta, *J. Optical Soc. of America,* 18, pp.193–201, 1929.

   C. Davisson and L. H. Gemer, A Test for Polarization of Electron Waves by Reflection, *Phys. Rev.,* 33, pp. 760-772, 1929.

11) G. P. Thomson and A. Reid, Diffraction of Cathode Rays by a Thin Film, *Nature*, 119, p. 890, 1927.

12) G. P. Thomson, Diffraction of Cathode Rays by a Thin Films. of Platinum, *Nature*, 120, p. 802, 1927.

13) G. P. Thomson, Experiments on the Diffraction of Cathode Rays, *Proc. Roy. Soc. Lon. A*, 117, pp. 600-609, 1928 ; 119, pp. 651-663, 1928 ; 125, pp. 352-370, 1929 ; プラチナ箔は Whiley 社によるものである。

14) A. Reid, The Diffraction of Cathode Rays by Thin Celluloid Films, *Nature*, 119, p. 890, 1927 ; The Diffraction of Cathode Rays by Thin Celluloid Films, *Proc. Roy. Soc. Lon. A*, p. 119, 1928.

15) M. ヤンマー『量子力学 2』東京図書、pp. 61-65、1974 年。
   G. P. Thomson, *Nature*, 120, p. 802, 1927.

16) C. Davisson and L. H. Germer, The Thermionic Work Function of Tungsten, *Phys. Rev.*, 19, pp. 438-439, 1922 ; , The Thermionic Work Function of Tungsten, *Phys. Rev.,* 20, pp. 300-330, 1922.
   C. Davisson and L. H. Germer, A Note on Thermionic Work Function of Tungsten, *Phys. Rev.,* 30, pp. 634-638, 1927.

17) C. Davisson and L. H. Germer, The Thermionic Work Function of Oxide Coated Platinum, *Phys. Rev.,* 24, pp. 666-682, 1924.

18) C. Davisson and J. R. Weeks Jr., The Relation between the Total Thermal Emissive Power of a Metal and its Electrical Resistivity, *Jour. Opt. Soc. Amer. Rev., Sci. Inst.* 8, pp. 581-605, 1924.

19) 日本電子機械工業会電子管史研究会編、『電子管の歴史』、オーム社、1987 年。

[第 10 章]

1) 天野清、「物理学の現実的基礎」、『科学史論』、日本科学社、pp. 164-177、1948 年。

2) 宮下晋吉、「X 線の発見と実験・技術・社会」、『科学史研究』No. 143-145、1982-1983 年。

3) 戸坂潤、「実験及び技術」、『全集第三巻』、勁草書房、pp. 280-298、1966 年。

4) 拙稿「学術にとってイノベーションとは何か」、『学術の動向』26-5, pp. 19-24, 2021 年。
   拙稿「学術研究体制の途上性を克服して学術の再生を」、『経済』No. 309、pp. 101-112、2021 年

5) H. チェスブロウ『オープンビジネスモデルー知財競争時代のイノベーション』、翔泳社、pp. 34-38、2007 年。

6) 森俊治『研究開発管理論』、同文館、pp. 60-71、1988 年。

あとがき

　どのようにして本書が成り立ったのか、この書の舞台裏の一端について述べる。本書の出版を思い立ち、ムイスリ出版社長にご相談したのは 2019 年の暮れ、小生の申し出に快くお引き受けして頂いたことを覚えている。しかしながら、本書が日の目を見るまでに 2 年半を経過している。このように時間を要したのにはひとえに筆者の力不足によるところが大きい。もう一つ、原因を上げるとすると、3 部構想に整理してみたものの、全体としての繋がりに不足があるように見えたためである。

　確か最初の初校を頂いたのは 2 年前くらいだと記憶している。この時期、日本を含め世界は新型コロナウイルス禍のパンデミックが頭にちらつき、感染を回避する毎日が続いた。大学もその例には漏れず、授業はリモート授業となった。初校を頂いたものの、時がいたずらに過ぎて行った。そうした事態のなかで、本書をどうしたものか、頭をひねった。第 2 部と第 3 部を構成している各章の改編前の原稿は、いわゆる学説史的な個別的な内容である。本書の全体のテーマ性の課題設定を、すなわち、第 1 部で先行研究の踏査をひとまず課題設定との関連で整理し、加えて実験科学の通史的な位置を通史的に整理したにせよ、本書の構成は歴史と切り結ぶようなものになっているのか。実はこの段階では第 1 部 第 3 章は姿かたちもなかったのだが、本書で取り上げる科学者たちはどのように科学の世界に足を踏み入れ、科学と向き合うようになったのか、そうした科学者の行動、生きざまが書かれているのか。

　そこで、本書のテーマ性との関連での科学領域の学術研究体制、また個別的な相互に関連・交渉する科学者コミュニティはどのように形成されてきたのか、言い換えれば、科学は幹から枝葉を伸ばし成長するのだが、この成長は放っておいて自生するものではなく、科学者の意識的な行動が発揮されなければ実現されない。これに取り組まないことには科学の歴史展開、誤解を恐れずに言えば血の通った歴史はとらまえることができない。なお言えば、科学は社会と深く結びついており、研究制度や学協会を通じた研究交流、実験設備を介した産業技術、政治（政策）、さらに戦争行為への関与など、これらの部面との関わりを示す。第 3 章執筆の問題意識はここにある。

　そこで、第 2 部、第 3 部の各章との関連でも、こうした点について留意し、科学者たちはどのようなプロセス、すなわち科学者養成、学術研究体制のシステムを経て、それぞれ科学の世界に足を踏み入れたのか。個々の科学者たちは、どのような事柄に向き合うことで、そこに広く言えば時代性があるのだが、個別の科学者コミュティはどのように形成され、どのような状況が待ち受け、何を継承していったのか、そして何よりも科学者たちは未解決な潜在化している研究課題を見いだし、これにふさわしい科学手法を探り当て対応し得たのか。これらの点について留意して、各章の初出の原稿に加筆した。第 2 部、第 3 部の各章にコラムやコメントを付したのは、こうした問題意識から捕捉したものである。

　このような問題意識がこの書に首尾よく行き届いているか心許ないけれども、筆者の意図の反映に努めた。

　さて、私が科学史を志したのは、さかのぼれば、名古屋大学の学生時代に、一つは理学部物理学科の高林武彦先生が率いるW研（科学史・科学論研究室；Wはドイツ語のWissenschaftにちなんでいる）、私はその頃サークル活動に忙しく不出来なゼミ生であったが、興味を持ったのは本書の第2部、第3部にかかる原子物理学等の系譜、もう一つは科学論を学ぶために結成された研究会、忘却の淵に沈積して判然としないけれども、戸坂潤の『科学論』、バナールの『科学の社会的機能』、他に武谷三男、牧二郎などの著作物だったのではないかと思う。

　この時期は、「大学紛争」が全国の大学に吹き荒れた時代で、名古屋大学もその例外ではなかった。大学のあり方が問われた。だが、私が所属していた物理学科は、旧態依然とした学科ではなく、「物理学教室の運営は民主主義の原則に基づく」とする「物理学教室憲章」を掲げ、「大学紛争」とは無縁といってもよかった。物理学科には学生の学びを調整・協議する学生教育委員会もあり、先生方は均しく学生にヒューマンな態度で接して頂いた。

　惜しむらくは名古屋大学物理学教室を率いる素粒子論研究者の坂田昌一先生が逝去されたのは四回生の時であった。追悼講演に湯川秀樹、朝永振一郎、そうそうたる先生方が訪れた。日本の理論物理学界の水準と厚み、何よりも大学間の垣根を越えた連携、友好性を感じた。

　その後、上京して、ジャーナリズムの論稿で知っていた道家達将先生が教授であられた東京工業大学・大岡山キャンパスの科学概論研究室の門をたたいた。当時、東京工業大学には科学史の大学院制度はなく、科学史・技術史を志す者は研究生の身分を授けて頂き、そこに開設されていた「火曜日ゼミナール（通称：火ゼミ）」に参加した。ゲストを含む、所属する全ての研究生による火ゼミの活動は、それぞれの報告を発表し合うもので、自己の研究領域を超えて議論した。これが研究者としての視野・方法論を育くむことになったと思い返している。ここで、科学論からの論理的分析ではなく歴史分析の有効性を知った。火ゼミは昼間の「正課」に終わらず、日が落ちても近くのカフェや居酒屋で話題は広がり「火曜会」となった。

　その頃の「火ゼミ」には東京経済大学の故・大沼正則先生が毎週来られて、同じ東京・国立に住んでいた機縁で東工大に通う道すがら薫陶を受けた。さらに、両先生の計らいで横浜国立大学の故・藤村淳先生のご指導を得た。横浜・常盤台キャンパスでの物理学史研究会を新たに開設し、定期的に訪れた。研究会終了後は三々五々、決まって横浜・中華街にも繰り出し歓談した。

　私が研究生時代に参加した研究会は、他にも東京工業大学で開催されていた土曜通史ゼミや物理学史ゼミ、また科学史・技術史の同人雑誌「サジアトーレ」の会合など、科学史・技術史の先輩諸氏・仲間と席を並べ学び交流した。ときには首都圏周辺で開催される研究合宿にも出向いた。

　当時の研究生時代は、少なくとも一年に一本の研究論文を書くのが不文律であったように思う。加えて、道家先生、恐らくは大沼先生もご承知のことであったと思うが、研究論文だけでなく、受験生向けの月刊誌の科学史的話題で飾るコーナーや百科事典の項目などの執筆で、文章作法を身につける機会となった。また、この東京時代には、マンハッタン原爆開発計画を対象とした科研グループや物理学史研究の科研グループにも参加し、その成果を刊行物としてまとめる機会も得た。

　やがて大学に職を得て京都に居を移すことになった。経営学部をはじめとした立命館大学の諸先生方と出会い、科学・技術について科学史・技術史の分野とは異なった角度で学ぶ機会を得た。

この関西時代には、在来技術と導入技術の融合過程の調査研究や、科学史教材の理科教育における意味を検討する科研グループなどにも加わったが、技術経営研究会の立ち上げを契機とした国内製造業の企業調査、英仏独の自動車産業の調査、さらには広州、深圳、香港、プサン、台北、台中、ジャカルタ、バンコック、ハノイなど近縁に位置する製造業の企業調査、さらにはドイツ・イエナのツアイス社のアーカイブ調査や、技術史技術論研究会の結成と同研究会による日本国内を含む、バイエルン州、ヘッセン州などに位置する企業の開発・製造工程におけるインダストリ 4.0 の現状調査など、研究者コミュニティの活動に加わった。もう一つ記しておくべき研究者コミュニティは、3・11 フクシマ原発事故を契機として結成された原発史研究会、同研究会による柏崎・刈羽原発、浜岡原発、日本原電・敦賀、原子燃料・熊取事業所への訪問、関係者の取材などに取り組んだことである。

　これらの調査研究に加えて、毎週めぐってくる立命館大学経営学部の「技術革新論」「研究開発論」の講義、ならびに専門演習・関西近縁の工場訪問の取り組みは、これまでの科学史・技術史分野を超えて、産業界におけるイノベーション、企業における工業研究としての研究開発を対象とした、産業技術にかかる新たなアプローチの手法を学んだ。この関連で、政府や経済界の科学技術政策、イノベーション政策の分析を行うグループにも加わった。

　関西での科学史・技術史について言えば、大阪、京都を中心に活動する科学論技術論研究会に参加した。これは先の火ゼミに似てオープンな研究会で、昼間の研究会合では先輩諸氏のみならず若き者が集まり研究話題を報告し議論する。夜のとばりが下りれば、盃を酌み交わし語り合う「饗宴」のことを指すシンポジウムの語源と言われるギリシア語の「シンポシオン（symposion）」ではないが、話題は昼間の研究会を超えてさらに広がる。

　大学では「科学と技術の歴史」「科学・技術と社会」の教養教育の講義も行っている。そして、現在、立命館の教員・職員をメンバーとする科研プロジェクトを結成し、教養教育センターの協力を得て、教養教育のあり方について検討している。

　筆者は日本科学史学会、科学教育研究協議会など、いくつかの学協会の会員であるが、学協会の総務や学会誌の編集などの活動にも携わった。どちらにしても、これらの科学史・技術史や科学論・技術論の研究者コミュニティは、科学者コミュニティ形成の基本を知り得る場であった。得難い経験と教養、人間的所作を学びえる研究者のための人間形成の場と言える。これらの研究者コミュニティなしに筆者の現在はない、感謝に堪えない。

　21 世紀に入って、殊にこの 10 年余りの内閣府・日本学術会議の活動に関与している。そこでの他分野の会員（研究者）との出会いは極めて刺激的であった。学術行政・政策に対して自己がどう立ち向かうか、その責任を社会的（国民的）に問われる、これは科学史・技術史を超えた極めて実践的な学術交流である。「安全保障技術研究」（軍事研究）に対する科学者倫理の問題や科学技術基本法「改正」問題などのフォーラム等の企画、パネリストとして関与した。加えて、日本学術会議の関連では、学術会議の資料を整理・調査する科研グループが立ち上げられ加わっている。

　以上、筆者の学びのコミュニティ、研究者コミュニティの関わりについて記させて頂いたが、これらのコミュニティの存在、活動は欠かせないものである。筆者は本書においてラザフォードや

ラングミュア、デビッソンなどが所属したコミュニティについても記した。これらの記載をわが身と引き比べるのはおこがましいけれども、そもそもこうしたコミュニティはどうやって成立しているのか、その形成は単純ではない。これはそれぞれの研究領域の成り立ち、また研究制度がどう形成されたのか、歴史を紐解かねばならない。

　しばしば人類の歴史は社会的分業の歴史とも言われるが、さまざまな職域の人びとによって支えられている生業が広く分化していく。しかし、これらの社会的営みが科学（学術）を必要としないことには、企業内の研究開発組織も含め、大学等の研究システムは成り立ちえないないであろう。

　本書に年表を付し、第3章では19世紀から20世紀の前半期にかけて科学はどう展開したのか、こうした盛衰のいくつかの局面について示したけれども、「揺籃の実験科学」もその例外ではなかった。世界の根底にある歴史の歯車を未来へと突き動かす動因、本書に関連して言えば、科学発展の土壌はどう形成されるのか。年表の項目を取捨し編成して改めて感じたことがある。米欧の世界の「社会・技術」の欄、また「日本の出来事」の欄に示したが、人類社会はしばしば政争に明け暮れ、ときに戦争の渦中にはまり込んでしまう。事態いかんによっては、本来の科学の創意性は発揮されえない。

　学術研究も含め、社会階層のさまざまな個別領域の社会的営みは自由と民主主義があってその本来の機能を発揮する。いかにして科学の独自性が担保され、本来の機能を発揮しえるのか。私たちは世界市民の一人として、自らの前に立ち現われる歴史社会を見渡しながら、自身の社会的境遇・未熟さの限界性を超えて、どう向き合い、次の一歩を踏み出し継承していくのかが問われている。

　それにしても研究は、どうしたら根源的に究められうるのだろうか。この問いに果たして研究者個人の取り組みだけで足りうるのか。科学史の歴史研究では、資料探索、フィールドワーク等がどれだけ縦横に広く深く的確に行われるかということが欠かせないが、渾身の力を振り絞って実証すれば事足りるというものでもない。

　歴史的課題をとらえた確かなメッセージ性のある研究成果、これはどうしたら生み出すことができるのか。これまでの研究の到達点を踏まえた、いろいろな角度からの分析、議論、考察が欠かせない。歴史資料が示すさまざまな局面、場合によって当初は明示的ではなく潜在化している場合もある。こうした局面をとらまえるためには、分析手法、歴史観や歴史像などを培うことも欠かせないが、どのような態度をもって課題となっている歴史対象に向き合うかという、研究者としての人間的あり方が問題となってくる。

　歴史社会を広く深く多様に考察する研究視座を再構築しうる知のあり方はどのようにしたら自身のものにしえるのか。この点では、日々社会が提起する事柄に向き合えるよう自己を研ぎ澄まして、研究の方向性を考慮する人間的態度が欠かせない。

　「あとがき」に終止符を記すにあたって、本書を上梓するにあたり、ムイスリ出版社長の橋本豪夫さまには大変お世話になりました。本書の構成の編成・体裁、拙稿の表記・表現について的確に整理をして頂きました。度重なる筆者の追加原稿を含む編集作業に対してご寛容に対応頂き、ここにお礼申し上げます。

　2022年7月　　　　　　　　　　　　　　　　　　　　　　　　　　　　　著　者

　本書の各章の原稿の戸籍にあたる初出を参考に掲げる。

＊「第 1 章　揺籃の実験科学の時代性を考える」

　初出：「科学的認識活動の現代的展開とこれを基礎づけた産業活動との相互作用に関する考察」『立命館経営学』、第 51 巻第 5 号、 pp.1-20、2013 年

＊「第 2 章　実験科学史から科学史へ」

　初出『科学史　その課題と方法』、共編著、青木書店、1987 年

＊「第 3 章　学術研究制度と科学者、国家科学の時代の到来」

　（書き下ろし）

＊「第 4 章　放射線と原子構造（I）」

　初出「放射線と原子構造 I」『科学史研究』、第 154 号、pp.76-83、1985 年

＊「第 5 章　放射線と原子構造（II）」

　初出「放射線と原子構造 II」『科学史研究』、第 155 号、pp.141-148、1985 年

＊「第 6 章　原子の有核構造の発見」

　初出「原子の有核構造の発見」『科学史研究』、第 156 号、pp.205-214、1985 年

＊「第 7 章　ラングミュアの白熱電球研究とクーリッジの X 線管開発」

　初出「X 線管の技術水準を上げた GE 研究所の Coolidge と Langmuir による研究・開発に関する考察」『立命館経営学』、第 56 巻第 6 号、pp.65-84、2018 年

＊「第 8 章　X 線の本性を探る科学実験と産業技術」

　初出「X 線の本性を探る科学実験とその手法を基礎づける産業技術」『物理学史』、第 11 号、pp.1-14、1999 年

＊「第 9 章　電子の波動性の同時発見と実験手法・技術の違い」

　初出「電子の波動性の同時・発見とその実験手法を基礎づける産業技術の異同」『物理学史』、第 11 号、pp.15-28、1999 年

＊「第 10 章　揺籃の実験科学から見えてくること」

　（書き下ろし）

　ただし、第 4 章から第 9 章までの各章の初出原稿に加筆し、またコラム、コメントを付した。

著者紹介

兵藤 友博（ひょうどう ともひろ）

最終学歴　名古屋大学理学部

現　　在　立命館大学名誉教授

主な著作　『科学と技術のあゆみ』（共著：ムイスリ出版）、2019年

　　　　　『日本における原子力発電のあゆみとフクシマ』（共著：晃洋書房）、2018年

　　　　　『自然科学教育の発展をめざして』（分担執筆：同時代社）、2012年

　　　　　『科学・技術と社会を考える』（編著：ムイスリ出版）、2011年

　　　　　『自然科学教育　研究と実践』（分担執筆：草土文化）、2007年

　　　　　『技術のあゆみ[増補版]』（共著：ムイスリ出版）、2003年

　　　　　『増補　原爆はこうして開発された』（分担執筆：青木書店）、1997年

　　　　　『自然科学教育の原則とは何か』（単著：あずみの書房）、1991年

2022年8月30日　　　　　　　　　　　　　　　　　初版　第1刷発行

揺籃の実験科学

著　者　　兵藤友博　©2022
発行者　　橋本豪夫
発行所　　ムイスリ出版株式会社

〒169-0075
東京都新宿区高田馬場 4-2-9
Tel.(03)3362-9241(代表)　Fax.(03)3362-9145　振替 00110-2-102907

ISBN978-4-89641-314-4　C3040